histoire des mathématiques

1

histoire des mathématiques

JEAN-PAUL COLLETTE

ÉDITIONS DU RENOUVEAU PÉDAGOGIQUE INC.

8925, BOUL. SAINT-LAURENT
MONTRÉAL (QUÉBEC) H2N 1M5

Dépôt légal: 3e trimestre 1973
Bibliothèque nationale du Québec
Bibliothèque nationale du Canada

ISBN 2-7613-0117-X

4567890 IG 9876543210
2317

préface

Cet ouvrage provient de textes utilisés en 1971-1972 avec deux groupes successifs d'étudiants en mathématiques des modules Mathématiques et Enseignement des mathématiques de l'Université du Québec à Trois-Rivières. Il s'agissait d'initier ces étudiants à l'histoire des mathématiques, de la préhistoire à l'aube du XVIIe siècle.

Une étude sur l'évolution historique de la pédagogie des mathématiques montre que l'histoire des mathématiques peut être une source quasi inépuisable où le professeur puisera à son gré pour assurer un meilleur enseignement. En outre, recourir à l'histoire, c'est acquérir des perspectives nouvelles et attrayantes, propres à nous éclairer sur la nature grandement abstraite des mathématiques. C'est pourquoi nous avons cru bon de présenter ici un manuel d'histoire des mathématiques plutôt qu'un traité, afin d'exposer surtout les notions historiques communément acceptées par les historiens et de faciliter d'autant la lecture de son contenu.

L'ouvrage est divisé en onze chapitres qui présentent le contenu dans l'ordre chronologique, et chaque chapitre se termine par un résumé (En bref), suivi d'une bibliographie et d'exercices.

On trouvera dans l'En bref les points importants qui ressortent du chapitre, ainsi que les principales idées qui y sont traitées. La bibliographie de chaque chapitre propose des ouvrages de référence et des articles de revues spécialisées pour lesquels nous avons indiqué les pages spécifiques qui se rapportent directement au contenu du chapitre. Les exercices se répartissent en deux catégories: des questions qui visent à déceler chez le lecteur l'habileté à exprimer dans ses propres mots les idées maîtresses du chapitre, puis des questions qui demandent la démonstration de certains théorèmes mentionnés dans le chapitre ou des applications de notions déjà étudiées à des situations concrètes.

On trouvera aussi à la fin de cet ouvrage une liste des principaux noms cités, avec l'époque où ces personnes ont vécu, ainsi que des sujets de travaux.

Pour l'étudiant qui suit un cours sur l'histoire des mathématiques, ces sujets de travaux devraient permettre de prendre contact avec le domaine de la recherche en histoire des mathématiques. Le professeur de mathématiques et le lecteur trouveront dans ces travaux supplémentaires l'occasion d'augmenter leurs connaissances sur des sujets spécifiques et ainsi parfaire leur formation historique. En outre, le développement historique des sujets proposés peut éclairer le professeur et l'inciter à recourir à l'histoire dans l'enseignement des concepts mathématiques correspondants.

Nous remercions les autorités de l'Université du Québec à Trois-Rivières de nous avoir permis d'expérimenter ce matériel. Ces remerciements s'adressent tout particulièrement au Directeur du département de mathématiques et à nos étudiants qui, par leurs nombreuses suggestions, nous ont permis de corriger les erreurs et les faiblesses déterminées par l'usage. Nous acceptons toutefois la responsabilité des erreurs ou faiblesses qu'on pourrait encore y trouver.

Nous espérons présenter, dans un avenir plus ou moins éloigné, le tome II de cette série qui devrait porter sur l'histoire des mathématiques du XVIIe siècle au XIXe siècle.

L'auteur

table des matières

introduction

L'homme a-t-il toujours été curieux de son passé? Certes, à l'échelon individuel, la mémoire, la notion de temps, le souci de mesurer ce temps sont des propriétés spécifiquement humaines. De plus, chacun de nous, dès son enfance, cherche à se créer une histoire, à reconstituer son passé et celui de ses proches. Vivant sur une planète voyageuse, il y trouve des traditions, des techniques, des recettes. Son héritage se confond avec les coutumes, les lois et le milieu modelé par ses ancêtres.

Faut-il rappeler que le sens des choses nous échappe, qu'il déborde sans cesse du présent. La compréhension d'un phénomène ne peut être complète sans le retour aux origines, aux idées initiales. C'est ainsi que l'historien s'efforce d'appréhender, dans toute sa complexité mouvante, le passé de l'homme et des sociétés humaines. L'exploration du passé, grâce à des méthodes critiques et à des moyens techniques perfectionnés, permet d'entreprendre la synthèse des activités humaines qui s'échelonnent à l'intérieur d'une période d'environ 5 000[1] ans.

Cette synthèse historique débute très lentement avec l'apparition des premiers documents (pierres, sols, outils, papyrus, tablettes d'argile, joncs, etc.). Au début, intimement liée aux données générales de l'évolution, l'histoire des sciences prend racine avec les premières activités à caractère scientifique. Puis, par échafaudages successifs, elle se développe de façon autonome en maintenant des interrelations continuelles avec les données générales de l'évolution.

Grâce au travail incessant de nombreux historiens, l'histoire des mathématiques, véritable squelette de l'histoire des sciences, a acquis droit de cité à l'intérieur de l'Histoire.

Dès le début, cette histoire est parsemée de difficultés inhérentes à la nature même des mathématiques. Par exemple, la résolution de la duplication du cube — un des trois problèmes célèbres étudiés par les Grecs — exige la compréhension de concepts que plusieurs personnes, même aujourd'hui, sont loin de maîtriser. La démonstration du nombre infini de nombres premiers, que nous trouvons dans les *Éléments* d'Euclide (livre IX, proposition 20), est clairement comprise grâce à l'utilisation rationnelle du principe de réduction à l'absurde.

C'est ainsi qu'il ne faut pas s'étonner de l'absence quasi complète d'une histoire des mathématiques du XXe siècle. Tout au plus, nous réussissons à dégager les traits essentiels qui ont marqué les activités mathématiques du siècle dernier et nous laissons à ceux qui viendront après nous le soin d'esquisser les caractéristiques de la mathématique du siècle présent.

En constatant l'essor prodigieux de la science mathématique, nous sommes amenés à prendre cons-

1. Nous appliquons dans cet ouvrage les règles de l'**Association métrique canadienne:** espaces pour séparer les tranches de trois chiffres, virgule décimale au lieu du point décimal.

cience du dynamisme de son histoire. A son contact, l'étudiant est amené à redécouvrir les pourquoi historique et logique qui sont à l'origine des concepts. Par sa valeur d'exemple, l'histoire invite l'étudiant à une étude qui n'a plus rien de frustrant. Dans la mesure où elle permet d'éclairer différemment les vérités de nature mathématique, elle favorise chez l'étudiant l'acquisition d'une plus grande objectivité. Bien que les mathématiques modernes ne s'opposent pas aux mathématiques traditionnelles, l'histoire est un biais unique permettant de mieux appréhender l'esprit renouvelé de nos programmes. Enfin, c'est par son aspect profondément humain, contenu dans les réussites ou les échecs d'hommes qui nous ont précédés, que l'histoire des mathématiques peut engendrer la motivation de l'étudiant comme celle du professeur. Nous ne pouvons que partager les vues de Wilder[1] lorsqu'il écrit que le mathématicien qui ignore les forces d'évolution qui ont formé sa pensée perd ainsi une perspective précieuse. Ces quelques lignes, empruntées à Thomas Cooper, s'appliquent bien au rôle de l'histoire des mathématiques:

> «*L'histoire d'un art ou d'une science est une introduction propre à son étude; en donnant une optique claire et concise de la manière avec laquelle les innovations se sont accomplies; en servant de caution contre les erreurs futures par le témoignage des erreurs des grands savants du passé; et en rendant un témoignage d'estime et de reconnaissance à ceux qui ont fait bénéficier l'humanité de leurs découvertes.*»

---

1. Raymond L. Wilder, *Evolution of Mathematical Concepts: An Elementary Study,* New York, Wiley, 1968, p. ix.

CHAPITRE

la préhistoire

INTRODUCTION

L'homme n'a pas toujours dressé avec la même technique le bilan de son passé. Le bagage historique des sociétés et des familles a varié dans le temps et dans l'espace. La richesse historique dont se targue une civilisation épouse diverses formes selon son lieu, son temps, son époque de grandeur ou de décadence. Et si, pour l'homme des premières civilisations, cette richesse historique revêt la forme du «mythe», comment devrons-nous classifier les divers témoignages légués par la préhistoire?

Le commencement de l'aventure de l'homme sur la terre se perd dans la nuit des temps; il faut l'évaluer à plus d'un million d'années. Avec la préhistoire, nous sommes au stage des conjectures. Trop peu de documents existent pour affirmer ou infirmer telle ou telle assertion. Tout au plus, il nous faut tenter de dégager, grâce aux données de l'archéologie et de l'anthropologie, les premières activités manifestes de l'homme préhistorique.

MATHÉMATIQUES DE LA PRÉHISTOIRE

A quel moment l'humanité a-t-elle commencé à penser en termes de relations numériques et géométriques? La tradition veut que la science mathématique débute en Grèce vers le Ve siècle av. J.-C., pour ne laisser aux civilisations antérieures que des parcelles dont le contenu mathématique est à la fois décousu et concret. Les documents historiques que nous possédons actuellement nous permettent de supposer l'existence de relations numériques et géométriques bien avant la naissance des grandes civilisations antiques. Rien, dans les faits actuels, ne nous empêche de reporter la naissance de certaines relations mathématiques au tout début de l'humanité.

Si l'origine de l'homme demeure encore énigmatique à plusieurs points de vue, il est presque certain que, vers 40 000 av. J.-C. (homme de Neandertal), l'homme a commencé à penser. Dès cet instant, l'homme de la préhistoire prend conscience du milieu où il vit et doit, de toute urgence, assurer sa survie.

Les nombreuses fouilles archéologiques exécutées dans des dépôts et des sédiments de l'époque néolithique révèlent déjà une industrie perfectionnée et des activités sociales propres à une société en marche. Deux éléments mathématiques importants émergent de cette société préhistorique:

1) un langage articulé dans lequel on trouve un système de nombres;
2) des outils et des constructions où des relations spatiales entrent en jeu.

RELATIONS NUMÉRIQUES

Quelques facteurs peuvent nous persuader que l'homme primitif possédait une certaine idée du concept de nombre. De nombreuses tribus primitives actuelles, vivant en Australie et en Polynésie par exemple, possèdent un système de nombres plus ou

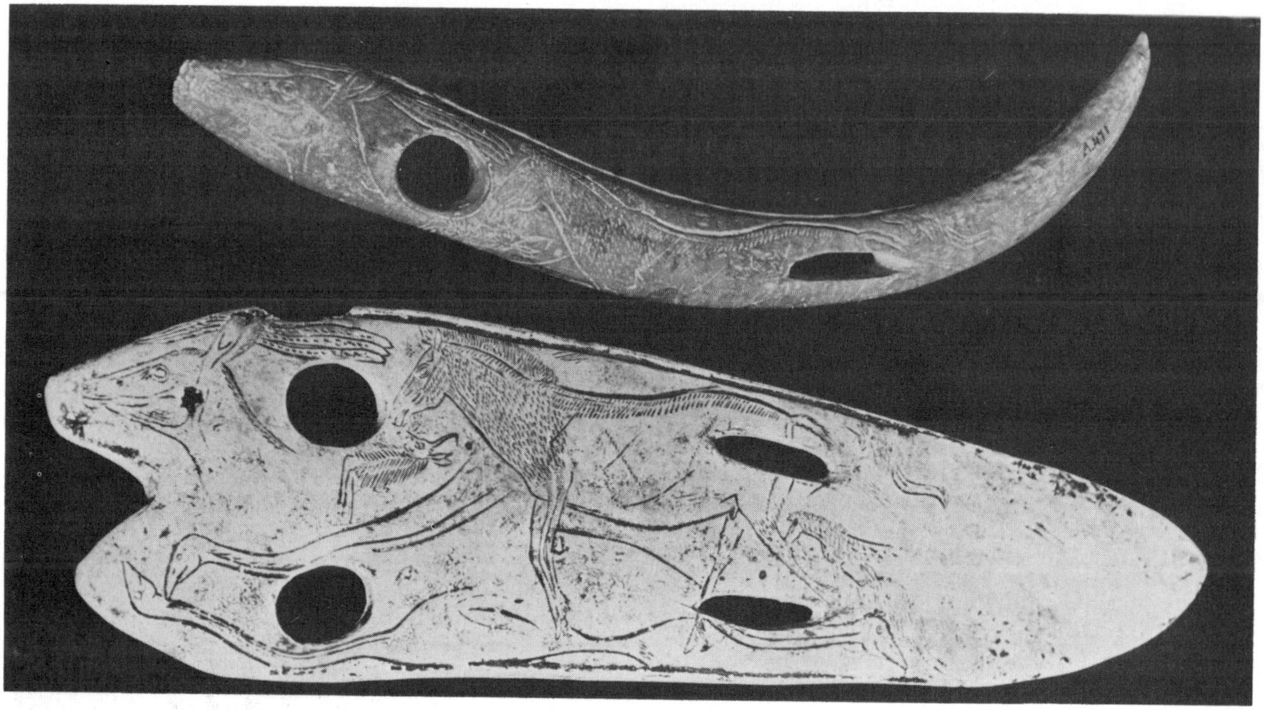

Art magdalénien (10 000 av. J.-C.). Les gravures de ce bâton perforé sont un témoignage aussi émouvant que celui des fresques de Lascaux. Au-dessous, on voit le développement sur plâtre du même objet.

moins élaboré. Ces tribus, qui vivent à l'âge de la pierre (plusieurs d'entre elles ne possèdent ni agriculture, ni outils perfectionnés comme l'arc et la flèche), réussissent à compter et utilisent un langage à caractère descriptif.

Boyer[1] mentionne la découverte, en Tchécoslovaquie, d'un os appartenant à un jeune loup, os sur lequel apparaît une suite de cinquante-cinq incisions disposées en deux séries, par groupes de cinq. Cet os fut découvert dans des sédiments datant de 30 000 années environ.

Grâce aux travaux d'anthropologues et d'ethnologues, nous pouvons tenter de reconstituer le processus naturel que le primitif a pu utiliser lorsqu'il énumère des objets concrets ou lorsqu'il cherche à dresser le bilan des éléments comptés, tout en évitant l'emploi d'un dogmatisme impromptu, incompatible par surcroît avec les données actuelles de l'histoire.

1. Carl B. Boyer, *A History of Mathematics,* New York, Wiley, 1968, p. 4.

FORMATION DU NOMBRE CHEZ LE PRIMITIF

Avant l'existence d'un langage capable de favoriser la communication verbale, l'homme primitif pouvait observer dans la nature des phénomènes quantitatifs: un arbre et une forêt, un caillou et un tas de cailloux, un loup et une meute de loups, etc. Cette distinction entre l'unité et la pluralité, il l'a certainement établie très tôt. De même, la notion de paire: deux pieds, deux mains, deux yeux, etc., a dû attirer son attention. On peut facilement imaginer que ces premières observations le conduisent à la notion de «correspondance un à un», première étape de la numération. L'objet observé est le centre, la cible de l'attention visuelle du primitif, et toute disparition de cet objet entraîne inévitablement la perte du stimulus, l'absence du nombre. Le souvenir[1] de l'objet affecte la forme d'une image et non l'idée du nombre.

1. C'est Charles Darwin qui disait que la mémoire et l'imagination sont deux composantes essentielles du raisonnement mathématique et que les animaux supérieurs (primates) avaient acquis ces deux éléments nécessaires.

Idéogrammes sumériens.

A partir de ces observations brutes, le primitif dégage graduellement l'idée de comparaison et associe, à chaque objet observé, un signe, une chose qui lui sont familiers. Il peut ainsi utiliser la «correspondance un à un» pour associer, à une collection d'objets observés, un groupe de signes ou de choses. Cette collection de signes peut être très variée selon les tribus ou peuplades primitives: une tribu (ou même un individu) utilisera des traits marqués dans le bois, sur un os, ou dans le sable; une autre aura recours à un tas de cailloux ou même à des noix de coco; une troisième préférera des gestes de la main (positions de la main sur une partie du corps) ou de la tête; etc.

L'énumération d'un groupe d'objets observés fait place à la numération avec l'apparition du langage articulé (écrit ou parlé). Cette transition correspond probablement au changement de vie du primitif qui devient producteur, commerçant, au lieu de simple pourvoyeur de nourriture. Le commerçant a besoin d'un langage articulé pour parvenir à vendre ses produits et doit posséder un système de nombres pour bien compter. Le producteur évalue la quantité d'objets produits, le nombre de moutons élevés, les pertes causées par le vol, et tout cela présuppose la connaissance d'un système de numération propre au genre de vie du primitif.

La numération offre aussi des variantes selon les tribus, surtout à cause de deux facteurs:

1) le langage de la tribu détermine les mots à caractère numérique;
2) le milieu dans lequel la tribu évolue détermine le type d'individu et les besoins spécifiques.

Par exemple, les anciens Sumériens utilisaient les mots «homme», «femme» et «plusieurs» pour «un», «deux» et «trois», respectivement. C'est ainsi que l'homme symbolisait le nombre un. Par mariage, lui et sa femme représentaient le nombre deux. Tout ce qui dépassait numériquement le nombre deux était symbolisé par «plusieurs».

Les Pygmées d'Afrique utilisent le système répétitif suivant: a, oa, ua, oa-oa, pour les nombres un, deux, trois, quatre, respectivement. Les tribus Kamilarai de l'Australie utilisent aussi un système répétitif: un se dit «mal»; deux se dit «bulan»; trois, c'est «guliba»; quatre correspond à «bulan bulan»; etc.

Cependant, le remplacement des objets par des mots du langage ne signifie pas encore que le concept de nombre est dans la pensée de celui qui énumère. A ce stade, le primitif qui associe à trois vaches trois mots distincts ne peut, en l'absence des mots, penser le nombre trois. D'ailleurs des expériences ethnographiques, effectuées avec des tribus primitives, ont montré que la connaissance d'une suite ordonnée de mots numériques n'entraîne pas nécessairement la compréhension du concept de nombre cardinal[1]. Cependant, l'absence de mots numériques n'empêche pas non plus la possibilité de compter, grâce à l'utilisation de la correspondance un à un[1].

1. The National Council of Teachers of Mathematics, *Historical Topics for the Mathematics Classroom,* 31st Yearbook, Washington, N.C.T.M., 1969, p. 21.

Éliminer le support matériel de l'objet observé, pour ne retenir que l'élément numérique auquel il correspond dans le processus d'énumération, revient de fait à exiger de l'observateur qu'il soit capable d'abstraire. Cette étape décisive ne s'acquiert que progressivement et dans la mesure où l'on distingue deux concepts importants: le nombre cardinal, qui fournit l'expression quantitative, et le nombre ordinal qui manifeste l'existence d'un premier élément suivi d'un deuxième et d'un troisième, etc.

L'homme primitif pense un nombre lorsqu'il saisit bien les relations suivantes:

1) la nature des objets à compter ne joue aucun rôle dans la numération;
2) l'ordre dans lequel les éléments sont observés n'affecte pas le résultat final, c'est-à-dire le nombre cardinal;
3) le dernier élément compté correspond de fait au nombre cardinal de la collection, dans la mesure où seul le résultat du compte est nécessaire.

Par conséquent, le pas difficile à franchir consiste à reconnaître le dernier élément compté comme celui qui dit «combien d'éléments sont contenus dans l'ensemble à dénombrer». A quel degré les diverses tribus d'hommes préhistoriques ont-t-elles satisfait aux relations énumérées ci-dessus? Cette question demeurera probablement sans réponse à cause de l'absence quasi complète de documents relatifs à ce genre de question. Toutefois, on peut observer, parmi les tribus primitives actuelles, de nombreuses difficultés lorsqu'il s'agit de compter. Un anthropologue anglais, Francis Galton (cité par Struik[2]), relate ses observations concernant une tribu bantoue de l'Afrique sud-équatoriale (les Damara) par ces mots très significatifs:

> «*When inquiries are made about how many days' journey off a place may be their ignorance of all numerical ideas is very annoying. In practice, whatever they may possess in their language, they certainly use no numerical greater than three.*

1. Christoph J. Scriba, *The Concept of Number: A Chapter in the History of Mathematics with Applications of Interest to Teachers,* Mannheim/Zürich, Bibliographisches Institut, 1968, p. 6.
2. Dirk J. Struik, "Stone Age Mathematics", *Scientific American, 179* (december 1948): 46.

When they wish to express four, they take to their fingers, which are to them as formidable instruments of calculation as a slide rule to an English schoolboy. They puzzle much after five, because no spare hand remains to grasp and secure the fingers that are required for units. Yet they seldom lose oxen; the way in which they discover the loss of one is not by the number of the herd being diminished, but the absence of a face they knew.»

Ce témoignage, parmi tant d'autres, illustre bien la difficulté inhérente au processus d'énumération et met aussi en lumière un élément important susceptible de prolonger le dénombrement d'une collection d'objets. Il s'agit évidemment de la notion de «groupement» ou de «base» avec laquelle on peut, en groupant les objets par ensembles, réussir à augmenter considérablement le nombre d'objets comptés.

GROUPEMENT DES NOMBRES

Si les signes pour représenter les nombres ont précédé les mots dans l'ordre chronologique, le groupement des signes (traits verticaux, cailloux, doigts de la main, etc.) a certainement influencé, d'une façon directe, la base du système de numération choisi.

Il semble que les tribus les plus primitives aient d'abord utilisé le groupement par deux, puis par quatre et par six. Occasionnellement, des variantes correspondent au groupement par trois (tribus américaines). Un système très naturel et fort en vogue correspond aux doigts de la main et peut ainsi impliquer les groupements par cinq (doigts), par dix (doigts) et par vingt (doigts et orteils). Au départ, ce système offre l'avantage non seulement de préférer des groupements naturels et facilement accessibles, mais aussi de permettre, par la «disposition» des doigts, de favoriser une distinction entre nombre cardinal et nombre ordinal. Ces groupements de cinq, dix et vingt objets apparaissent dans plusieurs parties du monde. D'autres groupements furent aussi utilisés par certaines tribus primitives, notamment les groupements par douze, soixante et huit.

Struik[1] rapporte une recherche entreprise par l'Université Stanford sur 307 systèmes de numération que l'on retrouve chez les tribus primitives américaines. Parmi ces systèmes, 146 appartiennent au groupement par dix, 106 aux groupements par cinq et par cinq et dix, 81 sont binaires, 35 ont la base vingt et la base cinq et vingt, 15 appartiennent au groupement par quatre, 3 sont des groupements par trois et un seul correspond à la base huit.

Lorsque la notion de groupement est clairement comprise, il est naturel que le primitif assigne alors un symbole particulier pour le groupement utilisé. Il est maintenant en possession des éléments pour les combiner afin d'inventer son système de numération.

SYSTÈMES DE NUMÉRATION

Le besoin d'un système de numération provient probablement de la nature des activités propres à une peuplade primitive. Les tribus qui possédaient de grands troupeaux domestiqués ou qui pratiquaient une agriculture diversifiée et développée ont senti très tôt la nécessité d'élaborer un système permettant d'utiliser des grands nombres et de favoriser l'invention d'un calendrier.

Quels ont été les procédés utilisés durant la préhistoire (ou qui y trouvent leur origine) et qui ont donné naissance aux différents systèmes de numération? Un premier procédé consiste à prolonger le groupement en additionnant unité par unité. Par exemple, si le primitif utilise les cinq doigts de sa main gauche à titre de groupement, il emploiera les doigts (un par un) de sa main droite pour prolonger le comptage jusqu'à dix. Un autre extension possible consisterait à utiliser les orteils. Ce procédé, quoique très simple, introduit des difficultés énormes dans le langage puisqu'il nécessite la création de nouveaux mots.

Un deuxième procédé, beaucoup plus efficace, consiste à utiliser le principe de «répétition» dans la numération des objets comptés. Par exemple, en base trois, les Pygmées d'Afrique emploient le système répétitif suivant:

1	2	3	4	5	6	...
↕	↕	↕	↕	↕	↕	
a	oa	ua	oa-oa	oa-ua	ua-ua	...

Pour le primitif qui utilise une main de cinq doigts à titre de base, il suffit d'ajouter l'autre main pour compter jusqu'à dix; puis, une deuxième personne enregistre les comptes de dix à vingt, et ainsi de suite. Une variante consiste à utiliser les dix doigts

1. Dirk J. Struik, *op. cit.*, p. 47.

comme base et à procéder ainsi de la même manière que précédemment. Ce procédé est catalogué comme «système additif non positionnel»; son principal défaut consiste dans l'emploi d'un très grand nombre de symboles.

Le troisième procédé, très peu employé durant la préhistoire, repose essentiellement sur le principe de position. Tout symbole, quel qu'il soit, possède la valeur indiquée par la position qu'il occupe dans la suite des symboles représentant tel ou tel nombre. Notre système décimal est l'exemple par excellence de ce type de système appelé «système positionnel». Nous aurons l'occasion d'étudier davantage le système positionnel lorsque nous aborderons l'étude des civilisations antiques.

Le développement des systèmes de numération à l'époque préhistorique n'a probablement pas dépassé le type additif non positionnel. Cependant, cela n'a pas empêché les primitifs de mettre sur pied les premiers éléments d'une arithmétique pratique et d'une géométrie axée sur la mesure des aires et des volumes.

Avec l'avènement du commerce, de l'industrie et de l'agriculture, le primitif doit non seulement savoir compter, mais aussi être capable de tenir un bilan de ses activités commerciales. Les méthodes primitives varient énormément lorsqu'il s'agit d'enregistrer les diverses formes d'activité économique: traits marqués dans le bois, nœuds sur une corde, groupes de cailloux ou de noix de coco, traits marqués sur du papyrus ou des tablettes d'argile, etc. Et le bilan dressé impliquait forcément la connaissance des règles élémentaires du calcul numérique. Il n'est pas question d'utiliser à cette époque des nombres autres que les nombres naturels. Les nombres entiers, rationnels, irrationnels, complexes, pour ne nommer que ceux-là, sont des inventions de notre ère.

LE NOMBRE ET LES ANIMAUX

L'homme possède, même dans les stades les plus élémentaires de son développement, une sorte de faculté qui lui permet d'avoir le sens du nombre. Ce sens du nombre lui confère, entre autres, la possibilité de reconnaître, dans une petite collection, que quelque chose a changé quand un objet a été enlevé ou ajouté sans qu'il en ait eu une connaissance préalable. Si le fait de compter se révèle une action en grande partie réservée à l'homme, on ne peut pour autant négliger le fait que quelques espèces animales semblent posséder un sens rudimentaire du nombre semblable au nôtre.

A la question: «Le sens du nombre existe-t-il chez les animaux?», il faut répondre oui, affirment des personnes compétentes en ce domaine, même si ce oui est réservé surtout aux oiseaux, à certaines catégories d'insectes et à quelques animaux comme les rats et les phoques. En outre, les travaux du professeur Otto Koehler, de l'Université de Freiburg, sur les oiseaux viennent appuyer la thèse que les animaux peuvent apprendre à compter dans le sens véritable du terme, reconnaître des différences entre des collections de points de nombre inégal, et parvenir à raisonner sur la base de différences quantitatives. Si des écureuils et des perroquets ont pu apprendre à compter, comme l'ont démontré les films de Koehler, il est raisonnable de supposer que d'autres animaux, tels que le chien, le phoque, le rat, peuvent aussi probablement apprendre à compter. Toutefois, ce sens du nombre, pour le moins exclusif à certaines catégories d'animaux, semble être une faculté mieux partagée par les oiseaux en général. De nombreux faits observables viennent appuyer cette affirmation.

Supposons qu'un nid contienne quatre œufs. On peut enlever un de ces œufs sans troubler la femelle mais, si l'on enlève deux œufs, la femelle désertera, en général, son nid comme si elle parvenait, par un procédé quelconque, à distinguer deux de trois. Des expériences effectuées avec un rossignol ont montré qu'il pouvait compter jusqu'à trois. Tous les jours, on lui apportait comme repas trois vers, un à la fois. Invariablement, il prenait un ver, allait le manger plus loin, puis revenait pour le deuxième et répétait le même stratagème pour le troisième. Mais, après avoir mangé le troisième ver, il ne revenait plus, comme s'il savait que c'était le dernier.

Plus frappant encore est le cas de la guêpe solitaire. Après avoir déposé ses œufs dans des cellules individuelles, la femelle apporte à chacun une provision de chenilles vivantes que le jeune rejeton mangera à l'éclosion de son œuf. Le nombre des victimes est remarquablement constant: certaines espèces de guêpes en apportent cinq, d'autres douze, et d'autres jusqu'à vingt-quatre. Mais, le cas le plus étonnant nous vient d'une espèce, *Genus Eumenus,* variété dans laquelle le mâle est plus petit que la femelle. De façon mystérieuse, la mère sait d'avance si l'œuf produira une larve femelle ou une larve mâle et apporte ainsi la nourriture requise pour chacun: elle donne cinq chenilles au mâle et dix à la femelle, le tout sans changement dans la grosseur ou la sorte des proies. Cependant, l'action régulière et cyclique nous autorise à croire qu'elle est en relation avec une fonction vitale de l'insecte, probablement de nature inconsciente.

L'exemple de la corneille est encore plus révélateur. On raconte qu'un châtelain avait résolu de tuer une corneille qui avait élu domicile dans la tour d'observation de son domaine. Il avait essayé plusieurs fois, mais toujours, à l'approche de l'homme, elle quittait aussitôt son nid pour un arbre voisin à l'abri du fusil meurtrier. Le châtelain, décidé d'en finir une fois pour toutes, opta pour une ruse. Un matin, il se présenta à la tour avec un ami. Les deux hommes entrèrent dans la tour et seul le châtelain en sortit quelque temps après. La corneille attendit patiemment la sortie du deuxième homme. Les jours suivants, l'expérience fut répétée avec trois et même quatre personnes. Toujours à l'affût, la corneille retournait à la tour après la sortie du dernier homme. Finalement, on y envoya cinq hommes; comme auparavant, quatre sortirent de la tour, l'un après l'autre, alors que le cinquième attendait patiemment à l'intérieur. Cette fois, la corneille, incapable de distinguer entre quatre et cinq, se laissa prendre au piège et retourna à son nid sans savoir que le cinquième homme l'attendait avec un fusil braqué sur son nid. On devine facilement le sort réservé à la pauvre corneille.

Ces quelques faits montrent bien que certains animaux peuvent compter et manifestent, à n'en pas douter, un sens du nombre semblable au nôtre. En outre, des expériences faites sur des animaux nous autorisent à dire que ces derniers ont parfois des activités qui reflètent des aspects proprement mathématiques.

OPÉRATIONS SUR LES NOMBRES NATURELS

L'addition débute avec très peu de symboles distincts et les nombres employés sont presque toujours écrits sous la forme d'une somme de deux nombres inférieurs. Par exemple, le nombre cinq pouvait être écrit ainsi: $1 + 4$, $2 + 3$, $1 + 1 + 1 + 2$, $1 + 1 + 1 + 1 + 1$, etc. Si la base du système est cinq, un symbole spécial désigne généralement le nombre cinq (il en va de même généralement pour tout nombre qui, en grandeur, correspond à la base employée). Par conséquent, l'addition se fait par décomposition et les calculs sont souvent longs et pénibles.

La soustraction provient de l'habitude, chez certaines tribus, d'écrire le nombre 6, par exemple, comme $7 - 1$. La différence $3 - 3$ est écartée, car le nombre zéro n'était pas inventé, et toutes sommes ou différences négatives sont inconnues.

La multiplication fut probablement introduite chez certaines peuplades primitives au moyen du dédoublement. En dédoublant le nombre 10 comme suit:

$$10 = 2 \times 5 = 2 \times (2 + 2 + 1)$$

ou sous toute autre forme équivalente, on parvenait à multiplier des nombres et à enregistrer les résultats sous la forme de tables numériques.

La division fut une opération pratiquement trop difficile pour les peuples primitifs. Il semble bien que les fractions apparaissent avec l'avènement des civilisations babylonienne et égyptienne.

L'acquisition des rudiments du calcul arithmétique ouvre la voie à la mesure des longueurs, des aires et des volumes. Les unités de mesure sont souvent choisies parmi les parties du corps humain: le doigt, le pied, le pouce, la main, l'avant-bras. Les volumes sont mesurés à l'aide de paniers ou de coquilles de volume «standard». La construction des maisons s'effectue à l'aide de règles afin d'assurer l'existence de lignes droites et d'angles droits. La géométrie utilisée est empirique et essentiellement orientée vers un but utilitaire ou rituel. La justification des règles utilisées et des conventions choisies est, pour le moins, inexistante dans les documents recueillis sur cette époque.

La géométrie apparaît aussi dans les peintures et les motifs dessinés par ces peuples primitifs. On retrouve sur des vases, des paniers, des murs de cavernes, une richesse variée de figures géométriques. Les décorations du néolithique abondent en exemples de congruence et en diverses formes de symétrie. L'imagination géométrique de ces peuples est d'une richesse qu'on peut difficilement soupçonner.

Il faut aussi mentionner que le développement des mathématiques fut fortement influencé, à cette époque, par l'astronomie. Les peuplades primitives possédaient certaines connaissances relatives au soleil, à la lune et aux étoiles. D'ailleurs, un peuple agricole se devait de tenir compte de la succession des jours et des nuits, ainsi que des diverses saisons. Les peuples primitifs adoptent presque tous un calendrier lunaire afin de différencier les aspects changeants de la végétation et de posséder des unités de temps utiles et convenables.

Enfin, il est indispensable de souligner l'influence considérable de la religion sur la vie primitive, tant sur le plan spirituel que sur celui des actions journalières du primitif. Même si la civilisation fut établie à partir d'un support religieux inhérent à des pratiques rituelles, on se doit, néanmoins, de considérer quel fut le rôle de la pratique religieuse du primitif dans sa conception du nombre.

Dans un article paru en 1962, Seidenberg[1] prétend démontrer, avec preuves à l'appui, que l'origine rituelle du compte s'impose par des faits observables et évidents. Partant de l'hypothèse qu'une suite définie de mots accompagnée d'une activité familière dans laquelle ces mots sont employés constituent les éléments essentiels pour compter, il entreprend la démonstration de la conjecture suivante:

a) les noms des participants dans un rituel, ou les mots qui les annoncent, étaient des mots à caractère numérique. Ainsi, la «sériation» est le rituel et le «compte» est le mythe. L'intention du mythe est de dire ou d'interpréter la signification du rituel;

b) le compte élevé a pu être produit à partir de longues processions de participants. La base utilisée correspondrait au nombre de personnes dans un rituel fondamental et la nécessité d'utiliser des grands nombres proviendrait de la répétition continue de ce rituel de base.

1. A. Seidenberg, «The Ritual Origin of Counting», *Archive for History of Exact Sciences, 1* (1962): 5.

Cette démonstration repose toutefois, selon l'auteur, sur un certain nombre d'éléments qui doivent être présents à titre de faits historiques:

1) la procession rituelle;
2) la procession rituelle par paires;
3) la présence des participants du rituel sur la scène au moment de l'appel;
4) l'appel prenant la forme de nombre.

Il entreprend ainsi de rendre compte des faits mentionnés ci-dessus par le témoignage de l'histoire et de montrer que ces éléments furent présents. En conclusion, l'auteur, considérant un mythe comme la forme des mots associés à un rituel, prétend que le phénomène de compter était fréquemment l'élément central d'un rituel et que les participants dans un rituel étaient comptés. De ceci, il suggère l'hypothèse que le compte fut inventé comme un moyen d'appeler les participants d'un rituel sur une scène.

Le primitif a-t-il développé le concept de nombre à partir de besoins pratiques et utilitaires ou d'influences diverses exercées par la religion ou la magie? Nul ne le sait avec certitude. Toutefois, il est fort probable que le développement des mathématiques a pu être influencé, à l'origine, par les pratiques religieuses; en particulier, le concept de nombre et la géométrie[1] du primitif reflètent des aspects liés au domaine religieux.

1. A. Seidenberg, «The Ritual Origin of Geometry», *Archive for History of Exact Sciences, 1* (1962): 489-527.

EN BREF

Les civilisations de l'époque néolithique ou préhistorique, caractérisées par la chasse et un début d'agriculture et de commerce, manifestèrent un intérêt au sujet du nombre et de la géométrie empirique. Ce début des mathématiques a été provoqué par les nécessités de leur vie sociale et économique et fut influencé aussi par la religion et la magie. Les primitifs ont développé des systèmes de numération (du type additif non positionnel) permettant de calculer avec des nombres naturels (addition, soustraction, multiplication). La géométrie empirique du primitif se résume à des règles pour mesurer des longueurs et des volumes. Les dessins riches en coloris contiennent des figures géométriques où la symétrie est prédominante. La plupart des peuples primitifs ont inventé un calendrier lunaire.

BIBLIOGRAPHIE

BOYER, Carl B. *A History of Mathematics.* New York, John Wiley & Sons, 1968, p. 1-7.

CONANT, Levi Leonard. «Counting» in *The World of Mathematics,* J.-R. Newman, ed. Vol. I, New York, Simon and Schuster, 1956, p. 432-441.

CONANT, Levi Leonard. *The Number Concept, Its Origin and Development.* New York, The Macmillan Company, 1923.

DANTZIG, T. *Number — The Language of Science.* New York, The Macmillan Company, 1967, p. 1-18.

EELS, W.C. «Number Systems of North American Indians». *The American Mathematical Monthly, 20* (1913): 293.

EVES, Howard. *An Introduction to the History of Mathematics.* New York, Holt Rinehart and Winston, 1969, p. 7-10.

KALMUS, H. «Animals as Mathematicians». *Nature, 202* (1964): 1156-1160.

KOEHLER, O. «The Ability of Birds to Count» in *The World of Mathematics,* J.-R. Newman, ed. Vol. I, New York, Simon and Schuster, 1956, p. 489-496.

NATIONAL COUNCIL OF TEACHERS OF MATHEMATICS (The). *Historical Topics for the Mathematics Classroom.* 31st Yearbook, Washington, D.C., N.C.T.M., 1969, p. 18-27.

SCRIBA, Christoph H. *The Concept of Number: A Chapter in the History of Mathematics with Applications of Interest to Teachers.* Mannheim/Zürich, Bibliographisches Institut, 1968, p. 1-50.

SEIDENBERG, A. «The Ritual Origin of Counting». *Archive for History of Exact Sciences, 2* (1962): 1-40.

SEIDENBERG, A. «The Ritual Origin of Geometry». *Archive for History of Exact Sciences, 1* (1962): 489-527.

STRUIK, Dirk J. *A Concise History of Mathematics.* 3rd ed., New York, Dover, 1967, p. 7-15.

STRUIK, Dirk J. «Stone Age Mathematics». *Scientific American, 179* (december 1948): 44-49.

THOM, A. «The Geometry of Megalithic Man». *The Mathematical Gazette, 45* (may 1961): 83-93. Voir aussi la bibliographie de la page 93.

EXERCICES

1. Quels sont les éléments à caractère mathématique qui émergent des sociétés préhistoriques?

2. Citer quelques facteurs qui manifestent que l'homme primitif possédait une idée plus ou moins nette du concept de nombre.

3. Quelles sont les raisons d'ordre historique qui justifient l'assertion suivante: l'énumération précède la numération dans l'acquisition graduelle du concept de nombre?

4. La notion de correspondance un à un assure-t-elle, pour sa part, l'existence du nombre cardinal?
5. Historiquement, peut-on affirmer que le nombre cardinal précède le nombre ordinal?
6. Quels sont les facteurs qui ont pu provoquer la diversité des groupements numériques observés chez les primitifs?
7. Donner quelques exemples des bases utilisées par les primitifs. Retrouve-t-on des vestiges des bases vingt et douze dans notre langue?
8. Caractériser l'apport des peuples de la préhistoire à la science mathématique. Fournir des faits à l'appui de vos affirmations.

CHAPITRE

la civilisation babylonienne

INTRODUCTION

A quel moment l'âge de la pierre (préhistoire) prend-il fin et quand commence l'âge des métaux? Voilà une question dont les réponses diverses sont liées le plus souvent à des préoccupations de type géographique, culturel et économique. Il semble certain que le néolithique se prolonge davantage en Europe et prend fin plus rapidement dans certaines parties de l'Asie et de l'Afrique.

Si nous acceptons de faire coïncider la naissance des civilisations antiques avec l'avènement de l'âge des métaux, les premières sociétés organisées se formèrent sur les rives des grands fleuves, tels que le Nil, l'Euphrate, le Tigre et les principaux fleuves de l'Inde et de la Chine. On trouvera sur la carte les principaux foyers qui ont conduit aux civilisations babylonienne et égyptienne.

Le bilan chronologique des civilisations des vallées de l'Indus et du Yang-tseu (fleuves qui prennent leur origine au Tibet pour se diriger respectivement vers le nord de l'Inde et vers l'est de la Chine) repose sur des chroniques dont la véracité est très souvent mise en doute. Par contre, les informations provenant des habitants de la vallée du Nil et du «croissant fertile» offrent, dans les sources recueillies jusqu'à maintenant, une plus grande objectivité et une interprétation plus juste des activités mathématiques de ces peuples.

ORIGINE

La civilisation babylonienne englobe un ensemble de peuples qui ont vécu en Mésopotamie sur une période commençant vers 5000 av. J.-C. pour se terminer au début du christianisme. Tour à tour, ces peuples — Sumériens, Akkadiens, Chaldéens, Assyriens, Babyloniens et autres — contribuèrent à ériger les caractéristiques de la civilisation babylonienne. Plus précisément, la cité de Babylone fut le centre culturel du croissant fertile entre 2000 et 550 av. J.-C.; même après la prise de Babylone par le conquérant perse Cyrus, en 538 av. J.-C., l'évolution des mathématiques babyloniennes s'est poursuivie durant la période dite «séleucide» dont la fin coïncide approximativement avec la naissance de Jésus-Christ.

SOURCES

La connaissance actuelle des mathématiques babyloniennes provient de fouilles archéologiques entreprises à partir du milieu du XIXe siècle, dans le but d'extraire des documents de tout genre susceptibles de révéler les principaux éléments qui caractérisent cette grande civilisation préhellénique. Près d'un demi-million de tablettes d'argile ont déjà été recueillies dans les divers sites de la Mésopotamie et plus de 300 concernent essentiellement le domaine mathématique. Diverses collections de ces tablettes ont été acquises par les musées de Paris, Berlin et Londres,

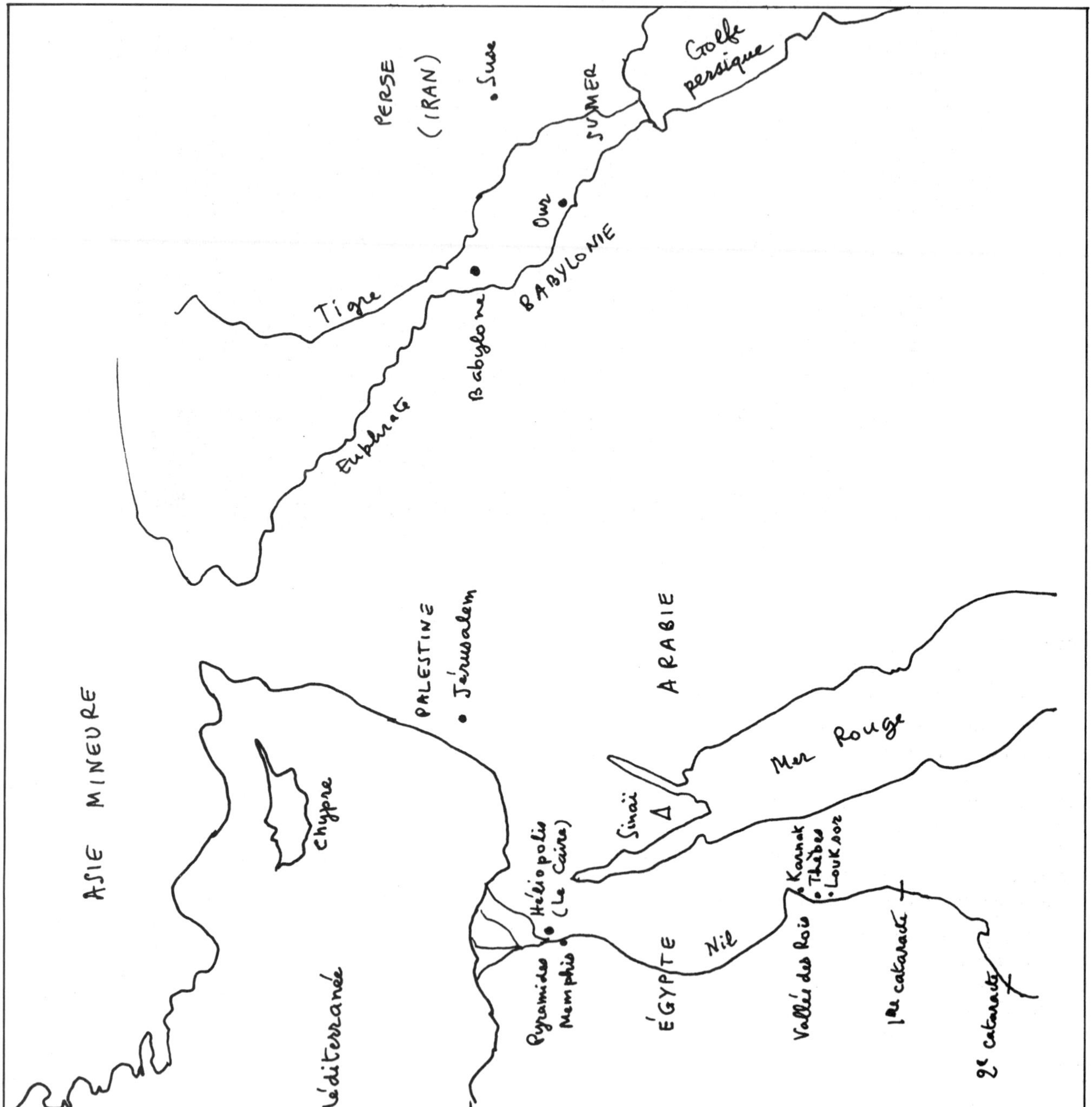
PERSE
(IRAN)
Suse
Golfe persique
SUMER
Our
BABYLONIE
Babylone
Tigre
Euphrate
ASIE MINEURE
Chypre
PALESTINE
Jérusalem
ARABIE
Mer Rouge
Sinaï
Héliopolis
(Le Caire)
Pyramides
Memphis
ÉGYPTE
Nil
Karnak
Thèbes
Louksor
Vallée des Rois
1re cataracte
2e cataracte
Mer Méditerranée
Crète
Désert
de Lybie

Cylindre en forme de baril, avec une inscription de Nabodinus, roi de Babylone en 556 av. J.-C.

entre autres, alors que de nombreuses collections se retrouvent dans des universités, parmi lesquelles Columbia, Yale et l'Université de Pennsylvanie.

Les dimensions de ces tablettes varient généralement de 2 à 70 pouces carrés. Chaque tablette d'argile, après avoir reçu l'impression d'un stylet (écriture cunéiforme), devait être cuite pour qu'elle durcisse. Ceci explique l'abondance de documents babyloniens conservés, alors que la nature d'autres types, comme le papyrus égyptien ou le bambou chinois, les rendait facilement périssables.

Malgré le nombre imposant de documents écrits obtenus à partir de fouilles qui ont débuté du siècle dernier, il faudra attendre les contributions essentielles du Français Thureau-Dangin et de l'Allemand Otto Neugebauer, vers le milieu du XXe siècle, avant d'apprécier véritablement les connaissances mathématiques des habitants du croissant fertile. Cette longue attente est due aux difficultés rencontrées pour déchiffrer ces textes d'écriture cunéiforme. C'est grâce aux efforts de Grotefend et Rawlinson qu'on a pu analyser ces textes et dévoiler une partie des connaissances des peuples de la Mésopotamie.

Parmi ces tablettes d'argile, nous retrouvons des textes mathématiques provenant de la dernière période sumérienne (vers 2100 av. J.-C.); un plus grand nombre appartiennent à la première dynastie babylonienne (la période du roi Hammourabi), enfin un bon nombre peuvent se situer entre 600 av. J.-C. et 300 apr. J.-C. (de l'empire de Nabuchodonosor à l'empire séleucide).

Les textes mathématiques portent essentiellement sur des tablettes contenant des séries de nombres, des relations géométriques et des listes de problèmes. Les tablettes contiennent en particulier des multiplications, des nombres et leur réciproque, des carrés et des cubes et aussi quelques relations numériques en termes d'exposants. Le contenu mathématique révélé par ces textes est suffisamment diversifié pour qu'il soit utile d'en exposer les diverses composantes.

SYSTÈME DE NUMÉRATION

En Mésopotamie, les premières formes d'écriture apparaissent vers le IIIe millénaire av. J.-C. et se caractérisent par l'utilisation de symboles stylisés pour

Tablette babylonienne contenant 16 problèmes et leur solution (BM 85 194).

représenter les choses. Graduellement, ces formes stylisées sont combinées et réduites afin d'obtenir une écriture plus commode[1]. D'une façon parallèle, le stylet de forme cylindrique utilisé au début change de forme et devient triangulaire (écriture cunéiforme).

Le symbole

 [2]

représente l'unité et est répété jusqu'à neuf fois pour représenter le nombre 9. Le symbole

représente le nombre 10 et est répété en le combinant avec l'unité pour représenter les nombres de 11 à 59. A partir de 60, on utilise les mêmes combinaisons de deux signes, en notant toutefois que le principe de position entre en jeu[3].

Les anciens textes babyloniens (vers 1700 av. J.-C.) ne révèlent pas la présence d'un symbole spécifique pour le zéro; cependant, les Babyloniens utilisaient un espace blanc plus ou moins mis en évidence. C'est ainsi que, sans contexte, l'assemblage

peut représenter le nombre 11, le nombre $11 \cdot 60$, le nombre $11 \cdot 60^2$, etc. Cependant, à la période séleucide, certains textes utilisent le symbole

pour marquer la place du zéro. Par ailleurs, même à cette époque (premiers siècles avant J.-C.), on utilise rarement ce dernier symbole à la fin de la représentation numérique. Malgré tout, il faut admettre que ce système mixte (base 10 et base 60) fut le premier système positionnel (même imparfait) parmi les systèmes anciens; son origine semble provenir d'unités de mesure[4].

1. Carl B. Boyer, *A History of Mathematics,* New York, Wiley, 1968, p. 27-28.
2. On désigne l'unité par un clou, généralement en position verticale, et la dizaine par un chevron.
3. Le système à base dix, qui semble être le plus primitif et le plus fondamental, a donné lieu aux signes spéciaux  et  pour cent et mille respectivement.
4. Voir B.L. Van der Waerden, *Science Awakening,* New York, Wiley, 1963, p. 40-41.

La représentation numérique des nombres est d'autant facilitée (eu égard aux systèmes plus anciens ou contemporains), dans la mesure où le contexte est clairement défini. Par exemple, le nombre 7424 en base 60 est représenté comme suit:

$7424_{(60)} = 2{,}3{,}44$ ou $2 \cdot 60^2 + 3 \cdot 60 + 44$,

c'est-à-dire

$7424_{(60)} =$ 

Au moment de la conquête d'Alexandre le Grand, le même nombre avait une représentation symbolique plus adéquate:

$7424_{(60)} =$ 

où les espaces sont remplacés par 

Parfois, parmi des textes datant de la première dynastie babylonienne, nous constatons l'emploi du principe de soustraction dans l'écriture des nombres. Ainsi, le nombre 29 pouvait avoir la représentation $30 - 1$ en employant un signe de soustraction de la forme

signifiant moins un.

Le principe de position ou de la valeur en place du symbole favorisait les Babyloniens dans l'écriture des fractions, contrairement aux Égyptiens, comme nous le verrons dans le prochain chapitre. Si le scribe babylonien désire écrire la fraction $1\frac{1}{2}$ ou, de préférence, $1 + \frac{30}{60}$ (dans la base 60) il suffisait alors d'utiliser l'expression symbolique

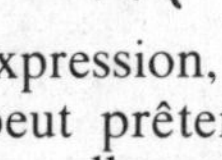

Cependant, cette expression, puisqu'il n'y a pas de zéro en général, peut prêter à confusion (mais pas pour le scribe), car elle peut signifier $1 + \frac{30}{60}$ ou $\frac{1}{60} + \frac{30}{60^2}$, etc. C'est ainsi que les Babyloniens pouvaient, tout comme nous, additionner et multiplier des nombres avec autant de facilité que le système décimal nous permet de le faire aujourd'hui.

ARITHMÉTIQUE BABYLONIENNE

La multiplication est exécutée en se référant à des tables de multiplication (construites probablement à l'origine par additions successives). On trouvera ci-contre le prototype d'une table de multiplication babylonienne.

Table de multiplication par 9

1			9
2			18
3			27
4			36
5			45
6			54
7			63
8			72
9			81
10			90
11			99
12			108
13			117
14			126

Cette table de multiplication par 9 n'offre que peu d'intérêt avant la 7ᵉ ligne où, à la place de

apparaît l'expression symbolique

dans laquelle le premier coin vertical représente 60. De même, à la 14ᵉ ligne, on a, comme produit, 126 représenté par

 , où 

représente 2•60.

Il est clair que l'expression

n'est pas ambiguë et représente effectivement le nombre 126. Cependant, ou trouve de nombreux exemples dans l'écriture babylonienne où le scribe se préoccupait peu de bien séparer les multiples de 60 des unités, puisque, en principe, l'espace vide signifie de fait la place du point sexagésimal; d'où la nécessité d'un contexte bien défini.

L'utilisation de tables des réciproques (valeurs de $\frac{1}{n}$ pour différentes valeurs de n, le tout exprimé dans le système sexagésimal) permettait de réduire l'opération division en une opération de multiplication. Cependant, lorsqu'on analyse les tables de multiplication, on est surpris de remarquer l'absence de certains nombres. Par exemple, dans la base 60, on s'attend à retrouver une collection de tables de multiplication incluant toutes les valeurs de 2 à 59 et les multiples de 1 à 59. Cependant, la vérité est tout autre. Si la valeur choisie est s où $1 < s \leqslant 59$, la table de multiplication fournit les valeurs $1 \cdot s$, $2 \cdot s$, ..., $19 \cdot s$, $20 \cdot s$, $40 \cdot s$, $50 \cdot s$, et c'est tout. La multiplication $47 \cdot s$ serait de fait la somme de $40 \cdot s$ et $7 \cdot s$. Cependant, la valeur choisie s, où $1 < s \leqslant 59$, exclut par exemple les nombres 11, 13, 14, 17, 19, etc. Pourquoi? Parce que ces nombres ne peuvent pas avoir un développement fini dans la base 60.

Considérons le nombre réciproque du nombre 8. On le retrouve sous la forme 0;7,30[1], c'est-à-dire $\frac{7}{60} + \frac{30}{60^2} = \frac{1}{8}$, alors que le nombre 11 ne possède pas de réciproque en base 60, puisque $\frac{1}{11}$ n'a pas de développement fini dans cette même base. De fait, un nombre régulier, dans le sens babylonien du terme, est «un nombre dont les facteurs sont des puissances des nombres premiers divisant 60», c'est-à-dire que b est régulier si $b = 2^m \cdot 3^n \cdot 5^p$ où m, n, p sont des entiers positifs incluant zéro. Remarquez que nous avons aussi, dans notre système décimal, des réciproques à développement infini ($\frac{1}{3}$, $\frac{1}{6}$, $\frac{1}{9}$, ...).

Ceci explique en fait l'existence des tables de réciproques. Si l'on désire diviser 47 par 8, on cherche en premier le réciproque de 8 qui est 7,30, puis on utilise une table de multiplication où $s = 7{,}30$ et on effectue comme suit: $40 \cdot 7{,}30 + 7 \cdot 7{,}30$, résultats qui se trouvent dans la table choisie.

Lorsqu'ils veulent effectuer des divisions, par exemple $35 \div 14$, les Babyloniens utilisent des approximations obtenues, semble-t-il, par interpolation. On donne en particulier dans un texte l'approximation suivante: $\frac{1}{59} = 0; 1, 1, 1$. Il semble que les Babyloniens ne se soient pas préoccupés de distinguer entre développement infini périodique et développement infini non périodique.

Dans certains textes, on remarque la présence de relations exponentielles en termes de puissances successives d'un nombre donné. Quelques tables contiennent, pour les bases 9, 16, 100 et 225, les dix premières puissances. Ces tables permettaient de répondre au type de problème suivant: A quelle puissance doit-on élever un certain nombre (base) pour satisfaire à un nombre donné? Il ne faut pas voir dans ce type de problème la fonction logarithmique telle que nous la concevons actuellement. Cependant, on peut être étonné de rencontrer si tôt, dans l'évolution des mathématiques, des relations exponentielles de ce type.

Les Babyloniens ont appliqué leurs connaissances arithmétiques aux sphères d'activités telles que le commerce (ventes, achats, facturations, reçus, acomptes), les contrats, le calcul d'intérêts simples et composés, les systèmes de poids et mesures, le calendrier, etc.

ALGÈBRE BABYLONIENNE

L'algèbre babylonienne est rhétorique, c'est-à-dire que les problèmes algébriques sont énoncés et solu-

1. Nous utilisons dans ce chapitre la convention suggérée par Neugebauer: le point-virgule, «;», remplace la virgule décimale et la virgule, «,», marque une tranche numériquement égale à $\frac{1}{60}$ ou 60.

tionnés sans utiliser de façon systématique des notations algébriques ou symboliques (comme aujourd'hui). Les Babyloniens pouvaient résoudre des équations quadratiques (par complétion du carré ou par substitution), quelques équations cubiques et biquadratiques.

Par exemple, un problème consiste à «connaître la longueur du côté d'un carré dont l'aire moins le côté est égale à 870». Ceci revient à résoudre l'équation $x^2 - x = 870$.

Comment solutionnaient-ils ce problème?

On prend la moitié de 1, qui est 0;30 (en base 60) et on multiplie 0;30 par 0;30, ce qui donne 0;15; on ajoute ce résultat à 14,30 (14,30 + 0;15 = 14,30;15, car 0;15 signifie 0.15); mais 14,30;15 est le carré de 29;30. Enfin, on ajoute 0;30 à 29;30 et le résultat est 30, le côté du carré.

Un bon nombre de problèmes contenus dans les textes babyloniens sont de la forme $x^3 + x^2 = b$, où la solution reposait sur l'utilisation d'une table retrouvée dans laquelle on donnait les combinaisons de la forme $n^3 + n^2$ pour $1 < n < 30$.

Les Babyloniens pouvaient de plus résoudre des équations simultanées de plusieurs types à deux inconnues incluant généralement une équation linéaire et une équation du second degré.

Par exemple, les données d'un problème sont les suivantes: «J'ai additionné l'aire de mes deux carrés, ce qui me donne 21,15 et le côté de l'un est plus petit de $\frac{1}{7}$ que le côté de l'autre.» Ces données correspondent aux équations:

$$x^2 + y^2 = 21{,}15, \ (1)$$

$$y = \frac{6}{7}\, x. \ (2)$$

La solution babylonienne se présente comme suit: la substitution de (2) dans (1) donne

$$x^2 + \frac{36x^2}{49} = \frac{85}{4} \text{ (en base 10)}$$

d'où

$$x^2 = \frac{49}{4} \text{ et } x = \frac{7}{2}.$$

La solution négative n'existe pas, car on utilisait la formule suivante

$$x = \sqrt{\left(\frac{p}{2}\right)^2 + q} + \frac{p}{2}$$

pour la racine de l'équation $x^2 - px = q$. Si l'équation devient $x^2 + px = q$, alors la formule est analogue sauf l'addition d'un signe moins devant $\frac{p}{2}$. Dans la collection de l'Université Yale, on a retrouvé l'énoncé d'un problème englobant les types d'équation suivants:

$$xy = a \text{ et } \frac{mx^2}{y} + \frac{ry^2}{x} + b = 0$$

dont la solution amène une équation du 6ᵉ degré, mais de forme quadratique en x^3. Les fouilles de Suse (Iran) ont révélé en particulier un problème qui conduit à une équation du 8ᵉ degré, quadratique en x^4.

Neugebauer a trouvé dans la collection du Louvre — sur une tablette datant de l'empire de Nabuchodonosor — deux séries intéressantes:

$$1 + 2 + 2^2 + \ldots + 2^9 = 2^9 + 2^9 - 1,$$

pour l'une, et

$$1^1 + 2^2 + 3^2 + \ldots + 10^2 = [1(\tfrac{1}{3}) + 10(\tfrac{2}{3})]\,55 = 385$$

pour l'autre.

On serait peut-être en droit de se demander si les Babyloniens connaissaient certaines séries élémentaires, en l'occurence

$$\sum_{i=0}^{n} s^i = \frac{s^{n+1} - 1}{s - 1}, \quad \sum_{j=1}^{n} j^2 = \frac{n(n+1)(2n+1)}{6},$$

et enfin

$$\sum_{j=1}^{n} j^2 = \left[\frac{1}{3} + \frac{2}{3}\cdot n\right]\left[\sum_{j=1}^{n} j\right].$$

Les Babyloniens utilisèrent aussi une procédure très efficace pour évaluer la racine carrée. Posons $x = \sqrt{b}$, la racine cherchée, et soit b_1, une approximation de cette racine. Supposons une seconde approximation a_1 telle que $a_1 = \frac{b}{b_1}$. Si b_1 est trop petit, alors a_1 est évidemment trop grand. Choisissons alors la moyenne arithmétique $b_2 = \frac{a_1 + b_1}{2}$. Si b_2 est trop grand, alors $a_2 = \frac{b}{b_2}$ sera trop petit. Il suffit alors de continuer en prenant encore la moyenne arithmétique $b_3 = \frac{a_2 + b_2}{2}$. Ce procédé se poursuit indéfiniment. Sur une tablette de Yale, on retrouve

$$\sqrt{2} = 1 + \frac{24}{60} + \frac{51}{60^2} + \frac{10}{60^3} = 1{,}414213.$$

Dans les transformations algébriques, les Babyloniens ont effectivement manipulé les équations avec une habileté surprenante. En assumant de façon tacite les propriétés de commutativité et de distributivité, ils ont réussi à obtenir des relations algébriques telles que

$$(a + b)^2 = a^2 + 2ab + b^2$$

et

$$(a + b)(a - b) = a^2 - b^2.$$

Selon Neugebauer[1], dans les problèmes algébriques, la relation algébrique constitue le point d'intérêt, même si souvent la solution des problèmes apporte un résultat pratique applicable dans la géométrie ou ailleurs. De plus, il fait remarquer que les problèmes peuvent être classés en deux groupes: un premier groupe contient la formulation du problème ainsi que l'élaboration, étape par étape, de la solution; le deuxième groupe classe généralement les problèmes du plus simple au plus complexe, en vue de montrer la méthode de transformation qui permet de ramener des formes complexes en formes plus simples afin d'arriver à des solutions exactes. Enfin, à partir des exemples connus, il semble que la méthode générale prenne le dessus sur le résultat numérique.

Compte tenu des collections de tablettes actuellement connues, il nous faut admettre que l'algèbre babylonienne s'est développée grandement à cause de l'importance que les Babyloniens attachaient, dans les problèmes, à la solution arithmétique.

GÉOMÉTRIE BABYLONIENNE

L'étude des textes qui ont trait à la géométrie, révèle que la géométrie babylonienne est intimement liée à des mesures pratiques. Ils se rapportent avant tout à la mesure de figures planes, sauf quelques traces de problèmes reliés à des solides.

Les Babyloniens déterminent généralement la circonférence d'un cercle en multipliant son diamètre par 3; ceci est équivalent à dire que $\pi = 3$. Cependant, un archéologue français exhuma à Suse une tablette sur laquelle, par quelques calculs, on arrive à une valeur de π qui égale $3\frac{1}{8}$. Cependant, Neugebauer insiste pour dire qu'il est encore trop tôt pour généraliser ou pour accepter d'emblée cette dernière valeur.

Les Babyloniens peuvent calculer en outre l'aire d'un triangle et celle d'un trapèze. Les volumes des

1. Otto Neugebauer, *The Exact Sciences in Antiquity*, 2nd ed., New York, 1969, p. 42.

prismes droits et des cylindres sont obtenus en multipliant l'aire de la base par la hauteur. Le volume d'un tronc de cône, dont on connaît la hauteur h et le périmètre des bases b et a, est calculé par la formule $V = \frac{1}{2} h (b^2 + a^2)$, où $\frac{1}{12} = \frac{1}{4\pi}$. Cette formule approximative ne donne jamais la réponse exacte; il en va de même lorsqu'on calcule le volume d'un tronc de pyramide à base carrée par la relation $(V = h(\frac{(a+b)^2}{2} + \frac{3}{4}(a - b))$, où a est la base inférieure, b la base supérieure et h la hauteur[1].

Les géomètres babyloniens sont familiers avec le théorème de Pythagore et en comprennent le principe général. Ils connaissent aussi le théorème (attribué à Thalès de Milet) selon lequel un angle inscrit dans un demi-cercle est droit. En outre, ils savent que «les côtés correspondants de deux triangles droits semblables sont proportionnels» et que «la perpendiculaire abaissée du sommet d'un triangle isocèle divise la base de ce triangle en deux parties égales».

Voici un problème de géométrie cité par Thureau-Dangin[2].

«(Soit) un pala 30′, c'est-à-dire une canne. En haut, il est descendu de 6′, en bas, de combien s'est-il éloigné?» $(30' = \frac{30}{60}, 9'' = \frac{9}{60^2})$.

Voici la solution du géomètre babylonien:

«Toi, carre 30′, tu trouveras 15′. Soustrais 6′ de 30′ (tu trouveras 24′). Carre 24′, tu trouveras 9′36″. Soustrais 9′36″ de 15′, tu trouveras 5′24″. 5′24″ est quel nombre au carré?
C'est 18″ au carré. De 18″ sur le sol il s'est éloigné.»

Suivant l'opinion de Eves[3], la principale caractéristique de la géométrie babylonienne est d'être algébrique et les problèmes impliquant une terminologie géométrique sont le plus souvent difficiles.

PLIMPTON 322

En 1945, O. Neugebauer et A.J. Sachs publiaient *Mathematical Cuneiform Texts* où, pour la première

1. La formule exacte peut être reconstruite de manière à obtenir la relation générale $V = h\left[\frac{(a+b)^2}{2} + \frac{1}{3}\frac{(a+b)^2}{2}\right]$, qui est une formule exacte.
2. F. Thureau-Dangin, *Textes mathématiques babyloniens*, Leyde, Brill, 1938.
3. Howard Eves, *An Introduction to the History of Mathematics*, 3rd ed., New York, Holt, Rinehart and Winston, 1969, p. 31.

fois, le contenu de la tablette Plimpton 322 était déchiffré et analysé. Cette tablette porte le numéro de catalogue 322 dans la collection Plimpton de l'Université Columbia. Elle est écrite en vieille écriture cunéiforme, datant de la période de 1900-1600 av. J.-C. Des sections de la tablette manquent, mais cela n'a pas empêché véritablement la reconstruction complète à partir du contenu demeuré intact. Ainsi, la tablette comprend trois colonnes complètes et une partie de la quatrième colonne qui a pu être complétée par la suite. Voici la reproduction des quatre colonnes de la tablette publiée par Neugebauer et Sachs:

IV	III	II	I
[1,59,0]15	1,59	2,49	1
[1,56,56]58,14,50,6,15	56,7	3,12,1	2
[1,55,7]41,15,33,45	1,16,41	1,50,49	3
[1,]5[3,1]0,29,32,52,16	3,31,49	5,9,1	4
[1,]48,54,1,40	1,5	1,37	5
[1,]47,6,41,40	5,19	8,1	6
[1,]43,11,56,28,26,40	38,11	59,1	7
[1,]41,33,59,3,45	13,19	20,49	8
[1,]38,33,36,36	9,1	12,49	9
1,35,10,2,28,27,24,26,40	1,22,41	2,16,1	10
1,33,45	45	1,15	11
1,29,21,54,2,15	27,59	48,49	12
[1,]27,0,3,45	7,12,1	4,49	13
1,25,48,51,35,6,40	29,31	53,49	14
[1,]23,13,46,40	56	53	15

Les nombres entre crochets ont été ajoutés par Neugebauer ainsi que les zéros, là où ils étaient requis dans la colonne IV. La première colonne énumère les lignes. Les colonnes II et III ne semblent pas à première vue avoir de rapport entre elles. Mais, une analyse plus détaillée montre qu'elles forment l'hypoténuse et un côté d'un triangle rectangle. Ainsi, lorsqu'on forme les carrés des nombres de la colonne II et qu'on soustrait de chacun le carré du nombre correspondant de la colonne III, on obtient un carré. Cependant, il y a quatre exceptions à cette règle: sur la ligne 2, colonne II, on trouve 3,12,1, alors que le nombre devrait être 1,20,25. Cette erreur demeure encore inexplicable. Par contre, sur la ligne 9, colonne III, on a 9,1, au lieu de 8,1, ce qui serait simplement une erreur de copiste. Dans la ligne 13, colonne III, le nombre 7,12,1, devrait être remplacé par 2,41, sa racine carrée. Enfin, dans la ligne 15, colonne II, on trouve 53 à la place de la valeur 1,46, qui en est le double. Si nous posons c pour les nombres de la colonne II et b pour ceux de la colonne III, on obtient ainsi la relation de Pythagore $c^2 = b^2 + a^2$, où a est calculé à partir de $c^2 - b^2$.

On peut récrire les colonnes III et II en notation décimale et y ajouter une autre colonne pour les nombres a trouvés:

V	III	II	I
a	b	c	
120	119	169	1
3 456	3 367	4 825	2
4 800	4 601	6 649	3
13 500	12 709	18 541	4
72	65	97	5
360	319	481	6
2 700	2 291	3 541	7
960	799	1 249	8
600	481	769	9
6 480	4 961	8 161	10
60	45	75	11
2 400	1 679	2 929	12
240	161	289	13
2 700	1 771	3 229	14
90	56	106	15

Si maintenant nous formons le rapport $\frac{c^2}{a^2}$ (cosécante), nous obtenons les nombres qui figurent dans la colonne IV. Ainsi, le contenu de la tablette correspond à une liste de valeurs de $\frac{c^2}{a^2}$, b et c pour des triplets pythagoriciens. On peut raisonnablement supposer que les valeurs de a ont été compilées dans la partie manquante de la tablette. Tout au moins, on peut affirmer qu'elles furent calculées de façon explicite.

Si, maintenant, l'on considère le rapport $\frac{b}{a}$, on a alors, pour la ligne 1 de la tablette, le quotient $\frac{119}{120}$ ou $\frac{1,59}{2,0}$, ce qui équivaut à 0;59,30, ou presque la valeur 1. Dès lors, le premier triangle rectangle est très près d'un demi-carré. De façon similaire, on remarque, à la quinzième ligne, que le triangle a des angles très près de 30° et 60°. En outre, la décroissance régulière des nombres de la colonne IV nous suggère que les dimensions angulaires des triangles varient régulièrement entre 45° et 30°.

Plimpton 322.

INTERPRÉTATION DE LA TABLETTE

Selon Neugebauer[1], la décroissance presque linéaire des valeurs $\frac{c^2}{a^2}$ de la colonne III ainsi que celle du rapport $\frac{c}{a}$ nous incite à croire que les auteurs de cette tablette étaient préoccupés non seulement par la détermination des triplets pythagoriciens (a, b, c), mais aussi par celle du rapport $\frac{c}{a}$ Cherchons maintenant à expliquer le pourquoi de ces valeurs.

Nous savons que tous les triplets pythagoriciens sont fournis par les relations paramétriques,

$$a = 2pq, \quad b = p^2 - q^2, \quad c = p^2 + q^2,$$

où p et q sont des entiers quelconques entre eux, non simultanément impairs et $p > q$.

D'où, l'on obtient:

$$\frac{c}{a} = \frac{p^2 + q^2}{2pq} = \frac{p}{2q} + \frac{q}{2p} = \frac{1}{2}(p \cdot \overline{q} + q\overline{p})$$

avec $\overline{p}$ et $\overline{q}$ réciproques de p et q respectivement.

1. Otto Neugebauer, *op. cit.*, p. 38.

Ceci montre bien que le rapport $\frac{c}{a}$ peut s'exprimer comme une somme finie de fractions sexagésimales, si et seulement si p et q sont des nombres réguliers. Cette dernière affirmation est corroborée par le calcul des valeurs de p et q pour chaque triplet de la table. En outre, les valeurs calculées pour p et q sont non seulement des nombres réguliers, mais on les retrouve tous dans les tables standard de réciproques à l'exception de la valeur $p = 2{,}5$, exemple canonique bien connu. Neugebauer est enclin à supposer que la formule fondamentale pour la construction des triplets pythagoriciens était connue des Babyloniens.

L'interprétation par Neugebauer des faits observés dans le contenu de la tablette Plimpton 322 est contestée par Bruins[1] qui considère que la théorie mise de l'avant par Neugebauer et Sachs ne concorde

1. E.M. Bruins, «Pythagorean Triads in Babylonian Mathematics», *The Mathematical Gazette, 41* (1967): 25.

pas avec les connaissances mathématiques des Babyloniens. Il ne nous appartient pas de discuter du mérite de l'une ou l'autre des conjectures proposées. Toutefois, la conjecture de Neugebauer nous semble plus réaliste alors que celle de Bruins exige des manipulations algébriques quelque peu sophistiquées avec lesquelles cependant on arrive à expliquer les points obscurs de la table suivant un point de vue diamétralement opposé.

Enfin, le contenu de cette tablette, axé surtout sur les triplets pythagoriciens, semble indiquer, par la présence de la colonne IV, que ces triplets servaient de base pour la construction de tables trigonométriques.

EN BREF

Les mathématiques babyloniennes reposent sur un système de numération positionnel mixte (bases 10 et 60) par lequel les Babyloniens
1) sont devenus d'habiles calculateurs (tables numériques en grand nombre);
2) ont réussi à résoudre un ensemble varié d'équations algébriques;
3) ont développé quelques éléments de géométrie et de théorie des nombres.

Nous ne voyons cependant nulle part un souci quelconque de justifier et de prouver les règles utilisées et nous ne pouvons constater que rarement, dans la résolution des problèmes, les raisons qui permettent de franchir chacune des étapes.

Les connaissances sont appliquées à des problèmes d'intérêts composés, d'excavation et de construction aussi bien qu'à l'obtention de résultats pratiques pour les activités courantes.

En algèbre, les Babyloniens pouvaient résoudre les équations suivantes:

Équations à une inconnue

1) $ax = b$
2) $x = a$
3) $x^2 + ax = c$
4) $x^2 - ax = c$
5) $x^2 = b$
6) $x(x + 1) = b$
7) $ax^2 + bx = c$
8) $ax^2 - bx = c$

Systèmes d'équations à plusieurs inconnues

$x + y = a,$	$xy = b$
$x - y = b,$	$xy = a$
$x + y = a,$	$x^2 + y^2 = b$
$x - y = b,$	$x^2 + y^2 = a$
$x + y = a,$	$x^2 - y^2 = b$
$ax + y + cz = d,$	$mx + ny + pz = h,$
	$rx + sy + qz = 0$

De plus, ils utilisaient les formules:

$$(a + b)^2 = a^2 + 2ab + b^2, \quad (a + b)(a - b) = a^2 - b^2.$$

Certaines séries étaient connues:

$$1 + 2 + 4 + 2^n + (2^n - 1)$$

$$\sum_{j=1}^{n} j = \left[\tfrac{1}{3} + \tfrac{2}{3} \cdot n\right]\left[\sum_{j=1}^{n} j\right]$$

$$\sum_{i=0}^{n} s^i = \frac{s^{n+1} - 1}{s - 1}, \quad \sum_{j=1}^{n} j^2 = \frac{n(n + 1)(n + 2)}{6}$$

$$a + a + d + a + 2d + \ldots + a + (n - 1)d = \frac{(1 + a)n}{2}$$

En géométrie, ils étaient familiers avec le théorème de Pythagore, l'aire du triangle et du trapèze, l'aire du cercle avec $\pi = 3$, les volumes du prisme et du cylindre, le théorème de Thalès.

Ils possédaient évidemment un calendrier et l'astronomie était très populaire. Enfin, ils possèdent des tables donnant les valeurs de la cosécante θ pour $31° \leqslant \theta \leqslant 45°$ et probablement pour d'autres valeurs différentes de θ.

BIBLIOGRAPHIE

AABOE, Asger. *Episodes from the Early History of Mathematics.* New York, Random House, 1964, p. 5-33.

BECKER, O.J. et J.E. HOFMANN. *Histoire des mathématiques.* Trad. de P. Jouan. Paris, Lamarre, 1956, p. 25-41.

BERRIMAN, A.E. «The Babylonian Quadratic Equation». *The Mathematical Gazette, 40* (1966): 185-192.

BOYER, Carl B. *A History of Mathematics,* New York, John Wiley & Sons, 1968, p. 26-44.

BRUINS, E.M. «Aperçu sur les mathématiques babyloniennes». *Revue d'Histoire des Sciences et leurs applications, 3* (1950): 301-314.

BRUINS, E.M. «Pythagorean Triads in Babylonian Mathematics». *The Mathematical Gazette, 41* (1967): 25-28.

COOLIDGE, Julian Lowell. *A History of Geometrical Methods.* New York, Dover, 1963, p. 5-8.

DEDRON, Pierre et Jean ITARD. *Mathématiques et mathématiciens.* Paris, Magnard, 1959, p. 275-277, 304-306, 317-324, 347-350.

EVES, Howard. *An Introduction to the History of Mathematics.* 3rd ed., New York, Holt, Rinehart and Winston, 1969, p. 29-36.

GANDZ, Solomon. «Studies in Babylonian Mathematics I. Indeterminate Analysis in Babylonian Mathematics». *Osiris, 8* (1948): 13-40.

GANDZ, Solomon. «Studies in Babylonian Mathematics II. Conflicting interpretation of Babylonian Mathematics». *Osiris, 9* (1949): 405-425.

GANDZ, Solomon. «The Origin and Development of the Quadratic Equations in Babylonian, Greek, and Early Arabic Algebra». *Osiris, 3* (1938): 405-557.

JONES, Philip S. «Recent Discoveries in Babylonian Mathematics I, II, III. *The Mathematics Teacher, 50* (1957): I — 162-165, II — 442-444, III — 570-571.

KARPINSKI, Louis C. «Algebraical Developments among the Egyptians and Babylonians». *The American Mathematical Monthly, 24* (1917): 257-265.

LLOYD, Daniel B. «Further Evidences of Primeval Mathematics». *The Mathematics Teacher, 59* (1966): 668-670.

LLOYD, Daniel B. «Recent Evidences of Primeval Mathematics». *The Mathematics Teacher, 58*(1965): 720-723.

NATIONAL COUNCIL OF TEACHERS OF MATHEMATICS (The). *Historical Topics for the Mathematics Classroom.* 31st Yearbook, Washington, D.C., N.C.T.M., 1969, p. 36-38, 130-132, 235-236.

NEUGEBAUER, Otto. «Babylonian Mathematics». *Scripta Mathematica, 2* (1939): 312-315.

NEUGEBAUER, Otto. *The Exact Sciences in Antiquity,* 2nd ed., New York, Dover, 1969, p. 14-23, 29-49.

SMITH, David E. «Algebra of Four Thousand Years ago». *Scripta Mathematica, 4* (139): 111-124; *5* (1940): 15-16.

SOLLA PRICE, Derek J. de. «The Babylonian «Pythagorean Triangle» Tablet». *Centaurus, 10* (1964): 1-13.

STRUIK, Dirk J. *A Concise History of Mathematics.* 3rd ed., New York, Dover, 1967, p. 25-30.

THUREAU-DANGIN, F. «Sketch of a History of the Sexagesimal System». *Osiris, 7* (1939): 95-141.

VAN DER WAERDEN, B.L. *Science Awakening.* New York, John Wiley & Sons, 1963, p. 37-47, 62-81.

VETTER, Quido. «Quatre notes sur les mathématiques babyloniennes». *Osiris, 1* (1936): 692-702.

EXERCICES

1. Quelles sont les prıncipales caractéristiques du système de numération babylonien?
Expliquer les nombres suivants: 128 — 6 424 — 0,125 — 0,003, en écriture babylonienne.

2. Vérifier que le nombre 0;0,44,26,40 est le réciproque de 81.

3. Dans l'ensemble des nombres n, tels que $1 \leqslant n \leqslant 18$, quels sont les nombres
a) qui possèdent un réciproque dont le développement sexagésimal est fini?
b) qui possèdent un réciproque dont le développement décimal est fini?

4. Résoudre ces problèmes babyloniens:
a) «J'ai additionné l'aire et les $\frac{2}{3}$ du côté de mon carré et cela m'a donné 0;35, trouver le côté.»
(Suggestion: $\frac{2}{3_{(10)}} = 0;40_{(60)}$
b) «J'ai additionné la surface et le côté de mon carré, ce qui me donne 0;45. Trouver le côté.»
c) «J'ai additionné sept fois le côté de mon carré et onze fois la surface, ce qui m'a donné 6;15. Trouver le côté du carré.»

5. Vérifier que les paramètres $p = 9$ et $q = 4$ conduisent aux valeurs de la ligne 5 dans la tablette Plimpton 322.

6. Vérifier la solution babylonienne à l'équation $x^2 - x = 870$, telle qu'elle est présentée dans ce chapitre.

7. Résoudre: $x^8 + a^2x^4 = b^2$ où $a = 20{,}0$
$b = 14{,}48{,}53{,}20$
(Suggestion: $x^4 = 11{,}51{,}6{,}40$ et
$x = 40$)

8. En utilisant l'algorithme babylonien pour l'extraction de la racine carrée, pouvez-vous calculer la $\sqrt{2}$ à 6 décimales?
Comparez ensuite votre réponse avec celle des Babyloniens.

9. Vérifier: Si $\left(\frac{c}{a}\right)^2 = 1;33{,}45$ et $b = 45$, $c = 1{,}15$,
alors (a, b, c) constitue un triplet pythagoricien.

10. Quelles sont les principales contributions mathématiques marquantes des peuples de la Mésopotamie?

CHAPITRE

la civilisation égyptienne

ORIGINE

La civilisation égyptienne naquit probablement d'un grand nombre de petites communautés urbaines et rurales qui s'unirent progressivement en deux royaumes, la Haute-Égypte et la Basse-Égypte. Le premier roi qui, semble-t-il, réunit la Haute et la Basse-Égypte aurait été Ménès. De Ménès à Alexandre le Grand on compte différents empires et des périodes intermédiaires, le tout débutant vers 3100 av. J.-C. et se terminant avec la conquête grecque d'Alexandre, en 332 av. J.-C. L'Égypte fut longtemps considérée comme le champ par excellence des fouilles historiques à cause du climat très sec de la région et du culte des Égyptiens pour leurs morts. C'est pourquoi l'Égypte fourmille de constructions de toutes sortes (temples, pyramides, obélisques, etc.) et contient de nombreux papyrus et objets que le climat favorable a très bien conservés.

SOURCES

Ce fut l'expédition de Napoléon en Égypte qui donna l'impulsion suffisante à l'étude scientifique de la civilisation égyptienne. Accompagné d'une équipe de savants et de chercheurs, Bonaparte est à l'origine de l'égyptologie. Ce sont des soldats français qui ont réalisé la plus importante des découvertes: en creusant des fortifications près de Rosette, à l'est d'Alexandrie, ils exhumèrent une pierre de basalte noir sur laquelle se trouvait une inscription en trois langues: grecque, démotique et hiéroglyphique. La pierre de Rosette révélait aux chercheurs la traduction grecque d'un texte en écriture hiéroglyphique et dans l'ancienne écriture populaire égyptienne (démotique). On possédait la clé pour déchiffrer les hiéroglyphes, mais comment devait-on l'utiliser?

Le Français Jean-François Champollion et l'Anglais Thomas Young, pour ne nommer que les principaux, réussirent à faire de rapides progrès dans le déchiffrement des hiéroglyphes, ou gravures sacrées, par un travail constant, minutieux et souvent très pénible à cause des positions incommodantes qu'ils devaient prendre pour parvenir à bien lire les inscriptions.

Les inscriptions sur les tombes et les monuments égyptiens, par leur nature souvent d'origine religieuse, cérémonielle ou même familiale, ne représentent pas cependant les meilleures sources d'information au sujet des connaissances mathématiques des peuples de la vallée du Nil[1]. De même, en ce qui concerne le calendrier égyptien, les connaissances mathématiques qu'on en peut retirer demeurent très limitées, car elles concernent surtout l'art de compter et de mesurer.

Heureusement le climat sec de l'Égypte a favorisé la conservation de quelques papyrus dont le plus

1. Le Nil était vénéré par les anciens Égyptiens sous le nom de «Hâpî» génie des eaux. On le représentait sous l'aspect d'un homme nu portant la ceinture à lanières pendantes avec, sur la tête, une touffe de papyrus.

Le général Bonaparte examine une momie dont les savants, adjoints à l'expédition d'Égypte, viennent de découvrir le sarcophage (Tableau de Maurice Orange).

ancien date d'environ 1800 av. J.-C. Les principales sources connues actuellement sont:

1) **Le papyrus Rhind:** rouleau de papyrus (13″ × 18′) conservé au British Museum et dont quelques fragments se trouvent au musée de Brooklyn. Acheté en 1858 à Louksor par un jeune avocat écossais du nom de Henry Rhind, écrit par le scribe Ahmes vers 1650 av. J.-C. et exhumé à Thèbes en 1855, ce papyrus constitue la source importante de laquelle nous dérivons l'ensemble des connaissances mathématiques égyptiennes. Il contient 85 problèmes, rédigés en écriture hiératique, dont la collection devait servir de manuel pratique pour les non-initiés. Ce texte, selon Ahmes, est une copie d'un texte plus ancien (2000-1800), dont quelques éléments proviennent peut-être de périodes plus anciennes encore. Le titre du papyrus est plutôt naïf: «Directions pour obtenir une connaissance de toutes les choses, inhérentes à tout ce qui existe, connaissance de tous les secrets...». Les cinq parties du manuel d'Ahmes se réfèrent respectivement à l'arithmétique, à la stéréométrie, à la géométrie, au calcul des pyramides et à un ensemble de problèmes pratiques.

2) **Le papyrus de Moscou:** rouleau de papyrus (3″ × 18′) acheté en Égypte en 1893 et conservé au musée des arts de Moscou. (Il porte aussi le nom de papyrus Golenischeff.) Écrit vers 1850 av. J.-C. par un scribe inconnu, il contient 25 problèmes reliés généralement à la vie pratique et ressemble à celui d'Ahmes, sauf pour deux problèmes à signification particulière. Le papyrus de Moscou est, avec celui d'Ahmes, une de nos principales sources d'information.

3) **Le rouleau de cuir de mathématiques égyptiennes:** rouleau de cuir (10″ × 17″) acheté avec le papyrus Rhind et conservé au British Museum depuis 1864. En 1927, on parvint, non sans peine, à dérouler ce document de cuir pour y trouver une collection, en duplicata, de 26 sommes écrites

Temple de Karnak. Sur le relief on voit le pharaon dominant les villes conquises.

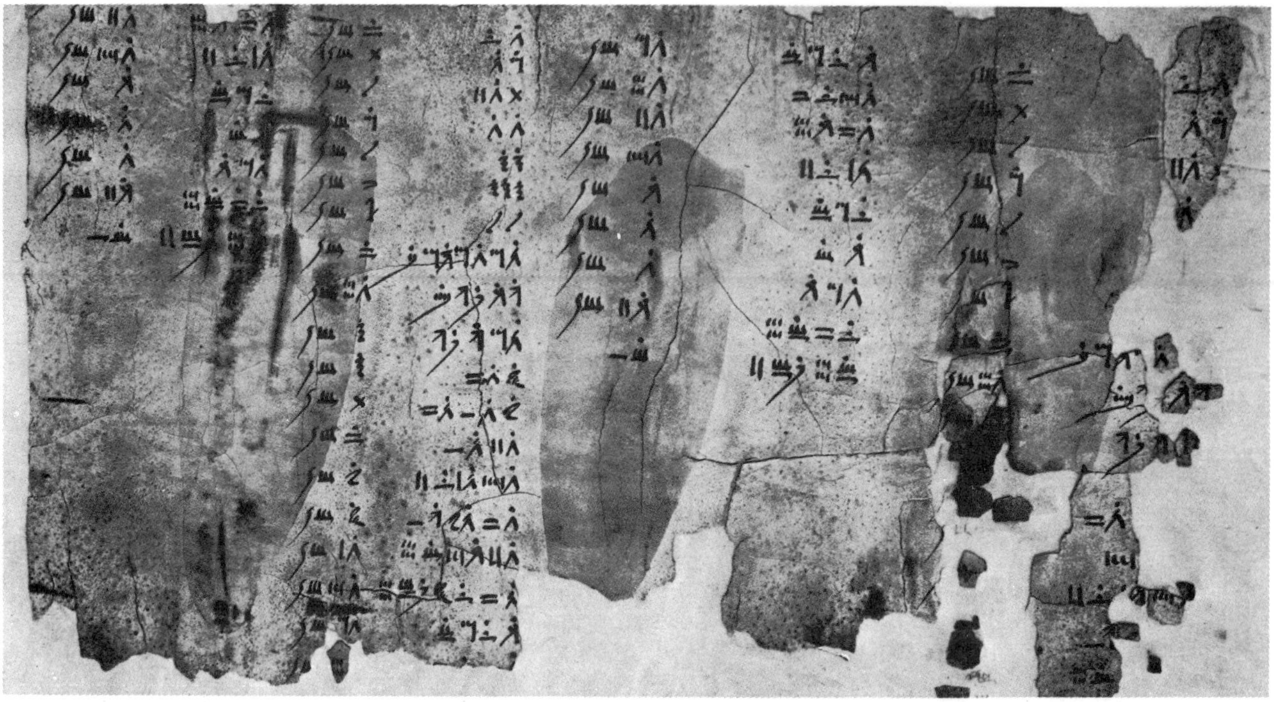

Le rouleau de cuir des mathématiques égyptiennes (British Museum).

sous la forme de fractions unitaires. Tout semble indiquer que ce rouleau était une copie extraite d'un manuel, copie servant de guide pratique ou de table pour un travail futur. Selon Gillings[1], cette table en cuir nous éclaire grandement sur l'aspect mécanique de l'arithmétique contenu dans les principales sources des mathématiques égyptiennes, en plus d'offrir une justification à l'existence présumée de tables standard de fractions.

4) **Les papyrus de Kahun, de Berlin, de Reisner, d'Akhmîm** et quelques autres viennent compléter, sur certains points de détail, les connaissances mathématiques dérivées des trois précédents.

Au tout début, les Égyptiens écrivaient sur la pierre, la brique ou les poteries. Les plus anciennes inscriptions de chiffres sont sous la forme d'hiéroglyphes et apparaissent sur une masse royale datant de 3100 av. J.-C., au moment où Ménès unifiait la Basse et la Haute-Égypte. Les symboles utilisés énuméraient des grands nombres associés aux guerres. Puis, graduellement, au cours des siècles, les Égyptiens adaptèrent pour leurs écritures un document plus souple, le papyrus.

Le papyrus provient d'une plante aquatique d'Égypte qui ressemble au jonc de nos marais, mais dont les dimensions sont plus grandes. En coupant cette plante en fines lanières, puis en laissant côte à côte ces lanières recouvertes d'une autre couche de lanières placée en travers, on obtenait, après séchage, un support sur lequel on pouvait écrire. Généralement, le papyrus était de forme rectangulaire plutôt que carrée. Après avoir écrit sur le papyrus, on l'enroulait pour former un rouleau plutôt que de le plier comme nos livres actuels.

L'écriture hiéroglyphique apparaît, en général, sur les tombes, les monuments, les pierres, alors que, sur les papyrus, c'est l'écriture hiératique (de forme cursive) qui prédomine, étant mieux adaptée à l'écriture manuelle.

1. R.J. Gillings, *Mathematics in the Time of the Pharaohs*, Cambridge, Massachusetts, MIT Press, 1972, p. 91.

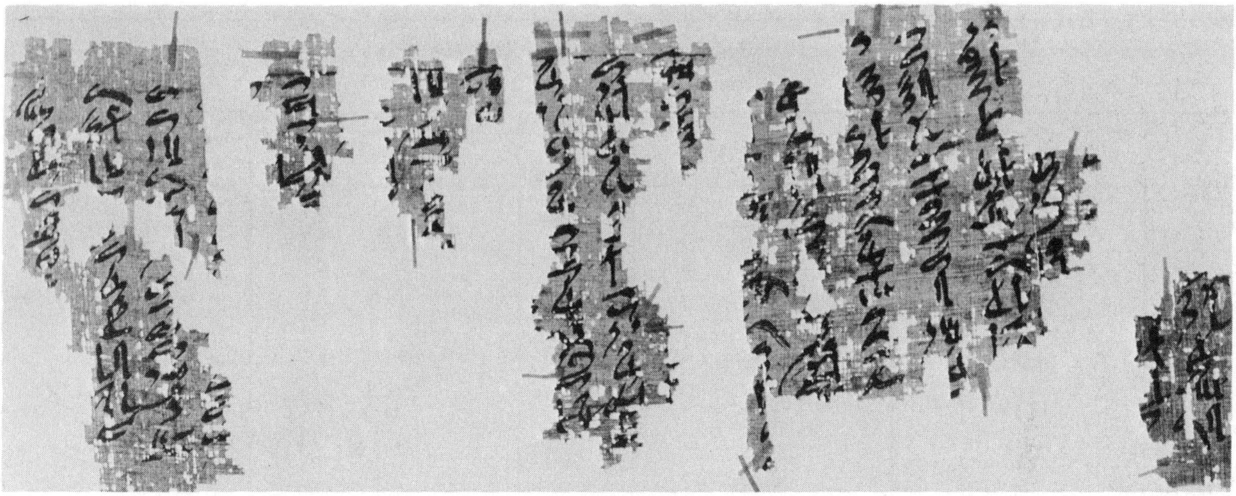

Une des plus anciennes copies sur papyrus des *Préceptes de Ptah Hotep* (vers 2450 av. J.-C.), en caractères hiératiques.

SYSTÈMES DE NUMÉRATION

On ne peut parler véritablement d'un seul système de numération puisque, dans les faits, nous en retrouvons deux: le système hiéroglyphique, qui utilise les hiéroglyphes et le système hiératique, ou système des prêtres, qui utilise les symboles cursifs et qui, au VIIIe siècle av. J.-C., aboutira au système démotique, ou système du peuple, cursif et de forme abrégée.

Le tableau de la p. 34 présente les symboles utilisés de 1 à 9 000 dans les deux systèmes de numération.

Les symboles suivants étaient aussi utilisés dans l'écriture hiéroglyphique:

(doigt pointant)  10 000 –

(têtard)  100 000 –

(homme étonné)  1 000 000 –

1) Système hiéroglyphique

Ce système de numération est un système à base dix, non positionnel, dans lequel le principe additif seul régit la disposition des symboles. Tout nombre est exprimé par l'utilisation de ce principe, chaque symbole est répété le nombre de fois requis. Par exemple.

12 105 = 

ou plus exactement

Parfois l'ordre des symboles est inversé, parfois la représentation est à la verticale au lieu d'être à l'horizontale. Pour représenter les fractions unitaires (numérateur un), les Égyptiens plaçaient au-dessus du nombre un symbole de forme ovale. Par exemple, la fraction $\frac{1}{7}$ apparaît sous la forme et la fraction $\frac{1}{10}$ sous la forme .

2) Système hiératique (sacré)

La numération dans ce système est aussi décimale, mais le principe de répétition du système hiéroglyphique est remplacé par l'introduction de signes spéciaux. Ces signes représentent les nombres de 1 à 10, ainsi que les puissances de dix. Par exemple, le nombre trente-huit est noté en hiéroglyphes par l'expression ∩∩∩ , tandis que sa notation hiératique devient plus simplement , où le signe (8) est placé à gauche plutôt qu'à droite, car les Égyptiens écrivent de droite à gauche. Par souci

Tableau des symboles pour les nombres de 1 à 9 000					
N	Hiéroglyphiques	Hiératiques	N	Hiéroglyphiques	Hiératiques
1	𓏺	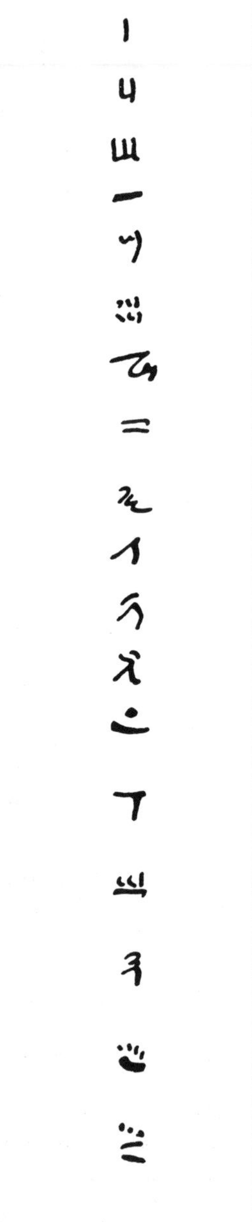	100	𓍢	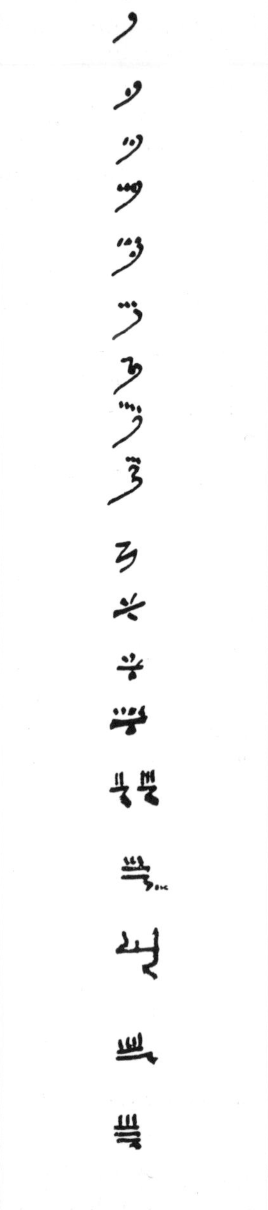
2	𓏻		200	𓍣	
3	𓏼		300	𓍤	
4	𓏽		400	𓍥	
5	𓏾		500	𓍦	
6	𓏿		600	𓍧	
7	𓐀		700	𓍨	
8	𓐁		800	𓍩	
9	𓐂		900	𓍪	
10	𓎆		1 000	𓆼	
20	𓎇		2 000	𓆽	
30	𓎈		3 000	𓆾	
40	𓎉		4 000	𓆿	
50	𓎊		5 000	𓇀	
60	𓎋		6 000	𓇁	
70	𓎌		7 000	𓇂	
80	𓎍		8 000	𓇃	
90	𓎎		9 000	𓇄	

d'exactitude, on devrait écrire |||| ∩∩∩ plutôt que ∩∩∩ ||||, qui correspond à notre représentation usuelle de gauche à droite.

Pour représenter les fractions dans le système hiératique, le symbole hiéroglyphique 𓂋 est remplacé simplement par un point •. Ainsi $\frac{1}{8}$ apparaît sous la forme et $\frac{1}{20}$ devient . Généralement, les Égyptiens utilisaient des signes spécifiques pour les fractions particulières comme $\frac{2}{3}$ et $\frac{1}{2}$. En général, ils travaillaient avec des fractions unitaires et toute fraction de la forme $\frac{p}{q}$ était exprimée comme somme de fractions unitaires. Les opérations usuelles sont effectuées presque en entier à l'aide du principe d'addition ou par dédoublement.

ARITHMÉTIQUE ÉGYPTIENNE

Toute la structure de l'arithmétique des Égyptiens repose sur deux principes opérationnels. Le premier est inhérent à leur capacité à multiplier et à diviser par 2, et le deuxième est leur capacité à trouver les deux tiers de n'importe quel nombre, entier ou fractionnaire.

La multiplication de deux entiers était généralement effectuée par des opérations successives de dédoublement qui dépendent du fait que tout nombre peut être représenté comme une somme de puissances de 2. Le scribe égyptien veut effectuer la multiplication 24 × 37. Puisque 24 = 16 + 8, il lui suffit d'additionner ces multiples de 37. Voici comment il procède généralement:

	1	37	
	2	74	
	4	148	
	8	296	
+	16	592	+
	→24	888←	

par conséquent 24 × 37 = 888.

Il procède de la même façon pour effectuer la division 847 ÷ 33 en cherchant par quoi il doit multiplier 33 pour obtenir 847:

Il pose 847 = 528 + 319,
= 528 + 264 + 55,
= 528 + 264 + 33 + 22.

Il conclut que la division 847 ÷ 33 donne 25 comme quotient et un reste de 22.

	33	1	
	66	2	
	132	4	
+	264	8	+
+	528	16	+
	825	25	

Ce principe de dédoublement utilisé dans la multiplication et la division élimine la nécessité d'apprendre des tables de multiplication (ou de les construire) et facilite de beaucoup l'utilisation de l'abaque pour calculer et compter rapidement.

Si, d'une part, les opérations usuelles sont d'autant facilitées par ce principe de dédoublement, par ailleurs les Égyptiens rencontrèrent de sérieuses difficultés pour l'application de ces opérations aux fractions. En effet, ils réduisaient toutes les fractions (excepté peut-être la fraction $\frac{2}{3}$[1]) en sommes de fractions unitaires afin de simplifier les opérations. Cette réduction fut rendue possible par la construction de tables contenant des fractions de la forme $\frac{2}{n}$ (toute autre forme n'est pas essentielle en vertu du principe de dédoublement). Le papyrus d'Ahmes débute avec une table exprimant $\frac{2}{n}$ comme somme de fractions unitaires de $n = 3$ à $n = 101$.

Évidemment, avec ces tables, les opérations s'effectuaient très simplement, quoique laborieusement, mais le problème difficile repose essentiellement dans la construction des tables qui réduisent toute fraction en fractions unitaires. Comment les Égyptiens parvenaient-ils, d'une façon générale, à réduire les fractions en fractions unitaires, nous ne le savons pas très bien. Ahmes, dans son papyrus, utilise parfois une suite de transformations, parfois une suite différente. Cependant, Neugebauer a

1. La fraction $\frac{2}{3}$ est représentée par un symbole spécifique: en écriture hiéroglyphique et en écriture hiératique.

suggéré que le choix de la séquence dépend, dans la plupart des cas, de la préférence à utiliser les fractions naturelles $\frac{1}{2}$, $\frac{1}{3}$, $\frac{2}{3}$ et de les dédoubler successivement. Considérons quelques exemples de réduction de fractions:

Exemple 1. Ahmes transforme $\frac{2}{7}$, pour obtenir $\frac{1}{28} + \frac{1}{4}$.

Comment y arrive-t-il?

Dédoublons $\frac{2}{7}$, pour avoir $\frac{2}{7} = \frac{1}{7} + \frac{1}{7}$.

Dédoublons $\frac{1}{7}$, pour avoir $\frac{1}{14} + \frac{1}{14}$.

Dédoublons $\frac{1}{14}$, pour avoir $\frac{1}{28} + \frac{1}{28}$.

Ainsi:

$$\begin{aligned}\frac{2}{7} &= \frac{1}{7} + \frac{1}{7},\\ &= \frac{1}{14} + \frac{1}{14} + \frac{1}{7}\\ &= \frac{1}{28} + \frac{1}{28} + \frac{1}{14} + \frac{1}{7}\\ &= \frac{1}{28} + \left[\frac{1}{28} + \frac{1}{14} + \frac{1}{7}\right]\\ &= \frac{1}{28} + \frac{1}{4}.\end{aligned}$$

Exemple 2. Ahmes donne $\frac{1}{15} + \frac{1}{3}$, équivalent à $\frac{2}{5}$.

Comment y arrive-t-il? Si nous dédoublons, nous n'y arrivons pas. Par ailleurs, si, au lieu de dédoubler, nous décomposons par tiers:

$$\frac{2}{5} = \frac{1}{5} + \frac{1}{5}.$$

Mais

$$\frac{1}{5} = \frac{1}{15} + \frac{1}{15} + \frac{1}{15}$$

et

$$\begin{aligned}\frac{2}{5} &= \frac{1}{15} + \left[\frac{1}{15} + \frac{1}{15} + \frac{1}{5}\right]\\ &= \frac{1}{15} + \frac{1}{3}.\end{aligned}$$

Exemple 3. Ahmes donne $\frac{1}{8} + \frac{1}{52} + \frac{1}{104}$, pour $\frac{2}{13}$.

Comment peut-on y arriver?

Par dédoublements successifs.

$$\begin{aligned}\frac{2}{13} &= \frac{1}{13} + \frac{1}{13},\\ &= \frac{1}{26} + \frac{1}{26} + \frac{1}{13},\\ &= \frac{1}{52} + \frac{1}{52} + \frac{1}{26} + \frac{1}{13},\\ &= \frac{1}{104} + \frac{1}{104} + \frac{1}{52} + \frac{1}{26} + \frac{1}{13},\\ &= \frac{1}{104} + \frac{1}{52} + \left[\frac{1}{104} + \frac{1}{26} + \frac{1}{13}\right],\\ &= \frac{1}{104} + \frac{1}{52} + \frac{1}{8}.\end{aligned}$$

Exemple 4. $\frac{5}{13} = \frac{1}{4} + \frac{1}{26} + \frac{1}{52} + \frac{1}{13}$.

Comment peut-on y arriver?

$\frac{5}{13} = \frac{2}{13} + \frac{2}{13} + \frac{1}{13}$ et, en connaissant l'équivalent de $\frac{2}{13}$, il est relativement facile d'arriver à la solution.

Il semble que les Égyptiens affectionnaient tout particulièrement les fractions $\frac{2}{3}$, $\frac{1}{3}$, $\frac{1}{2}$, $\frac{1}{4}$, peut-être à cause de leur présence continuelle dans la vie de tous les jours. Par dédoublement, ils obtiennent deux séquences de fractions «naturelles»: $\frac{2}{3}$, $\frac{1}{3}$, $\frac{1}{6}$, $\frac{1}{12}$, $\frac{1}{24}$, etc., et $\frac{1}{2}$, $\frac{1}{4}$, $\frac{1}{8}$, $\frac{1}{16}$, $\frac{1}{32}$, etc. Ainsi l'Égyptien cherchera à utiliser ces deux séquences pour réduire les fractions en fractions unitaires. Pour revenir à la réduction de $\frac{2}{5}$ (Exemple 2), les Égyptiens ont pu, par tâtonnements, se rendre compte que le dédoublement était inefficace, mais que la réduction par la fraction $\frac{1}{3}$ donnait la réponse cherchée. Ainsi, en prenant le $\frac{1}{3}$ de $\frac{1}{5}$, ce qui donne $\frac{1}{15}$, il reste à prendre $1\frac{2}{3}$ de $\frac{1}{5}$ pour garder la réduction équivalente. En somme, si l'on veut représenter $\frac{2}{5}$ sous la forme $\frac{1}{p} + \frac{1}{q}$, on choisit $\frac{1}{p}$ de telle manière qu'il résulte naturellement (par l'utilisation des fractions naturelles) de $\frac{1}{5}$, c'est-à-dire

$$\begin{aligned}\frac{1}{p} &= \frac{1}{3} \cdot \frac{1}{5},\\ &= \frac{1}{15},\end{aligned}$$

et la fraction $\frac{1}{q}$ prend alors la forme de

$$\begin{aligned}\frac{1}{q} &= (1 + \tfrac{2}{3}) \cdot \frac{1}{5},\\ &= \frac{1}{3}.\end{aligned}$$

Il faut bien comprendre que, le symbolisme actuel aidant, l'interprétation qui précède fait comprendre le processus, mais ne correspond pas à la démarche opératoire réelle de l'Égyptien. D'ailleurs, la réduction de $\frac{2}{5}$ en fractions unitaires, effectuée par Ahmes, est la suivante:

La 1re ligne signifie que tout est 5;	1	5
la 2e ligne que $\frac{2}{3}$ de 5 est $3\frac{1}{3}$;	$\frac{2}{3}$	$3\frac{1}{3}$
$\frac{1}{3}$ de 5 est $1\frac{2}{3}$;	$\frac{1}{3}$	$1\frac{2}{3}$ ⎤
enfin $\frac{1}{15}$ de 5 est $\frac{1}{3}$;	$\frac{1}{15}$	$\frac{1}{3}$ ⎥ +
par conséquent $\frac{2}{5} = \frac{1}{3} + \frac{1}{15}$.		2 ⎦

Dans cette réduction, on constate l'usage de la fraction $\frac{2}{3}$ dans la 2e ligne. Cette fraction $\frac{2}{3}$ est tellement employée comme opérateur dans les multiplications et les divisions qu'on est porté à croire que les Égyptiens devaient faire usage de tables de la fraction $\frac{2}{3}$ aussi souvent qu'il nous faut faire du calcul mental. En outre, le problème 61B du papyrus Rhind stipule clairement la règle égyptienne pour trouver les deux tiers de toute fraction unitaire impaire (dénominateur impair):

> «*Calculer $\frac{2}{3}$ d'une fraction impaire. Si l'on te dit: «Quel est $\frac{2}{3}$ de ?» Tu fais 2 fois son dénominateur, et 6 fois son dénominateur; $\frac{2}{3}$ de la fraction, c'est cela. Cette règle s'applique tout aussi bien pour chaque fraction impaire qui ne peut se présenter.*»

Le scribe savait que cette règle pouvait aussi être appliquée à chaque fraction «paire», mais il possédait déjà une règle simplifiée pour le cas des fractions paires. Aussi, on voit rarement appliquer la première règle aux fractions paires, puisque la règle simplifiée se ramène à prendre la moitié du dénominateur et à l'ajouter au dénominateur lui-même, calcul plus simple que d'appliquer la première règle.

Dans l'Exemple 2, au lieu de dédoubler, on décompose par tiers. Ceci revient à calculer le tiers d'une fraction, mais généralement le scribe calcule **d'abord les deux tiers et il ne lui reste qu'à dédoubler** pour obtenir le produit par un tiers. Considérons quelques exemples pratiques tirés du papyrus Rhind:

Problème 25

$\frac{1}{3}$ de 3 = 1.

Solution

1 3
$\frac{2}{3}$ 2
$\frac{1}{3}$ 1

On remarque dans la solution que l'auteur calcule d'abord les $\frac{2}{3}$ de 3 puis le $\frac{1}{3}$ de 3 pour arriver au résultat souhaité.

Problème 32

$\frac{1}{3}$ de $1 + \frac{1}{3} + \frac{1}{4} = \frac{1}{2} + \frac{1}{36}$.

Solution

1	$1 + \frac{1}{3} + \frac{1}{4}$
$\frac{2}{3}$	$\frac{2}{3} + \left[\frac{1}{6} + \frac{1}{18}\right] + \frac{1}{6}$
$\frac{2}{3}$	$\frac{2}{3} + \left[\frac{1}{6} + \frac{1}{6}\right] + \frac{1}{18}$
$\frac{2}{3}$	$\frac{2}{3} + \frac{1}{3} + \frac{1}{18}$
$\frac{2}{3}$	$1 + \frac{1}{18}$
$\frac{1}{3}$	$\frac{1}{2} + \frac{1}{36}$

Il est important de noter que la solution du scribe est beaucoup plus courte et que les étapes intermédiaires ont disparu comme en témoigne la solution réelle de l'auteur:

1	$1 + \frac{1}{3} + \frac{1}{4}$
$\frac{2}{3}$	$1 + \frac{1}{18}$
$\frac{1}{3}$	$\frac{1}{2} + \frac{1}{36}$

Problème 33

$$\frac{2}{3} \text{ de } 16 + \frac{1}{56} + \frac{1}{679} + \frac{1}{776} = ?$$

Solution

1	$16 + \frac{1}{56} + \frac{1}{679} + \frac{1}{776}$
$\frac{2}{3}$	$10 + \frac{2}{3} + \frac{1}{84} + \frac{1}{1\,358} + \frac{1}{4\,074} + \frac{1}{1\,164}$

Le problème 33 comprend deux lignes de solution et fournit immédiatement le résultat du produit de $\frac{2}{3}$ par $16 + \frac{1}{56} + \frac{1}{679} + \frac{1}{776}$.

Il est clair que la multiplication de fractions unitaires par $\frac{2}{3}$ ou $\frac{1}{3}$ se fait au niveau du dénominateur de la fraction unitaire.

Règle de la fraction $\frac{2}{3}$

Les deux tiers de toute fraction impaire (ou paire) sont égaux à 2 fois le dénominateur de la fraction plus 6 fois le dénominateur de la fraction.

On déduit très facilement la règle pour $\frac{1}{3}$ à partir de la précédente:

Règle de la fraction $\frac{1}{3}$

Le tiers de toute fraction impaire (ou paire) est égal à 4 fois le dénominateur de la fraction plus 12 fois le dénominateur de la fraction.

Exemple 5. $\frac{2}{3}$ de $\frac{1}{3}$ = ?

Solution: Suivant la règle de $\frac{2}{3}$

$$\frac{2}{3} \text{ de } \frac{1}{3} = \frac{1}{6} + \frac{1}{18}.$$

Exemple 6. $\frac{1}{3}$ de $\frac{1}{5}$ = ?

Solution: Suivant la règle de $\frac{1}{3}$

$$\tfrac{1}{3} \text{ de } \tfrac{1}{5} = \tfrac{1}{20} + \tfrac{1}{60}.$$

Exemple 7. $\frac{2}{3}$ de $\frac{1}{8}$ = ?

Solution: Suivant la règle simplifiée

$$\begin{aligned} \tfrac{2}{3} \text{ de } \tfrac{1}{8} &= \tfrac{1}{4+8} \\ &= \tfrac{1}{12}. \end{aligned}$$

Dans l'exemple 7, la règle de la fraction $\frac{2}{3}$ s'applique aussi pour donner:

$$\begin{aligned} \tfrac{2}{3} \text{ de } \tfrac{1}{8} &= \tfrac{1}{16} + \tfrac{1}{48}, \\ &= \tfrac{1}{12}. \end{aligned}$$

L'Égyptien peut donc facilement appliquer les deux séquences de fractions «naturelles»: $\frac{2}{3}$, $\frac{1}{3}$, $\frac{1}{6}$, $\frac{1}{12}$, $\frac{1}{24}$, etc., et $\frac{1}{2}$, $\frac{1}{4}$, $\frac{1}{8}$, $\frac{1}{16}$, $\frac{1}{32}$, etc., en utilisant les règles énoncées ci-dessus, ainsi que le dédoublement.

La réduction des fractions $\frac{2}{5}$, $\frac{2}{7}$, $\frac{2}{9}$, ..., $\frac{2}{101}$ à partir des règles connues en rapport avec la fraction $\frac{2}{3}$ et l'usage du dédoublement a posé de sérieux problèmes aux Égyptiens. Cependant, suivant l'opinion de Gillings[1], les scribes ont pu tenir compte des préceptes suivants dans l'élaboration de la table de $\frac{2}{n}$, de $n = 3$ à $n = 101$, avec n impair:

1) De toutes les égalités possibles, celles qui possèdent le plus petit nombre de fractions sont acceptées, mais aucune fraction ne doit avoir un dénominateur plus grand que 1 000.
2) On préfère une égalité de deux termes à une égalité de trois termes, et une égalité de trois termes à une égalité de quatre termes; plus de quatre termes est inadmissible.
3) Les fractions unitaires sont placées par ordre décroissant sans jamais de répétition.
4) La première fraction est la plus petite possible, mais on acceptera une fraction légèrement supérieure si ceci permet de réduire considérablement la dernière fraction.
5) Les fractions paires sont préférées aux fractions impaires de façon générale.

Illustrons l'application de ces préceptes pour la division 2 ÷ 45. Sur le plan théorique, il y a 1 967 décompositions possibles en sommes de quatre fractions au plus, dont 7 ont 2 termes, 134 ont 3 termes et 1 826 ont 4 termes. En vertu du précepte 2 le scribe devrait préférer une égalité parmi les 7 de 2 termes qui sont:

a)	$\frac{1}{24} + \frac{1}{360}$	e)	$\frac{1}{35} + \frac{1}{63}$
b)	$\frac{1}{25} + \frac{1}{225}$	f)	$\frac{1}{36} + \frac{1}{60}$
c)	$\frac{1}{27} + \frac{1}{125}$	g)	$\frac{1}{45} + \frac{1}{45}$
d)	$\frac{1}{30} + \frac{1}{90}$		

Suivant le précepte 5 , g) doit être éliminée, puisque la fraction $\frac{1}{45}$ est répétée. En vertu des préceptes 1 et 5, e), c) et b) sont rejetées dans l'ordre, car 35 > 27 > 25 et aussi parce qu'elles contiennent seulement des nombres impairs. Le précepte 4 élimine a) à cause de la fraction $\frac{1}{360}$ en regard des dernières fractions de d) et f). Le choix entre d) et f) n'est pas facile et, généralement, dans ces situations serrées, le jugement du scribe, est, semble-t-il, flexible. Pour certaines raisons non évidentes, l'égalité choisie est d). D'où

$$2 \div 45 = \tfrac{1}{30} + \tfrac{1}{90}.$$

Exemple 8. 2 ÷ 49 = ?

Solution: $2 \div 49 = \frac{2}{7} \cdot \frac{1}{7}$.

Or

$$\tfrac{2}{7} = \tfrac{1}{28} + \tfrac{1}{4}, \text{ (Exemple 1)}$$

et

$$\begin{aligned} \tfrac{2}{7} \cdot \tfrac{1}{7} &= \tfrac{1}{28} \cdot \tfrac{1}{7} + \tfrac{1}{4} \cdot \tfrac{1}{7}, \\ &= \tfrac{1}{196} + \tfrac{1}{28}. \end{aligned}$$

D'où

$$2 \div 49 = \tfrac{1}{28} + \tfrac{1}{196}.$$

1. R.J. Gillings, *op. cit.*, p. 52.

Exemple 9. $2 \div 31 = ?$

Solution:

$$\begin{aligned} 2 \div 31 &= \tfrac{1}{31} + \tfrac{1}{31}, \\ &= \tfrac{1}{62} + \tfrac{1}{62} + \tfrac{1}{31}, \\ &= \tfrac{1}{124} + \tfrac{1}{124} + \tfrac{1}{62} + \tfrac{1}{155} \\ &\quad + \tfrac{1}{155} + \tfrac{1}{155} + \tfrac{1}{155} + \tfrac{1}{155} \\ &= \tfrac{1}{124} + \tfrac{1}{155} + \Big[\tfrac{1}{124} + \tfrac{1}{62} \\ &\quad + \tfrac{1}{155} + \tfrac{1}{155} + \tfrac{1}{155} + \tfrac{1}{155}\Big] \\ &= \tfrac{1}{124} + \tfrac{1}{155} + \tfrac{1}{20}. \end{aligned}$$

D'où:

$$2 \div 31 = \tfrac{1}{20} + \tfrac{1}{124} + \tfrac{1}{155}.$$

La réduction des fractions de la forme $\frac{2}{n}$, où n est un nombre premier, est plus difficile car les décompositions en sommes de 2 ou 3 termes sont peu fréquentes.

La multiplication et la division sont aussi effectuées avec des fractions unitaires. Dans la division, en particulier, le procédé de dédoublement est inversé et c'est le diviseur qui doit être doublé successivement.

Exemple 10. $1 + \frac{1}{2} + \frac{1}{4} \times \frac{1}{2} + \frac{1}{14} = ?$

Solution:

1	$\frac{1}{2} + \frac{1}{14}$
$\frac{1}{2}$	$\frac{1}{4} + \frac{1}{28}$
$\frac{1}{4}$	$\frac{1}{8} + \frac{1}{56}$
$1 + \frac{1}{2} + \frac{1}{4}$	$\frac{1}{2} + \frac{1}{4} + \frac{1}{8} + \frac{1}{14} + \frac{1}{28} + \frac{1}{56}$

mais:

$\frac{1}{14} + \frac{1}{28} + \frac{1}{56} = \frac{1}{8}$ est bien connue du scribe,

de plus

$$\begin{aligned} \tfrac{1}{2} + \tfrac{1}{4} + \Big[\tfrac{1}{8} + \tfrac{1}{8}\Big] &= \tfrac{1}{2} + \tfrac{1}{4} + \tfrac{1}{4}, \\ &= \tfrac{1}{2} + \tfrac{1}{2}, \\ &= 1. \end{aligned}$$

D'où:

$$1 + \tfrac{1}{2} + \tfrac{1}{4} \times \tfrac{1}{2} + \tfrac{1}{14} = 1. \text{ (Problème 9)}$$

Exemple 11. $1 + \frac{1}{2} + \frac{1}{4} \times \frac{1}{16} + \frac{1}{112} = ?$

Solution: Puisque

$$\tfrac{1}{16} + \tfrac{1}{112} = \tfrac{1}{8} \times (\tfrac{1}{2} + \tfrac{1}{14}),$$

il suit que le produit cherché vaut le huitième du produit précédent.
D'où:

$$1 + \tfrac{1}{2} + \tfrac{1}{4} \times \tfrac{1}{16} + \tfrac{1}{112} = \tfrac{1}{8}. \text{ (Problème 10)}$$

Exemple 12. $9 \div 13.$

Solution:

	1	13
	$\frac{2}{3}$	$8\frac{2}{3}$
	$\frac{1}{3}$	$4\frac{1}{3}$
+	$\frac{1}{39}$	$\frac{1}{3}$ +
+	$\frac{2}{3} + \frac{1}{39}$	9

D'où:

$$9 \div 13 = \tfrac{2}{3} + \tfrac{1}{39}.$$

Lorsque le scribe a obtenu dans la seconde ligne la valeur $8\frac{2}{3}$, il sait maintenant qu'il doit obtenir une autre valeur égale à $\frac{1}{3}$ afin d'avoir 9. Aussi, il cherche une fraction telle que, lorsque elle est multipliée par 13, le produit soit $\frac{1}{3}$. Il trouve donc $\frac{1}{39}$.

Exemple 13. $100 \div 7 + \frac{1}{2} + \frac{1}{4} + \frac{1}{8} = ?$

Solution:

1	$7 + \frac{1}{2} + \frac{1}{4} + \frac{1}{8}$
2	$14 + 1 + \frac{1}{2} + \frac{1}{4}$

	4	$28 + 2 + 1 + \frac{1}{2}$	
$+$	8	$56 + 4 + 2 + 1$	$+$
$+$	$\frac{2}{3}$	$4 + \frac{2}{3} + \frac{1}{3} + \frac{1}{6} + \frac{1}{12}$	$+$
$+$	$12\frac{2}{3}$	$99\frac{3}{4}$	

mais 8 fois le diviseur donne 63,
d'où $\frac{2}{63}$ fois le diviseur donne $\frac{1}{4}$, ce qui manque pour avoir 100.
Donc:

$$100 \div 7 + \frac{1}{2} + \frac{1}{4} + \frac{1}{8} = 12 + \frac{2}{3} + \frac{1}{42} + \frac{1}{126},$$

$$\text{où } \frac{2}{63} = \frac{1}{42} + \frac{1}{126}.$$

Dans ces multiplications et divisions de fractions, le scribe doit faire preuve d'ingéniosité très souvent, mais, à chaque instant, il fait preuve d'une compétence véritable et d'un savoir-faire peu ordinaire dans la manipulation de ses tables de fractions unitaires.

ALGÈBRE ÉGYPTIENNE

Parmi les 110 problèmes contenus dans les papyrus Rhind et de Moscou, nombreux sont ceux dont l'origine provient de la vie quotidienne. Certains concernent la répartition de miches de pains, de grains, ou d'animaux; d'autres se rapportent à la fermentation du pain et de la bière; d'autres encore portent sur la nourriture des animaux et l'entreposage des denrées alimentaires. Ces problèmes sont généralement résolus à l'aide de l'arithmétique seule ou par l'utilisation d'équations linéaires de forme $x + ax = b$, ou $x + ax + cx = b$. La quantité inconnue «x» porte le nom de «aha» ou «h».

Généralement, la solution d'une équation linéaire provient de l'application de la méthode dite de «fausse position». Par exemple, au sujet de $x + \frac{x}{7} = 24$ on assigne une première valeur à x et on vérifie si elle fonctionne. Posons $x = 7$, alors $7 + \frac{7}{7} = 8$, solution fausse: cependant $3 \times 8 = 24$, d'où la solution sera $3 \times 7 = 21$. Les Égyptiens ne solutionnent pas l'équation quadratique en général; ceci cependant n'élimine pas la possibilité de résoudre certaines équations du deuxième degré (on a trouvé dans les papyrus de Kahun et de Berlin des types de problèmes solutionnés englobant deux équations simultanées dont l'une est quadratique). Les Égyptiens utilisent très peu de symbolisme dans leur algèbre. Dans le papyrus Rhind nous trouvons des symboles pour l'addition (une paire de jambes marchant en direction de l'écriture), pour la soustraction (une paire de jambes renversées), une approche timide de symbolisme pour le signe d'égalité et l'inconnue «aha».

Les Égyptiens manipulent avec succès les progressions arithmétiques et probablement les progressions géométriques. (Le problème 79 du papyrus Rhind serait la seule illustration connue d'une progression géométrique.) Voici un exemple d'un problème de progression arithmétique (problème 40):

«*Distribuer 100 miches de pain parmi 5 personnes, de façon que le $\frac{1}{7}$ du total des trois premières égale le total des deux dernières. Quelle est la différence?*»

Partant de $5\frac{1}{2}$ comme différence et posant 1 comme premier terme, la première approximation donne:

$1, 6\frac{1}{2}, 12, 17\frac{1}{2}, 23$ (avec 60 pour somme);
nous devons donc ajouter 40 à 60 ce qui fait les $\frac{2}{3}$ de 60. Ajoutons à chaque terme les $\frac{2}{3}$ de lui-même, d'où
$1\frac{2}{3}, 10\,(\frac{2}{3} + \frac{1}{6}), 20, 29\frac{1}{6}, 38\frac{1}{3}$, dont la somme est 100.

Parmi les problèmes contenus dans les principaux papyrus, beaucoup concernent la géométrie (il y a 26 problèmes géométriques dans les papyrus d'Ahmes et de Moscou).

GÉOMÉTRIE ET TRIGONOMÉTRIE ÉGYPTIENNES

La majorité des problèmes de géométrie contenus dans les papyrus concernent des formules de mesure nécessaires pour évaluer l'aire de figures planes et de certains volumes. L'aire d'un triangle isocèle est obtenue en prenant la moitié de la base par la hauteur. Les Égyptiens semblent accoutumés à des transformations comprenant la congruence de rectangles à l'aide de triangles isocèles et de trapèzes isocèles. Ils ont aussi calculé le volume de cylindres et de prismes, mais ne connaissent pas le théorème de Pythagore dans sa formulation générale.

L'aire d'un cercle est obtenue en appliquant un carré dont le côté est égal à $\frac{8}{9}$ de la longueur du diamètre. Ainsi la valeur de π vaut $3\frac{1}{6}$. Plusieurs interprétations tentent d'expliquer l'origine de cette valeur de π. En voici une qui semble satisfaire plusieurs historiens:

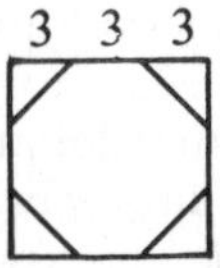

D'un carré de côté de 9 unités, on construit un octogone de telle manière que les triangles isocèles en coin ont chacun une aire de $4\frac{1}{2}$ unités.
Aire du carré = 81.
Aire de l'octogone
= Aire du carré — Aires de chacun des triangles.
= 81 − 18,
= 63 (ce qui est près de l'aire d'un carré de huit unités de côté).

Puisque l'aire de l'octogone diffère peu de celle du cercle inscrit dans ce carré, alors l'aire du cercle sera égale à $(\frac{8}{9}d)^2$,

ou $\left[\frac{16}{9}\right]^2 r^2 = \pi r^2$ où $\pi = \left[\frac{16}{9}\right]^2$ où $3\frac{1}{6}$.

Les Égyptiens utilisaient une règle relative à la circonférence d'un cercle: le rapport de l'aire d'un cercle à sa circonférence est le même que le rapport de l'aire du carré circonscrit au cercle à son périmètre. Selon Boyer[1] cette relation a une signification mathématique beaucoup plus grande que l'approximation de π.

Les géomètres égyptiens semblent être en mesure de comprendre la similitude et la proportionnalité. Au XIIIe siècle av. J.-C., deux figures similaires, mais de dimensions différentes, furent dessinées sur les murs de la chambre contenant la tombe de Séti Ier.

La perle de la géométrie égyptienne est, sans contredit, l'énoncé suivant qu'on retrouve dans le papyrus de Moscou, acheté à l'égyptologue Golenischeff en 1912 (Problème 14):

«*Si l'on vous dit: une pyramide tronquée de $h = 6$ et de base 4 et 2; vous devez prendre le carré de 4 qui donne 16, puis doubler 4 pour donner 8, prendre le carré de 2 qui donne 4, ajouter 16 et 8 et 4 pour donner 28; prendre $\frac{1}{3}$ de 6 qui donne 2, prendre 28 deux fois pour donner 56; vous voyez c'est 56.*»

1. Carl B. Boyer, *A History of Mathematics*, New York, Wiley, 1968, p. 19.

Il est évident que l'écrivain connaît la formule suivante: $V = \frac{h}{3}[a^2 + b^2 + ab]$, volume d'un tronc de pyramide à base carrée. Comment fut-elle découverte? Plusieurs explications ont été données mais il est difficile, même aujourd'hui, de mettre le doigt sur la méthode utilisée par les Égyptiens.

Les papyrus existants nous renseignent très peu sur la géométrie et les propriétés mathématiques de la pyramide à base carrée. On sait avec certitude que les auteurs de ces documents historiques égyptiens savaient calculer la pente des côtés d'une pyramide et son volume. Les problèmes 56, 57, 58, 59 et 60 du papyrus Rhind concernent le calcul de la «seqt» de diverses pyramides droites. Le mot «seqt» désignait le rapport de la base horizontale de la pyramide à sa hauteur. Par exemple, le problème 56 concerne le calcul de la «seqt» pour une pyramide dont la hauteur a 250 et la base 360 coudées. La coudée est une unité de longueur qui vaut approximativement 20,6 po et contient généralement 7 mains (2,94 po); chaque main contient 4 doigts (0,75 po). La solution du scribe se présente comme suit:

Trouve $\frac{1}{2}$ de 360: 180.
Divise 180 par 250: $\frac{1}{2} + \frac{1}{5} + \frac{1}{50}$ coudée.
Mais une coudée vaut 7 mains,
Alors multiplie 7 par $\frac{1}{2} + \frac{1}{5} + \frac{1}{50}$.

1	7
$\frac{1}{2}$	$3 + \frac{1}{2}$
$\frac{1}{5}$	$1 + \frac{1}{3} + \frac{1}{15}$
$\frac{1}{50}$	$\frac{1}{10} + \frac{1}{25}$
$\frac{1}{2} + \frac{1}{5} + \frac{1}{50}$	$5 + \frac{1}{25}$ mains.

Ceci est sa «seqt».

La valeur de la «seqt» était importante aux yeux des constructeurs de pyramides, car ils se devaient de garder constante la «seqt» des blocs de pierre successifs. On peut considérer que les «seqt» calculées dans les problèmes de pyramides contenus dans les papyrus de Rhind et de Moscou sont les cotangentes de l'angle de la pente des faces des pyramides. En particulier la solution du problème 56, ci-dessus, correspond à un angle de 54° 14′.

EN BREF

Les mathématiques égyptiennes sont demeurées fidèles à elles-mêmes durant toute la période qui couvre l'histoire de la civilisation égyptienne. En tout temps, l'ensemble des procédés utilisés par les Égyptiens est essentiellement conçu de manière à respecter leurs deux principes opérationnels: le principe inhérent à leur capacité de multiplier et de diviser par deux, et celui qui est propre à leur capacité de trouver les $\frac{2}{3}$ de tout nombre, entier ou fractionnaire. En outre, le développement et le traitement des fractions à un haut niveau a permis de comprendre davantage l'art du calcul arithmétique. La construction de la table des fractions $\frac{2}{n}$, de $n = 3$ à $n = 101$ avec n impair, est une œuvre considérable si l'on tient compte du fait que les décompositions en fractions unitaires de la table sont généralement les plus simples qu'il soit possible d'obtenir.

Dans les papyrus, le système de numération hiératique, non positionnel a servi de véhicule pour nous transmettre les connaissances mathématiques des Égyptiens. Par ailleurs, sur les murs, les temples, les vases, on trouve utilisés les éléments d'un système de numération hiéroglyphique, additif et non positionnel.

En algèbre, les Égyptiens utilisent couramment la commutativité et la distributivité, et la réciproque d'un nombre leur est familière. Ils peuvent surtout résoudre des équations linéaires simples par la méthode de «fausse position». La progression arithmétique est bien comprise et la progression géométrique a pu faire l'objet de leurs préoccupations mathématiques.

En géométrie, ils pouvaient calculer l'aire de triangles, de rectangles et de trapèzes. Ils connaissaient aussi les formules pour les volumes de cylindres et de prismes droits. Ils possédaient une bonne approximation de π $(3\frac{1}{6})$. La similitude et la proportionnalité ne semblent pas leur être étrangères. Ils connaissent la formule du volume du tronc de pyramide à base carrée.

La construction des pyramides fut l'occasion, pour eux, d'utiliser l'équivalent de notre cotangente.

BIBLIOGRAPHIE

ANNING, Norman. «Geometric Progressions in America and Egypt». *The Mathematics Teacher, 47* (1954): 37-40.

BECKER, O. et J.L. HOFMANN. *Histoire des mathématiques.* Trad. de R. Jouan. Paris, Lamarre, 1956, p. 16-25.

BOYER, Carl B. *A History of Mathematics.* New York, John Wiley & Sons, 1968, p. 9-25.

CARNAHAN, Walter H. «The Unit Fractions of Ancient Egypt». *School Science and Mathematics, 60* (1960): 5-9.

COOLIDGE, Julian Lowell. *A History of Geometrical Methods.* New York, Dover, 1963, p. 8-13.

DEDRON, Pierre et Jean ITARD. *Mathématiques et mathématiciens.* Paris, Magnard, 1959, p. 271-274, 303-304.

EVES, Howard. *An Introduction to the History of Mathematics.* 3rd ed., New York, Holt, Rinehart and Wiston, 1969, p. 10-11, 36-48.

GILLINGS, R.J. *Mathematics in the Time of the Pharaohs.* Cambridge, Massachusetts, MIT Press, 1972, 286 p.

GILLINGS, R.J. «Problems 1 to 6 of the Rhind Mathematical Papyrus.» *The Mathematics Teacher, 55* (1962): 61-69.

GILLINGS, R.J. «The Remarkable Mental Arithmetic of the Egyptian Scribes». *The Mathematics Teacher, 59* (1966): 372-381, 476-484.

GILLINGS, R.J. «The Volume of a Truncated Pyramid in Ancient Egyptian Papyri». *The Mathematics Teacher, 57* (1964): 552-555.

GILLINGS, R.J. «Think-of-a-Number» Problems 28 and 29 of the Rhind Mathematical Papyrus. *The Mathematics Teacher, 54* (1961): 97-100.

GUGGENBUHL, Laura. «The New York Fragments of the Rhind Mathematical Papyrus». *The Mathematics Teacher, 57* (1964): 406-410.

KARPINSKI, Louis, C. «Algebraical Development among the Egyptians and Babylonians». *The American Mathematical Monthly, 24* (1917): 257-265.

MILLER, G.A. «A Few Theorems Relating to the Rhind Mathematical Papyrus». *The American Mathematical Monthly, 38* (1931): 194-197.

MILLER, G.A. «The Mathematical Handbook of Ahmes». *School Science and Mathematics, 5* (1905): 567-574.

NATIONAL COUNCIL OF TEACHERS OF MATHEMATICS (The). *Historical Topics for the Mathematics Classroom.* 31st Yearbook, Washington, D.C., N.C.T.M., 1969, p. 38-40, 95-96, 169-170, 237.

NEUGEBAUER, Otto. *The Exact Sciences in Antiquity.* 2nd ed., New York, Dover, 1969, P. 21-23, 71-96.

NEWMAN, J.R. «The Rhind Papyrus» in *The World of Mathematics,* J.R. Newman, ed. Vol. 1, New York, Simon and Schuster, 1956, p. 170-178.

STRUIK, Dirk J. *A Concise History of Mathematics.* 3rd ed., New York, Dover, 1967, p. 20-25.

VAN DER WAERDEN, B.L. *Science Awakening.* New York, John Wiley & Sons, 1963, p. 15-36.

WHEELER, N.F. «Pyramids and their Purpose». *Antiquity, 9* (1935): 5-21, 161-189, 292-304.

EXERCICES

1. Exprimer les nombres suivants: 128 — 2 634 — 0,25 — $\frac{1}{125}$

a) en écriture hiéroglyphique,
b) en écriture hiératique.

2. Vérifier les égalités suivantes à la manière égyptienne:

a) $\frac{2}{9} = \frac{1}{6} + \frac{1}{18}$

b) $\frac{2}{17} = \frac{1}{12} + \frac{1}{51} + \frac{1}{68}$

c) $\frac{2}{57} = \frac{1}{38} + \frac{1}{114}$

d) $\frac{2}{69} = \frac{1}{46} + \frac{1}{138}$

3. Exprimer $\frac{2}{103}$ comme une somme de deux fractions unitaires distinctes.

4. Effectuer les divisions suivantes à la manière égyptienne:

a) $121 \div 16$

b) $1\,043 \div 26$

c) $2 \div 51$

d) $12 \div 13$

5. Selon vous, l'Égyptien préfère-t-il la décomposition $\frac{9}{13} = \frac{1}{2} + \frac{1}{6} + \frac{1}{39}$ ou la décomposition $\frac{9}{13} = \frac{2}{3} + \frac{1}{39}$? Dites pourquoi?

6. Effectuer les multiplications suivantes à la manière égyptienne:

a) 48×57

b) 37×25

c) $\frac{2}{3} \times \frac{1}{7} \times \frac{1}{16}$

d) $1 + \frac{1}{3} + \frac{1}{5} \times 2 + \frac{1}{2} + \frac{1}{5}$

7. Appliquer la manière égyptienne

a) Calculer la «seqt» d'une pyramide de hauteur 8 et de base 12 coudées.

b) La «seqt» d'une pyramide est 5 mains et 1 doigt, et la base est 140 coudées. Quelles est sa hauteur?

c) Résoudre l'équation $x + \frac{1}{2}x = 16$ par la règle de la fausse position.

8. Quelles sont les principales contributions marquantes de la civilisation égyptienne au domaine des mathématiques?

9. Comparer les contributions babyloniennes et égyptiennes au domaine des mathématiques et indiquer les ressemblances et les différences.

CHAPITRE

la naissance des mathématiques grecques

INTRODUCTION

L'activité intellectuelle des peuples préhelléniques perd de son intensité et de sa vigueur à cause de nombreux changements d'ordre économique et politique survenus à la fin du IIe millénaire av. J.-C. Dans une atmosphère turbulente, où les migrations sont nombreuses et les guerres foisonnent, l'âge de bronze fait place à celui du fer.

Durant cette période fertile en révolutions, qui se termine vers 800 av. J.-C., certaines civilisations disparaissent pour toujours, d'autres perdent de leur puissance (Perse, Égypte), enfin de nouveaux empires viennent remplacer les civilisations en décadence. Parmi ces nouveaux venus, mentionnons les Hébreux, les Assyriens, les Phéniciens, et les Hellènes (Grecs). Le remplacement du bronze par le fer apportera des modifications importantes dans les armes de combat et dans la production des instruments. De plus, l'apparition du fer dans les civilisations de cette époque a contribué à stimuler les échanges commerciaux et à favoriser une plus grande participation dans l'économie et l'intérêt de la collectivité. Enfin, le remplacement de l'écriture laborieuse des civilisations antérieures par un alphabet facile à apprendre ainsi que l'invention de la monnaie — par le riche roi Crésus vers le VIe siècle av. J.-C. — ont contribué grandement à développer le commerce et à favoriser indirectement les découvertes géographiques.

Le «miracle grec» ne saurait évidemment être expliqué uniquement par les conditions naturelles de son éclosion. Il faut aussi faire appel à l'origine ethnique et au milieu géographique pour mieux saisir en quel sens et de quelle façon le peuple grec a su si bien tirer parti de ces conditions naturelles.

Après une longue époque de civilisation néolithique, nous voyons surgir dans tout le bassin égéen, durant la deuxième moitié du IIe millénaire, une civilisation du bronze qui prévalut des rivages de l'Asie Mineure à la Sicile et manifesta pendant plus de 2 000 ans, en Crète et dans le monde égéen, une remarquable continuité. Entre les XVIe et XVe siècles av. J.-C., cette civilisation atteint son apogée avec la prépondérance des rois Minos à Cnossos, la construction des grands palais, l'expansion maritime et commerciale, en même temps que commence, sur le continent, la civilisation mycénienne ou achéenne (ancêtre éloigné de la civilisation européenne).

La culture égéenne (produit de la culture minoenne et de la culture mycénienne) paraît être née du contact entre les autochtones, dolichocéphales bruns de race méditerranéenne (avec des éléments apparentés aux Hittites) d'une part, et, d'autre part, les envahisseurs achéens et ioniens, brachycéphales blonds, pasteurs nomades, venus de la région danubienne et qui s'installèrent vers le XVIIe siècle en Crète, imposant partout le dialecte hellénique. Vers le XIIIe siècle, les Doriens venus du Nord et qui avaient gardé dans leur habitat les mœurs primitives des Hellènes s'installent dans le Péloponnèse entre 1200 et 1100 av. J.-C. Avec eux se répand dans tout le monde grec l'industrie du fer. Sur le littoral de l'Asie Mineure et dans les îles, les Éoliens et les Ioniens, expulsés du continent, maintiennent cependant la civilisation de l'époque mycénienne. Au VIIIe siècle, avec Homère et la civilisation homérique, nous quittons la légende pour l'épopée et l'histoire: alors commence l'histoire de la Grèce.

Petite presqu'île montagneuse, avec un développement prodigieux des côtes et une ceinture d'îles, située au cœur de la Méditerranée orientale, entre l'Asie, l'Europe et l'Afrique du Nord, la Grèce doit sans doute, pour une part, à ces circonstances géographiques, son individualité propre et l'originalité d'une culture diversifiée comme les cantons dans lesquels elle se divise. Les colonies, que les Grecs furent amenés à créer de bonne heure et à toutes les époques, du littoral asiatique de la mer Égée à la Sicile, à l'Italie méridionale et jusqu'à Marseille, exercèrent sur le développement de leur vie intellectuelle une action prépondérante. C'est à sa situation géographique que la Grèce doit son ouverture aux civilisations égyptienne, babylonienne, phénicienne, crétoise, etc., où se développa, dès le IIIe millénaire, une prodigieuse civilisation préhellénique, et dont elle reçut, à l'époque égéenne, sa culture.

La race hellène, issue probablement de la fusion des populations égéennes avec les envahisseurs achéens venus de l'Europe centrale à la fin de l'âge du bronze, est une race merveilleusement douée: curieuse, intelligente, intuitive et artiste, sensible, par-dessus tout, à l'invisible réalité des formes intelligibles, dans la nature, dans l'art et dans les coutumes et les lois. Cette race d'hommes voués à la recherche de la vérité sous toutes ses formes, a développé une atmosphère de rationalisme dans laquelle les hommes, dès le VIe siècle av. J.-C. se préoccupaient non seulement de chercher le «comment», mais surtout de poser le «pourquoi». C'est ainsi que les mathématiques préhelléniques étudiées par le philosophe grec deviennent une science déductive dont les caractéristiques et les résultats n'ont pas cessé d'émerveiller l'homme de science qui cherche à en percer les secrets.

INFLUENCES ANTÉRIEURES ET SOURCES

Le monde grec, dont le centre était situé entre la mer Égée et la mer Ionienne, comprenait de nombreuses agglomérations éparpillées sur le bord de la mer Noire, ainsi que des colonies distribuées autour de la mer Méditerranée. Ces colonies ioniennes, situées à proximité des foyers de culture égyptienne et babylonienne, étaient reliées par bateaux aux anciens centres de culture dont elles recevaient directement les connaissances mathématiques et astronomiques.

La plus vieille histoire des mathématiques grecques fut écrite par un disciple d'Aristote, Eudème, au IVe siècle av. J.-C. Un court extrait de cet ouvrage perdu apparaît dans le *Commentaire sur le livre I des Éléments d'Euclide,* écrit par Proclus au VIe siècle apr. J.-C.. On y apprend, entre autres, que le fondateur des mathématiques grecques, et plus précisément le fondateur de la géométrie grecque, fut Thalès de Milet qui aurait acquis ses connaissances au cours de voyages effectués en Égypte et les aurait introduites en Grèce durant le VIe siècle. Eudème parle de Thalès comme celui qui a inventé plusieurs choses et qui a montré à ses successeurs la voie vers les principes de plusieurs de ces choses, quelques-unes étant universelles et d'autres plus portées vers le concret.

Dans ce fragment préservé par Proclus, on mentionne aussi le nom de Pythagore, qui a vécu durant le VIe siècle, comme celui qui a changé la philosophie (géométrie) en une forme de doctrine libérale, accessible à tous, en étudiant ses principes d'une manière plus exaltante et en examinant ses théorèmes sous le rapport de l'intelligence. Il fut, selon Eudème, l'inventeur de la théorie des irrationnels et celui qui a construit les cinq solides réguliers.

Partant de ce court témoignage, force nous est d'admettre l'influence égyptienne et même babylonienne à l'origine des mathématiques grecques, même si les Grecs, tout en empruntant aux civilisations antérieures certaines connaissances mathématiques et astronomiques, transforment cet héritage culturel en une science déductive (tout au moins à partir de Pythagore) dans laquelle les notions de démonstration, de théorème, de définition et d'axiome remplacent le caractère empirique et particulier des mathématiques préhelléniques.

De quelle façon la science déductive des Grecs a-t-elle pris forme et pourquoi les Grecs refusent-ils l'aspect empirique des choses pour n'accepter que la rigueur mathématique basée sur une connaissance théorique plutôt que pratique? Voilà deux questions fondamentales au sujet desquelles de nombreuses explications ont été élaborées, sans toutefois parvenir à y répondre, surtout à cause de l'absence quasi

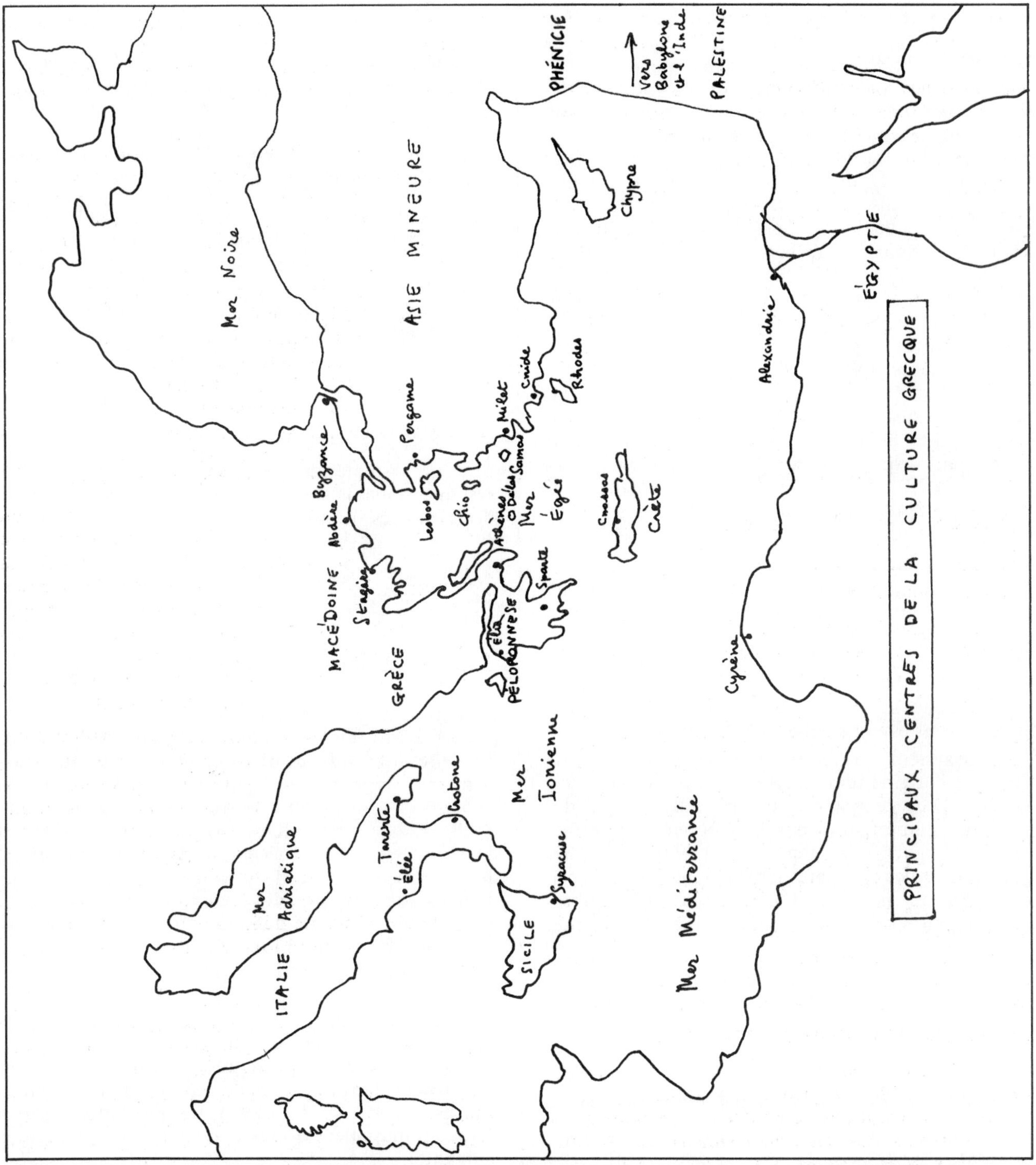

PRINCIPAUX CENTRES DE LA CULTURE GRECQUE

complète de données historiques pertinentes. Cependant, l'explication fournie par Szabo est éclairante à plusieurs points de vue[1].

Les données historiques pertinentes sur lesquelles nous désirons établir une base solide pour l'étude des mathématiques grecques sont très différentes de celles qui ont été utilisées pour les mathématiques babyloniennes. L'authenticité d'une tablette d'argile est rarement mise en doute; par contre, les textes grecs sont souvent des copies de copies, à travers lesquelles il nous faut rechercher la véritable pensée de l'auteur original. De plus, très peu de textes originaux (écrits en grec) nous sont parvenus intacts et, de façon générale, les textes mathématiques grecs nous sont connus par des commentaires très postérieurs d'auteurs grecs dont l'objectivité et l'interprétation doivent être surveillés de près. Par ailleurs, plusieurs textes d'auteurs grecs furent traduits en arabe, puis en latin, en anglais et en français. Ils sont maintenant disponibles pour notre étude grâce aux travaux de J.L. Heiberg, sir Thomas L. Heath, Paul Tannery et de nombreux autres historiens des mathématiques.

SYSTÈMES DE NUMÉRATION

Parmi les nombreux systèmes de numération grecs, deux furent utilisés principalement: le système «attique» ou «hérodien» (du nom du grammarien Hérodien, IIe s. apr. J.-C.), utilisé fréquemment dans les inscriptions athéniennes, et le système «ionique» ou alphabétique. Les deux systèmes utilisent la base dix et se servent essentiellement des entiers.

Le système attique est un système additif à base dix dont l'origine remonte, semble-t-il, au VIe siècle av. J.-C. Dans ce système, les signes ne sont pas des symboles numériques dans le vrai sens du terme: excepté le signe vertical représentant l'unité, les signes proviennent des premières lettres de mots grecs désignant certains nombres. En particulier les nombres de un à quatre y sont symbolisés par la suite suivante:

| un
|| deux
||| trois
|||| quatre

Le nombre cinq est représenté par le signe Γ (première lettre du mot «pente»), 10 par Δ (pour «deka»), 100 par H (pour «hekaton») 1 000 par X (pour «khilioi») et 10 000 par M (pour «murioi»). Les lettres désignant les nombres un, dix, cent, mille, dix mille, sont en majuscules seulement, puisque les lettres minuscules grecques n'apparaissent qu'au début du Moyen Age.

Pour représenter les nombres six, sept, huit et neuf, les Grecs combinaient Γ (5) avec le trait vertical |. Par exemple, le nombre sept avait la figuration suivante: Γ||. Les nombres 50, 500, 5 000, etc., étaient écrits en combinant le symbole Γ avec les symboles de 10, 100, 1 000, etc., de la manière suivante: 𐅄 (5 × 10), 𐅅 (5 × 100), 𐅆 (5 × 1 000). Dans ce système,

Γ|||| = 9, Δ||| = 13, HΓ = 105,

et XXXX𐅅HHH𐅄ΔΔΔΓ|||| = 4 889.

Le système attique ressemble énormément au système romain, sauf en ce qui concerne la forme des symboles utilisés.

Le système ionique est aussi un système additif à base dix utilisé dès le Ve siècle av. J.-C., il a probablement remplacé le système attique vers le IIIe siècle av. J.-C. Les Grecs ont emprunté leur alphabet aux Phéniciens qui utilisaient 22 lettres, toutes des consonnes. Les Grecs ajoutèrent à ces consonnes des voyelles afin de pouvoir exprimer trois ensembles de neuf nombres: les unités 1, 2, 3, ..., 9, les dizaines 10, 20, 30, ..., 90, les centaines 100, 200, 300, ..., 900. La suite des symboles de ce système est la suivante:

A = 1	I = 10	P = 100
B = 2	K = 20	Σ = 200
Γ = 3	Λ = 30	T = 300
Δ = 4	M = 40	Y = 400
E = 5	N = 50	Φ = 500
Ϛ = 6	Ξ = 60	X = 600
Z = 7	O = 70	Ψ = 700
H = 8	Π = 80	Ω = 800
Θ = 9	Ϙ = 90	Ϡ = 900

Pour distinguer les symboles qui représentaient un nombre de ceux qui représentaient une lettre, on a introduit dans les textes de nombreux signes, entre autres: . , — , ͵ , ʹ , etc. Après l'introduction des lettres minuscules en Grèce, on a la correspondance suivante:

1. Arpad Szabo, «The Transformation of Mathematics into Deductive Science and the Beginnings of its Foundation on Definitions and Axioms», *Scripta Mathematica, 27* (1902): 27-48A, 113-119.

α = 1	ι = 10	ρ = 100
β = 2	κ = 20	σ = 200
γ = 3	λ = 30	τ = 300
δ = 4	μ = 40	υ = 400
ε = 5	ν = 50	φ = 500
ϛ = 6	ξ = 60	χ = 600
ζ = 7	ο = 70	ψ = 700
η = 8	π = 80	ω = 800
θ = 9	ϟ = 90	ϡ = 900

Parmi les signes introduits pour distinguer la lettre et le nombre correspondant, c'est la barre horizontale placée au-dessus de la lettre qui fut sans doute le plus orthodoxe. Ainsi, le nombre dix est représenté par «$\bar{\iota}$». Pour les neuf multiples de mille, les Grecs utilisaient les neuf premières lettres de l'alphabet précédées d'un accent, ainsi, le nombre 1 000 sera présenté par «,α» ou «'α» et il en sera de même pour les huit autres multiples. Avec ce système, tout nombre inférieur à 10 000 était écrit avec au plus quatre symboles. Lorsque les Grecs désiraient exprimer des nombres supérieurs à 10 000, ils utilisaient le principe de multiplication en plaçant au-dessus du symbole M, ou à droite de M, séparés du reste du nombre par un point, les symboles de 1 à 9 999.

Ainsi, 20 000 = $\overset{\beta}{M}$. 54 351 234. = M.ευλε·αβγδ. Le même principe pouvait être appliqué à des puissances entières de myriades.

Ces notations grecques pour les entiers suffisaient aux besoins mais, par ailleurs, la faiblesse du système était nettement mise en relief dans l'écriture des fractions. Comme les Égyptiens, les Grecs furent tentés d'utiliser largement les fractions unitaires. La notation ordinaire pour un sous-multiple d'un entier quelconque consistait à écrire l'entier accompagné d'un accent, afin de bien distinguer la fraction de l'entier. Par exemple $\frac{1}{3}$ s'écrit comme suit: «γ'», et «κε'» représentait $\frac{1}{25}$. Cependant, la figuration κε', pouvait aussi représenter le nombre 20 $\frac{1}{5}$ mais, le plus souvent, le contexte permettait de bien identifier le nombre. Avec les mathématiciens de l'École d'Alexandrie, l'usage des fractions ordinaires devient chose courante ainsi que l'emploi des fractions sexagésimales en astronomie et en trigonométrie (un reliquat des influences babyloniennes).

LE PREMIER MATHÉMATICIEN GREC

Thalès de Milet (vers 624-vers 548 av. J.-C.), homme d'État, marchand, ingénieur, astronome, philosophe et mathématicien, est un des sept Sages de l'Antiquité. Il semble avoir été marchand pendant la première partie de sa vie; il acquit ainsi une fortune considérable qui lui permettra de consacrer le reste de sa vie à étudier et à voyager. Il séjourna quelque temps en Égypte et ce contact avec les Égyptiens le familiarisa avec les mathématiques et l'astronomie égyptiennes. Revenu à Milet, il devint célèbre à travers toute la Grèce par les multiples facettes de son génie.

Thalès de Milet est le premier homme connu auquel on attribue des découvertes mathématiques précises; c'est la première fois dans l'histoire des mathématiques que quelqu'un acquiert une renommée à titre de mathématicien. En géométrie, on lui attribue généralement les propositions suivantes:

1) Tout diamètre bissecte un cercle.
2) Les angles de base d'un triangle isocèle sont égaux.
3) Les angles verticaux formés par deux droites qui s'intersectent sont égaux.
4) Si deux triangles sont tels que deux angles et un côté de l'un sont égaux respectivement à deux angles et un côté de l'autre, alors les triangles sont congrus.

On lui attribue aussi parfois le théorème qui dit que «l'angle inscrit dans un demi-cercle est un angle droit». Deux autres résultats sont souvent associés avec les travaux de Thalès: il aurait montré comment mesurer la distance du rivage à un bateau en mer et comment trouver la hauteur d'une pyramide à l'aide de l'ombre d'un bâton vertical (par triangles semblables).

L'historien Hérodote (vers 484-vers 420 av. J.-C.) rapporte la prédiction de Thalès au sujet d'une éclipse de soleil survenue en 585 av. J.-C. Cependant, on est enclin aujourd'hui à ramener la prédiction de Thalès à celle de la perte subie par la lumière du jour au cours de l'année.

De nombreuses légendes entourent la vie de Thalès et, le moins que l'on puisse dire, c'est qu'elles sont imagées et bien venues. Un jour qu'il conduisait une caravane, un mulet chargé de sel tomba à l'eau au passage d'un gué. Sorti de l'eau, le mulet sentit sa charge plus légère. Aussi, au gué suivant, se

Pythagore (vers 550 av. J.-C.).

roula-t-il volontairement dans l'eau afin de sentir de nouveau une diminution de charge. Pour le guérir de ce vice, Thalès le fit charger d'éponges. Lorsque le mulet voulut se livrer à sa petite fantaisie, mal lui en prit, car il sentit, au lieu d'une charge allégée, un fardeau écrasant.

On rapporte aussi l'histoire suivante: irrité des remarques de quelques concitoyens à propos de sa sagesse qui ne lui avait pas apporté la richesse, il voulut démontrer qu'on pouvait facilement et rapidement devenir riche; il s'appropria le contrôle absolu des pressoirs à olives de son pays, au moment où il jugea que la récolte des olives serait très abondante et, ainsi, il put imposer le prix qu'il voulait à tous ceux qui devaient utiliser ses pressoirs, ce qui lui rapporta une fortune en une seule saison. Puis ayant prouvé son point de vue, il abandonna ses affaires et retourna à ses occupations d'ordre philosophique et mathématique.

Il a combiné, semble-t-il, un humour rare avec une connaissance profonde de la nature humaine. «Connais-toi toi-même» fut sa maxime. Questionné au sujet de la conduite d'une vie juste et bonne, il répondit: «S'abstenir de pratiquer ce que nous blâmons chez les autres.» A une question sur la chose la plus étrange qu'il ait jamais vue, il répondit: «Un tyran âgé.» Lorsqu'on lui demanda ce qu'il accepterait en échange de certaines de ses découvertes en astronomie, il répondit ceci: «Je serais suffisamment récompensé si, lorsque vous rapporterez ces découvertes à d'autres, vous n'avez pas la prétention de dire qu'elles sont vôtres, mais bien de dire qu'elles sont miennes.»

On peut raisonnablement affirmer que Thalès de Milet a pavé la voie de ses successeurs en ouvrant la porte de l'organisation rationnelle des mathématiques. L'absence de documents historiques pertinents et l'invraisemblance de certains faits rapportés par les commentateurs grecs nous obligent cependant à être très circonspects au sujet de la contribution réelle du fondateur de la géométrie grecque.

LE PÈRE DES MATHÉMATIQUES GRECQUES

Pythagore de Samos est né dans la première moitié du VIe siècle av. J.-C. dans l'île égéenne de Samos, située tout près de Milet, où vivait Thalès. Il avait environ cinquante ans de moins que Thalès, et on admet parfois qu'il fut son élève, ainsi que de son disciple, Anaximandre. Après de nombreux voyages (Égypte, Babylone, etc.), il revint dans son île natale qu'il trouva sous la domination du tyran Polycrate; il décida alors de se fixer dans la Grande Grèce (Italie du Sud), plus précisément à Crotone. C'est là qu'il fonda une secte qui, à des tendances aristocratiques, joignait un caractère mystique et religieux. Les adeptes, vivant en commun, pratiquaient, au moins partiellement, la communauté des biens et suivaient des règles rigoureuses de vie. L'école pythagoricienne était une académie où l'on étudiait la philosophie, les mathématiques, les sciences naturelles, en plus de pratiquer des rites secrets.

Au fil des jours, l'influence et les tendances aristocratiques de la secte devinrent si fortes que le pouvoir démocratique de l'Italie du Sud décida de porter un grand coup aux pythagoriciens en détruisant les édifices qui abritaient l'école, tout en s'assurant que cette société se disperse à jamais. Selon un commentaire, Pythagore s'exila à Metapontum où il mourut à un âge avancé. La secte, malgré cette dispersion forcée, continua, pendant plus de deux siècles, les travaux entrepris auparavant.

Pythagore demeure une figure très obscure et très controversée à cause de plusieurs facteurs: il n'existe aucun document provenant de cette époque; plusieurs biographies de Pythagore furent écrites dans l'Antiquité mais aucune ne nous est parvenue intacte; enfin, le caractère secret et communautaire de l'école pythagoricienne contribue, pour une large part, à voiler les découvertes du maître. La connaissance et la propriété étaient des biens communs et l'attribution de découvertes à un membre de la secte était hors propos puisque, durant l'Antiquité, la coutume voulait que tout soit attribué au maître.

La philosophie pythagoricienne reposait sur l'affirmation tacite que le nombre entier est la cause des qualités diverses des éléments de l'univers. «Tout est nombre», voilà la devise de l'école pythagoricienne. Sa doctrine proclamait que l'élévation de l'âme et son union avec Dieu seraient achevées au moyen des mathématiques et que Dieu avait ordonné l'univers par les nombres. Dieu est l'unité, le monde est la pluralité qui contient les éléments contrastants. C'est l'harmonie qui restaure l'unité avec les parties et qui les moule dans le cosmos. L'harmonie est divine, elle consiste en rapports numériques. Celui qui acquiert la compréhension de l'harmonie en termes de nombres devient lui-même divin et immortel.

Cette doctrine des pythagoriciens les a conduits à étudier avec exaltation les propriétés des nombres, l'arithmétique considérée du point de vue de la théorie des nombres, la géométrie, la musique et l'astronomie, le tout constituant l'essentiel du programme de formation d'un futur disciple de Pythagore.

L'ARITHMÉTIQUE PYTHAGORICIENNE

Les anciens Grecs distinguaient entre l'étude des relations abstraites reliant les nombres et le calcul pratique avec les nombres. La première était connue sous le nom d'«arithmétique», alors que le calcul portait le nom de «logistique». Il est intéressant de noter que cette division a persisté jusqu'à la fin du XVe siècle de notre ère et que l'arithmétique d'aujourd'hui se réfère à la logistique grecque alors que notre théorie des nombres correspond davantage à l'arithmétique des Grecs.

Les considérations sur le nombre pair et le nombre impair, que nous trouvons au livre IX des *Éléments* d'Euclide, peuvent remonter jusqu'à la première école pythagoricienne. Nicomaque de Gerasa (néopythagoricien, originaire de la Judée, qui semble avoir vécu au IIe siècle de notre ère) énonce, dans son *Introduction arithmétique,* les définitions pythagoriciennes des nombres pairs et impairs. Le nombre pair est celui qui peut se diviser en deux parties égales, alors que le nombre impair est celui qui ne peut être divisé en deux parties égales. Pythagore ou plutôt les pythagoriciens ont étudié les nombres en les classifiant suivant des propriétés bien définies. Ainsi, ils ont probablement découvert les nombres amicaux, parfaits, abondants, déficients, en plus d'ouvrir la voie à l'étude des nombres figurés.

«Deux nombres sont *amicaux* si chacun est la somme des diviseurs propres de l'autre.» Par exemple, 284 et 220 sont des nombres amicaux car la somme des diviseurs propres de 284 (1, 2, 4, 71, 142) égale 220 alors que celle des diviseurs propres de 220 qui sont 1, 2, 4, 5, 10, 11, 20, 22, 44, 55, 110, donne 284. Ces paires de nombres amicaux furent appelées à jouer un rôle important dans la magie, la sorcellerie, l'astrologie, et le calcul des horoscopes.

«Un nombre est *parfait* s'il est la somme de ses diviseurs propres, *déficient* s'il excède cette somme et *abondant* si cette somme excède le nombre.» Nicomaque donne quatre nombres parfaits dans son traité: 6, 28, 496, 8 128, et fournit aussi une règle générale relative aux nombres parfaits en termes de nombre premier: «Quand la somme

$$1 + 2 + 2^2 + \dots + 2^n = p$$

est un nombre premier, alors $2^n p$ est un nombre parfait.» Il semble, de toute évidence, que Pythagore connaissait cette formule.

Les nombres figurés, conçus comme les nombres de points dans certaines configurations géométriques, représentent un lien direct entre la géométrie et l'arithmétique. La nomenclature géométrique de ces nombres est abondante et débute généralement avec les nombres *triangulaires, carrés, pentagonaux, hexagonaux:*

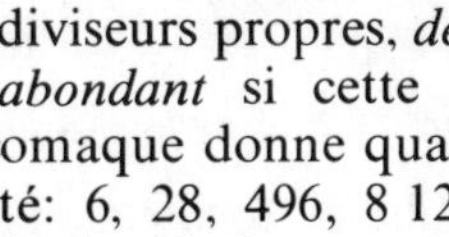

triangulaire

$$\frac{n(n+1)}{2}$$

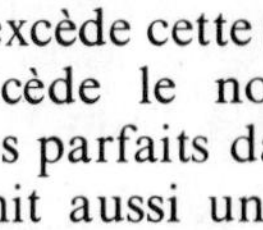

carré

$$n^2$$

pentagonal $\frac{n(3n - 1)}{2}$ hexagonal $2n^2 - n$

De nombreux théorèmes intéressants portant sur les propriétés merveilleuses de ces nombres figurés peuvent être démontrés uniquement par l'utilisation de diagrammes de points. Par exemple, pour obtenir le résultat que «tout nombre carré est la somme de deux nombres triangulaires successifs», il suffit de tracer les diagrammes suivants:

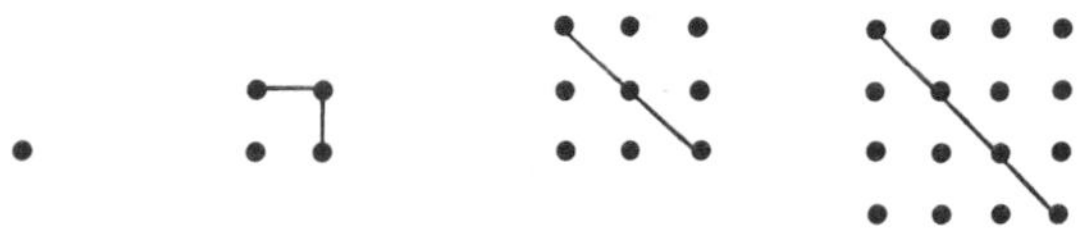

1 $1 + 3$ $3 + 6$ $6 + 10$

et ainsi de suite.

Lorsqu'on réussit à établir la forme générale de ces nombres, on peut évidemment exprimer aussi les théorèmes connus dans le langage algébrique. Ainsi, le n^e nombre triangulaire est donné par la somme de la série arithmétique:

$$1 + 2 + 3 + ... + n = \frac{n(n+1)}{2},$$

et le résultat du théorème portant sur le nombre carré n^2 devient, dans le langage algébrique,

$$\frac{(n+1)n}{2} + \frac{(n-1)n}{2} = n^2$$

où $\frac{n(n+1)}{2}$ et $\frac{n(n-1)}{2}$ sont les deux nombres triangulaires successifs.

On peut facilement prolonger la nomenclature de ces nombres figurés en introduisant les nombres *polygonaux* ainsi que les nombres *polyédriques* (dans l'espace à trois dimensions), tels que les nombres *cubiques, pyramidaux*, etc.

LA MUSIQUE PYTHAGORICIENNE

Ce qui est peu ou rarement apprécié, même dans le monde de la musique, c'est l'indifférence au sujet des relations étroites existant entre la musique et les mathématiques dans l'Antiquité. Cette étroite union a probablement débuté très tôt chez les Chaldéens, les Égyptiens, les Babyloniens, les Chinois, et les pythagoriciens ont irrévocablement uni la musique et les mathématiques au moyen des cordes vibrantes. Dans sa forme la plus simple, la doctrine pythagoricienne associant la musique aux nombres peut être décrite comme suit: Fixez un des bouts d'une corde tendue et faites-la vibrer. Elle émettra un son d'un ton. Faites vibrer la moitié de la corde seulement et le ton s'élèvera à un octave. Si les deux tiers de la corde vibrent, le ton sera de $\frac{1}{5}$ au-dessus de celui qui est produit par la corde entière.

Les pythagoriciens ont utilisé ces résultats (et les intermédiaires) pour construire des échelles. Graduellement, la relation de la portion vibrante d'une corde à la corde entière fut exprimée en termes de rapports. Par exemple 2:3 (la cinquième) était plus harmonieuse que 8:9 (l'écart entier). Les sons harmonieux, selon Pythagore, sont produits par des rapports exprimés comme des nombres entiers et, plus le rapport est simple, c'est-à-dire plus les nombres entiers qui l'expriment sont petits, plus le son a une meilleure consonance. Ainsi, l'*octave*, la *quinte* et la *quarte* furent considérées, au point de vue de la musique, supérieures aux autres intervalles.

Les pythagoriciens ont extrapolé leurs connaissances musicales dans le domaine de l'astronomie en imaginant le mythe de la «musique des sphères». Ils croyaient que les corps en mouvement dans l'espace émettaient des sons à une fréquence inaudible à l'oreille humaine, et, plus rapides sont leurs rotations, plus haut est le son émis. L'astronomie grecque du VIe siècle soutenait que, plus la distance d'une planète à la terre est considérable, plus la planète se meut rapidement. En outre, les distances entre les planètes et les rapports entre les vitesses orbitales des planètes (relatives à la terre) devaient être harmoniquement déterminés, c'est-à-dire exprimés par des rapports de nombres entiers. Enfin, les sons émis par les planètes s'harmonisaient entre eux. Ainsi, les pythagoriciens furent les premiers à instituer la musique comme discipline mathématique ayant sa place parmi les sept disciplines essentielles de formation pour le jeune Grec entrant à l'école.

THÉORIE PYTHAGORICIENNE DES PROPORTIONS

On ne peut dater avec exactitude la théorie grecque des proportions, avant la découverte de l'incommensurabilité des lignes comportant des quantités irrationnelles, mais son origine remonte certainement à l'époque des pythagoriciens. Cette théorie numérique des proportions, qui débute avec Pythagore, était applicable seulement aux quantités commensurables. Dans le livre VII des *Éléments* d'Euclide, on peut lire, à la définition 20: «Des nombres sont proportionnels lorsque le premier est le même multiple, ou la même partie, ou les mêmes parties du second que le troisième du quatrième.» La définition énoncée correspond probablement à celle de Pythagore. Nicomaque, pour sa part, énumère les divers rapports numériques: rapports multiples (double, triple et rapports sous-multiples), rapports surparticuliers (antécédent contient le conséquent avec une partie en plus), rapports épimères (antécédent contient le conséquent et plusieurs de ses parties), etc.

Beaucoup plus importante, cependant, est la technique des proportions. Nous trouvons, au livre VII d'Euclide, de nombreuses propositions relatives aux proportions, par exemple:

1) Si $\frac{a}{b} = \frac{c}{d}$, alors $\frac{a}{c} = \frac{b}{d}$. (Par permutation)
2) Si $\frac{a}{b} = \frac{d}{e}$ et $\frac{b}{c} = \frac{e}{f}$, alors $\frac{a}{c} = \frac{d}{f}$. (Composée de a à b et b à c)
3) Si $\frac{a}{b} = \frac{c}{d}$, alors $\frac{b}{a} = \frac{d}{c}$.
4) Si $\frac{a}{b} = \frac{c}{d}$, alors $\frac{a+b}{b} = \frac{c+d}{d}$.
5) Si $\frac{a}{b} = \frac{c}{d}$, alors $\frac{a-b}{b} = \frac{c-d}{d}$.

Cette théorie des proportions sera remplacée par celle d'Eudoxe pour éviter la difficulté due aux irrationnels. Une autre théorie arithmétique, que l'on fait remonter aux premiers pythagoriciens, est celle des moyennes ou des médiétés. Les pythagoriciens en ont distingué trois: la *moyenne arithmétique*, la *moyenne géométrique* et la *moyenne harmonique*. On dit qu'ils ont introduit en Grèce, en l'empruntant aux Babyloniens, la proportion la plus parfaite:

$$\frac{a}{\frac{a+b}{2}} = \frac{\frac{2ab}{a+b}}{b}$$

où $\frac{a+b}{2}$ est la moyenne arithmétique de a et b, et $\frac{2ab}{a+b}$ est la moyenne harmonique de a et b. Un cas particulier de cette proportion est la proportion $\frac{12}{9} = \frac{8}{6}$, applicable à la musique.

LA DÉCOUVERTE DES GRANDEURS INCOMMENSURABLES

Un des grands triomphes de la mathématique grecque fut le traitement des grandeurs incommensurables. La découverte de ces quantités irrationnelles est attribuée aux pythagoriciens. Ils ont noté probablement l'incommensurabilité de la diagonale d'un carré avec son côté. Soit la relation $m^2 = 2n^2$, où m et n n'ont pas de commune mesure; si $m = 2r$, alors $4r^2 = n^2$ et alors n est à la fois pair et impair. Cette preuve indirecte (réduction à l'absurde) d'Aristote démolit en grande partie la théorie des proportions des pythagoriciens, car cette dernière reposait sur la commensurabilité des grandeurs géométriques. Il fallait donc, après cette découverte déconcertante, remédier à la théorie ancienne par une nouvelle théorie applicable dans tous les cas, ce sera l'œuvre d'Eudoxe.

LA GÉOMÉTRIE PYTHAGORICIENNE

En géométrie, on attribue généralement aux pythagoriciens la preuve de la proposition 47 contenue dans le livre I d'Euclide, qui s'énonce comme suit: «Dans un triangle rectangle, le carré de l'hypoténuse est égal à la somme des carrés des deux autres côtés.» Cette relation géométrique est aussi liée à la formule pythagoricienne pour trouver deux nombres carrés dont la somme est un carré (triplets pythagoriciens connus des Babyloniens).

On attribue aussi à Pythagore[1] la construction des «figure cosmiques» ou solides réguliers. Ces solides sont: le tétraèdre, l'hexaèdre ou cube, l'octaèdre, le dodécaèdre et l'icosaèdre. «Un polyèdre est régulier si ses faces sont des polygones réguliers congrus et si ses angles polyédriques sont tous congrus.» Il suit de cette définition que seuls les polyèdres mentionnés ci-dessus sont des polyèdres réguliers. Le tétraèdre a 4 faces triangulaires, le cube possède 6 faces carrées, 8 faces triangulaires forment l'octaèdre, le dodécaèdre comprend 12 faces pentagonales, et enfin l'icosaèdre est limité par 20 faces triangulaires.

1. Les trois polyèdres: tétraèdre, cube et dodécaèdre sont généralement attribués aux pythagoriciens et les deux autres ont été construits, dit-on, par Théétète.

L'ALGÈBRE PYTHAGORICIENNE

Préoccupés surtout par la représentation des nombres aux moyens de quantités géométriques et ne possédant pas une notation algébrique adéquate, les Grecs (si l'on fait exception de Diophante) ont dû inventer des processus géométriques ingénieux afin d'arriver à solutionner des problèmes algébriques. Ils arrivent, non seulement à démontrer certaines identités algébriques, mais aussi à résoudre, par la géométrie, des équations quadratiques. Cette géométrie algébrique grecque provient en bonne partie des travaux des pythagoriciens.

La proposition 4 du livre II des *Éléments* établit géométriquement l'identité $(a + b)^2 = a^2 + 2ab + b^2$. Illustrons la méthode grecque généralement utilisée:

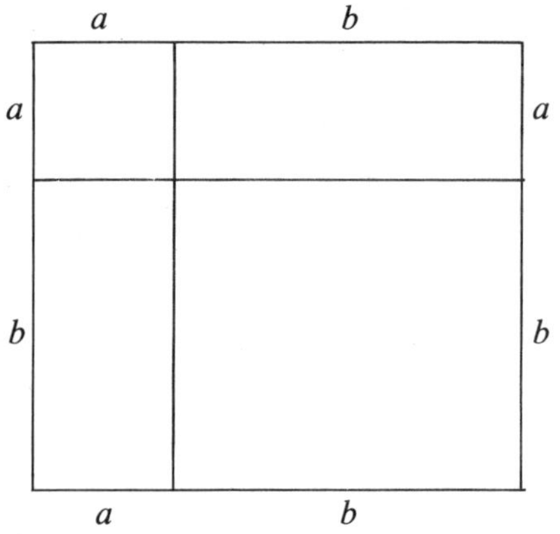

Divisons le carré a + b en deux rectangles et deux carrés d'aires respectives ab, ab, a^2 et b^2, comme sur la figure ci-dessus. Il est géométriquement évident que le carré de $a + b$ est égal à la somme des aires ab, ab, a^2, b^2, d'où $(a + b)^2 = a^2 + 2ab + b^2$.

La proposition 7 se réfère à la démonstration géométrique de l'identité $(a - b)^2 = a^2 - 2ab + b^2$, alors que la proposition 5 donne l'équivalent de $(a + b)(a - b) = a^2 - b^2$.

Pour ce qui a trait à la résolution des équations quadratiques, les Grecs ont utilisé principalement deux méthodes: la méthode des proportions (basée sur leur technique) et la méthode d'application des aires. L'idée de cette dernière consiste à appliquer sur une ligne droite (comme base) ayant un angle donné, un parallélogramme qui devrait être égal (en surface) à toute figure rectiligne donnée. Dans les problèmes plus difficiles, le parallélogramme utilisé peut dépasser au niveau de la base, ou être inférieur à la ligne donnée par un parallélogramme semblable.

Considérons l'illustration suivante:

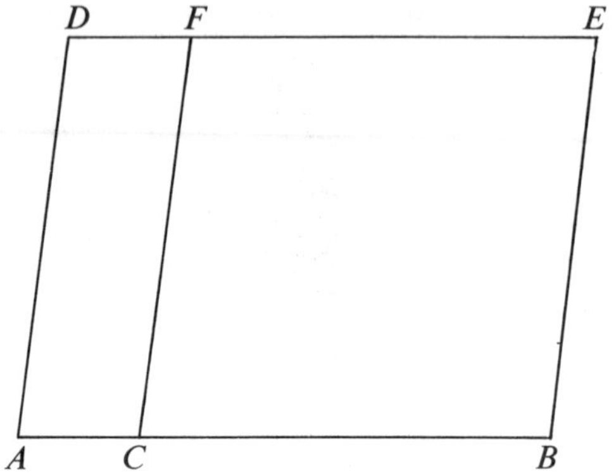

Figure 1

Figure 2

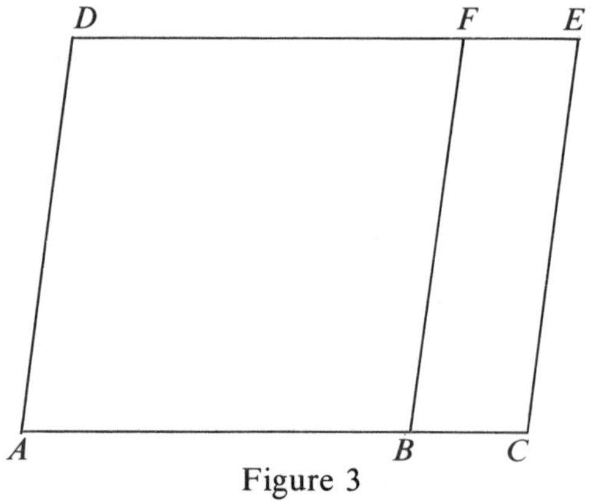

Figure 3

La ligne AB et le parallélogramme $ADEB$ sont construits sur AB. Lorsque C n'est pas en B, alors considérons $CEFB$, un parallélogramme semblable à $ADEB$. Si C coïncide avec B, alors le parallélogramme $ADEC$ est appliqué au segment AB (fig. 2). Et, si C se trouve sur le prolongement de AB, le parallélogramme $ADEB$ est appliqué sur AB avec un excédent exprimé par le parallélogramme $BFEC$ (fig. 3).

La proposition 29 du livre VI énonce la construction suivante: «A une ligne droite donnée, appliquer un parallélogramme égal à une figure rectiligne donnée et qui excède par une figure parallélogrammique semblable à celle qui est donnée.» Cette construction équivaut à résoudre l'équation $x^2 - ax - b^2 = 0$. Les trois exemples illustrés par les figures 1, 2 et 3 correspondent de fait à la solution algébrique de l'équation générale du second degré avec des racines réelles.

DE PYTHAGORE À PLATON

Nous n'avons aucun texte mathématique ou document scientifique qui témoigne, de façon objective, des réalisations mathématiques de la période qui va de Pythagore à Platon. Par contre, le *Commentaire* de Proclus fournit quelques détails sur les travaux des quelques mathématiciens de cette époque.

Après avoir parlé de Pythagore, Proclus poursuit en disant:

«*Anaxagore de Clazomène étudia de nombreuses questions géométriques ainsi qu'Œnopide de Chio, qui était un peu plus jeune que ce dernier... Après eux, Hippocrate de Chio, le découvreur de la quadrature des lunules, et Théodore de Cyrène, sont devenus des géomètres reconnus; Hippocrate, en effet, fut la première personne de qui on rapporte qu'elle a compilé effectivement les* Éléments. *Platon, qui vient immédiatement après eux, a fait faire un grand pas en avant aux mathématiques en général et à la géométrie en particulier, grâce à son propre zèle pour ces études; en effet, tout le monde sait qu'il a parlé de nombreux sujets mathématiques dans ses écrits et ne manquait jamais une occasion de semer l'enthousiasme pour les mathématiques chez ceux qui avaient préféré la philosophie. En même temps, vivaient aussi Leodamas de Thasos, Archytas de Tarente et Théétète d'Athènes, et grâce à eux, le nombre de théorèmes a augmenté et un pas de plus fut franchi dans la direction d'un regroupement scientifique de ces théorèmes.*»

Selon Heath[1], le but de ce commentaire visait surtout à tracer le progrès accompli dans la réalisation des *Éléments* plutôt que dans l'évolution de la géométrie.

Par conséquent, les noms de Démocrite, d'Hippias d'Élis, d'Antiphon le Sophiste, de Bryson et de quelques autres ne sont pas mentionnés parce que leurs travaux ont très peu influencé la réalisation des *Éléments.*

Anaxagore (vers 500-428 av. J.-C.), né à Clazomène, était plutôt un physicien qu'un mathématicien, mais sa curiosité l'a porté vers la solution de problèmes mathématiques. Emprisonné à cause de ses idées en astronomie, il aurait, semble-t-il, tenté de résoudre la quadrature du cercle pendant sa captivité. Son élève Périclès, grâce à son influence, obtint sa liberté et Anaxagore quitta Athènes pour toujours.

En astronomie, Anaxagore pensait que la lune recevait sa lumière du soleil et il a donné des explications suffisantes aux phénomènes des éclipses solaires et lunaires.

Œnopide de Chio, plus jeune qu'Anaxagore, fut avant tout un astronome dont les travaux géométriques semblent avoir été poursuivis dans le but de fournir des éléments de solution aux problèmes astronomiques. Proclus attribuait à Œnopide la proposition 12 du livre I: «Tracer une perpendiculaire à une droite donnée à partir d'un point pris hors de cette droite», et Eudème, cité par Proclus, attribuait à Œnopide la découverte du problème relatif à la proposition 23 du livre I: «Sur une droite donnée, et en un point donné sur cette droite, construire un angle égal à un angle donné.»

Démocrite (vers 460-370 av. J.-C.), né à Abdère, est surtout connu pour sa théorie matérialiste des atomes, mais il semble qu'il avait touché à tous les sujets d'étude de son époque. On rapporte qu'il a beaucoup voyagé (à Athènes, en Égypte, en Mésopotamie et probablement en Inde et en Éthiopie) et qu'il était indifférent aux honneurs qu'on lui manifestait.

1. Sir Thomas Heath, *A Manual of Greek Mathematics*, New York, Dover, 1963, p. 112.

Démocrite a écrit plusieurs ouvrages mathématiques, tous disparus; seuls les titres nous sont connus partiellement: *Nombres, Sur la géométrie, Sur les tangentes, Sur les irrationnels.* Il a aussi écrit sur l'éthique et la poésie.

Sa doctrine physique de l'atomisme sert de base à ses conceptions mathématiques. Tous les phénomènes doivent être expliqués, selon Démocrite, en termes d'atomes infiniment petits et de grandeurs variées qui se meuvent dans l'espace vide. La création de l'univers est le résultat d'une ordination et d'une coagulation d'atomes possédant certaines ressemblances. Cette théorie des atomes durs impénétrables avait été proposée antérieurement par Leucippe; d'ailleurs de nombreux auteurs l'on accusé de plagier, entre autres Pythagore et Anaxagore.

Les problèmes mathématiques qui intéressaient Démocrite contenaient en quelque sorte des difficultés de nature infinitésimale et il semble bien que le précurseur de l'atomisme moderne concevait un solide comme étant constitué d'une somme en nombre infini de couches planes parallèles les unes par rapport aux autres, infiniment minces et infiniment rapprochées. Cette dernière idée fut utilisée par Archimède dans son *Traité de la méthode.* Cette conception infinitésimale a pu servir à Démocrite pour découvrir que le volume d'une pyramide est le tiers de celui du prisme ayant la même base et la même hauteur. Cependant, selon Archimède, Démocrite fut le premier à énoncer ce résultat sans toutefois le démontrer rigoureusement.

Hippias d'Élis, le célèbre sophiste, fut probablement un contemporain de Socrate, étant né vers 460 av. J.-C. On lui reconnaît seulement la découverte de la «quadratrice», courbe spéciale utilisée pour résoudre le problème de la trisection d'un angle et pour tenter de solutionner la quadrature du cercle.

Hippias d'Élis (ce nom d'Hippias est très répandu en Grèce) se vantait d'avoir gagné beaucoup plus d'argent que les deux autres sophistes de ce nom, de posséder une mémoire remarquable et d'avoir acquis une connaissance considérable, en plus d'être un technicien de talent. On retrouve ces informations sur Hippias d'Élis dans les dialogues de Platon, en particulier dans *Le petit Hippias, Le grand Hippias, Protagoras* (nom d'un autre sophiste).

Disons quelques mots des sophistes, d'un terme grec qui, à l'origine, signifiait philosophe et sage et, plus spécifiquement, l'homme expert dans un art ou dans une discipline et qui se propose de l'enseigner aux autres. Mais, au sein d'une démocratie où l'art de la parole finit, tôt ou tard, par prendre le pas sur tous les autres et par dispenser même de la vérité, cette ancienne «sophistique» se mua bientôt en une «rhétorique», agent de persuasion, comme dit Platon, capable de convaincre la multitude, par la parole et la flatterie plus efficacement même que l'homme de métier qui sait, lui, ce dont il traite. Finalement, mue, comme le dit Platon, non par l'amour de la vérité, mais par l'amour du succès et du gain et devenue un art d'illusion, la sophistique se réduit à l'art de paraître sage sans l'être.

Les sophistes sont de fait des enseignants professionnels qui recevaient des émoluments pour leurs fonctions de précepteurs et aussi pour l'art de faire apparaître le beau à partir de tout. Cependant, malgré la pertinence des critiques envers les sophistes (Platon est très sévère à leur égard), ceux-ci possédaient généralement une excellente formation qui leur permettait d'apporter des contributions valables au domaine de la connaissance.

Hippocrate de Chio (distinct d'Hippocrate de Cos, le célèbre médecin et fondateur de la médecine) a quitté très tôt son île natale de Chio pour Athènes, vers 430 av. J.-C. Pourquoi s'est-il rendu à Athènes et comment fut-il amené à y demeurer? De nombreuses histoires, toutes aussi vraisemblables, nous expliquent cette situation; cependant, l'important est qu'il ait réussi à devenir un mathématicien de talent. Il est fameux en géométrie pour les raisons suivantes:

1) Il fut le premier, semble-t-il à compiler un livre des *Éléments.*

2) Dans sa tentative d'établir la quadrature du cercle, il a montré comment réaliser la quadrature de certaines classes de lunules.

3) Il fut le premier à observer que le problème de la duplication du cube se ramène au problème de trouver deux moyennes proportionnelles en proportion continue entre deux droites données, ce qui occasionna plus tard la résolution de la duplication en termes de moyennes proportionnelles.

Nous avons conservé, à l'exclusion de tout autre document, un fragment (provenant d'Eudème) qui décrit une portion des travaux d'Hippocrate sur la quadrature des lunules. Une lunule est une figure limitée par deux arcs circulaires de rayons inégaux. Dans les *Commentaires* de Simplicius, excellent commentateur d'Aristote du VIe siècle apr. J.-C., nous sommes en mesure, pour ce qui a trait à ce fragment, copié par Simplicius, de distinguer entre le texte original et les commentaires.

Le premier théorème énonce que «des segments circulaires semblables sont dans le même rapport que les carrés sur leurs bases». Ce théorème représente la première quadrature d'une surface curviligne effectuée rigoureusement dans l'histoire des mathématiques. Les Égyptiens ont, selon certains auteurs, trouvé l'aire d'un demi-cylindre et d'une hémisphère de façon empirique.

Figure 1

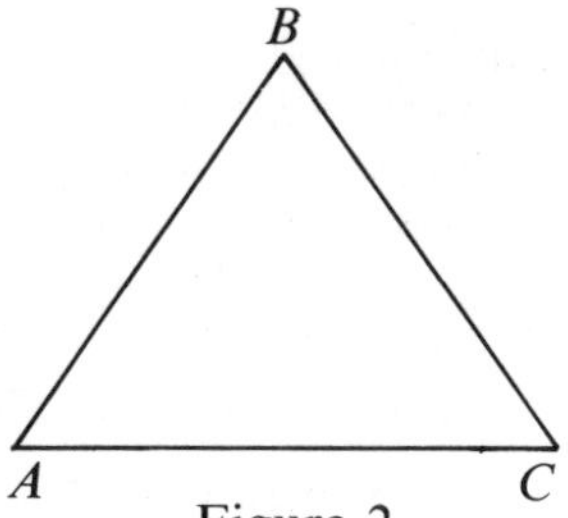

Figure 2

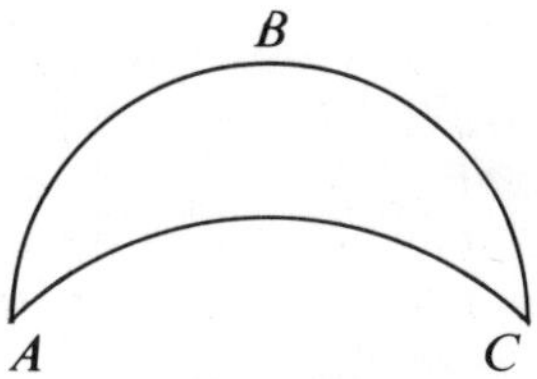

Figure 3

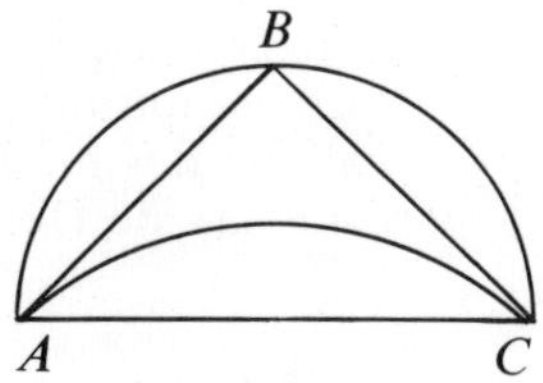

Figure 4

La démonstration d'Hippocrate est la suivante: On trace un demi-cercle sur la diagonale AC du carré $ABCD$ et, sur l'extrémité opposée de B, on mène un rayon qui trace l'arc AC. Les segments circulaires AB et AC sont semblables et, puisque des figures semblables sont entre elles comme les carrés sur leurs bases; nous avons:

$$\frac{\text{segment } AB}{\text{segment } AC} = \frac{AB^2}{AC^2}.$$

Mais AC est la diagonale du carré; par conséquent, le rapport $\frac{AB^2}{AC^2}$ est égal à $\frac{1}{2}$, d'où le segment AC vaut la somme des segments AB et BC. De plus, si l'on enlève du demi-cercle ABC ou les segments AB et BC, ou le segment AC, on enlève de fait la même aire. Or, dans le premier cas, on reste avec le triangle ABC (fig. 2), dans le deuxième cas, on reste avec la lunule de la figure 3. Donc l'aire du triangle ABC égale l'aire de la lunule de la figure 3. La quadrature de la lunule est ainsi réalisée.

La deuxième quadrature d'Hippocrate porte sur une lunule dont la circonférence extérieure est plus grande que le demi-cercle (elle est circonscrite à un trapèze), tandis que la troisième porte sur une lunule dont la circonférence extérieure est plus petite que le demi-cercle. Une quatrième contient l'union d'une lunule et d'un cercle.

Suivant l'opinion de Boyer[1], les quadratures d'Hippocrate sont significatives surtout comme indication du niveau mathématique atteint par les Grecs à cette époque. On arrivait, en particulier, à transformer un rectangle de côtés a et b en un carré en cherchant la moyenne géométrique de a et b. Il était tout naturel pour les Grecs de chercher à généraliser ce problème et d'inclure deux moyennes entre deux grandeurs a et b. Ainsi, étant donné deux segments de droites a et b, ils cherchaient à construire deux autres segments x et y tels que $\frac{a}{x} = \frac{x}{y} = \frac{y}{b}$. Hippocrate a pu voir, dans ce type de problème, la relation qui lui a permis de ramener la duplication du cube à une recherche de moyennes. En effet, si $b = 2a$, la proportion continue devient $\frac{a}{x} = \frac{x}{y} = \frac{y}{2a}$ et l'élimination de y dans $\frac{a}{x} = \frac{x}{y}$ donne $y = \frac{x^2}{a}$, d'où

$$\frac{ax}{x^2} = \frac{x^2}{2a^2},$$

ce qui conduit au résultat $x^3 = 2a^3$ (relation algébrique exprimant la duplication du cube).

Théodore de Cyrène est considéré par Proclus comme un géomètre célèbre qui aurait été le professeur de Platon. Platon, qui parle de lui dans son dialogue *Théétète*, mentionne que Théodore expliquait, avec des figures représentant des racines, que $\sqrt{3}$, $\sqrt{5}$, ..., $\sqrt{17}$ n'étaient pas commensurables avec l'unité. On ne sait pas comment Théodore prouvait l'incommensurabilité de $\sqrt{3}$, $\sqrt{5}$, ..., $\sqrt{17}$ avec 1, mais il semble ne pas avoir utilisé une méthode générale. Théodore s'est distingué non seu-

1. Carl B. Boyer, *A History of Mathematics*, New York, Wiley, 1968, p. 74.

lement dans la géométrie mais aussi en astronomie, en arithmétique et en musique.

Théétète d'Athènes nous est aussi connu par le dialogue de Platon qui porte son nom. Il combattit dans les rangs athéniens vers 369 av. J.-C. et Platon raconte qu'il fut ramené chez lui blessé et souffrant de dysenterie dont les suites furent mortelles. Le dialogue, dédié à la mémoire du jeune héros, rapporte une conversation entre Socrate, Théodore et Théétète au moment où Théétète est jeune, alors que le dialogue fut probablement écrit trente ans après. Théétète connaissait les travaux de Théodore sur les irrationnels $\sqrt{3}$, $\sqrt{5}$, ..., $\sqrt{17}$ et, partant de là, il conçut l'idée, dit-il, de généraliser toutes ces quantités irrationnelles en une théorie. Il classifia tous les segments de lignes qui produisent des carrés commensurables en distinguant ceux qui sont commensurables et ceux qui sont incommensurables.

On peut raisonnablement affirmer que les fondements de la théorie des irrationnels, contenus dans le livre X d'Euclide, proviennent de Théétète qui contribua aussi beaucoup au livre XIII en ce qui regarde la construction des cinq polyèdres réguliers.

Archytas de Tarente, un pythagoricien, ami de Platon qu'il délivra de Denys, tyran de Syracuse, a vécu dans la première moitié du IVe siècle. Homme d'État et philosophe, il fut général des forces de sa cité pour une période de sept annnées alors que la loi stipulait un mandat d'un an seulement.

Archytas a continué la tradition pythagoricienne en plaçant l'arithmétique au-dessus de la géométrie, tout en manifestant un enthousiasme pour les nombres, dénués en bonne partie du caractère religieux et mystique que Pythagore avait voulu leur donner. On dit qu'il a écrit le premier traité systématique sur la mécanique basé sur les principes mathématiques.

Archytas a contribué de façon originale à l'avancement des mathématiques grecques. Au moyen d'une construction spatiale ingénieuse, il obtint une solution au problème de la duplication du cube à partir de l'intersection de trois surfaces construites dans l'espace à trois dimensions. Il a développé des théorèmes sur les proportionnalités numériques et sur des inégalités concernant les trois moyennes, le tout appliqué à sa théorie de la musique. Le livre VIII des *Éléments,* qui porte sur la théorie arithmétique des proportions continues et sur les nombres semblables (nombres plans, carrés, cubes), provient en substance de ses travaux.

Durant la période qui sépare Pythagore de Platon, on peut reconnaître six problèmes importants traités par les Grecs:

1) la fondation systématique de la géométrie plane: théorie des parallèles, somme des angles dans un triangle, aires polygonales, théorème de Pythagore, polygones réguliers, théorie pythagoricienne des proportions;
2) le développement de la théorie des nombres telle qu'elle est exposée dans le livre VII des *Éléments*;
3) la détermination des aires de cercles à partir de la quadrature des lunules d'Hippocrate comme base géométrique;
4) la duplication du cube, la trisection d'un angle;
5) la formulation du problème des irrationnels;
6) la validité des méthodes infinitésimales à partir des travaux de Démocrite et des sophistes.

EN BREF

Thalès de Milet mis à profit les connaissances acquises par les civilisations antérieures en posant les rudiments d'une géométrie nouvelle. Avec les pythagoriciens, la géométrie devient une science par elle-même, constituée de principes et de définitions sur lesquels ils ont édifié un début de système logique. Les pythagoriciens ont inventé:

1) la théorie des nombres;
2) la méthode d'application des aires;
3) une théorie des proportions applicable aux grandeurs commensurables;
4) trois des cinq solides réguliers.

Ils ont aussi découvert l'existence des incommensurables et institué la musique comme science mathématique. Après Pythagore, les travaux mathématiques sont orientés en bonne partie vers l'édification des *Éléments* d'Euclide. En particulier, Hippocrate de Chio fut le premier, semble-t-il, à compiler un livre des *Éléments*. Il a réalisé, de plus, les premières quadratures de figures curvilignes. Les quadratures d'Hippocrate sont importantes surtout sur le plan du niveau mathématique atteint par les Grecs à cette époque. L'étude des irrationnels est poursuivie par Théodore de Cyrène et Théétète, alors qu'Archytas obtint une solution au problème de la duplication du cube et élabora le livre III des *Éléments*.

BIBLIOGRAPHIE

AABOE, Asger. *Episods from the Early History of Mathematics.* New York, Random House, 1964, p. 35-44.

BECKER, O. et J.E. HOFMANN. *Histoire des mathématiques.* Trad. de R. Jouan, Paris, Lamarre, 1956, p. 45-66.

BOYER. Carl B. *A History of Mathematics.* New York, John Wiley & Sons, 1968, p. 48-90.

COOLIDGE, Julian Lowell. *A History of Geometrical Methods.* New York, Dover, 1963, p. 24-37.

DEDRON. Pierre et Jean ITARD. *Mathématiques et mathématiciens.* Paris, Magnard, 1959, p. 23-50.

DEHN, Max. «Mathematics, 600 B.C. — 400 B.C.» *The American Mathematical Monthly, 50* (1943): 357-360.

DEHN, Max. «Mathematics, 400 B.C. — 300 B.C.» *The American Mathematical Monthly, 50* (1943): 411-414.

DEHN, Max. «Mathematics, 300 B.C. — 200 B.C.» *The American Mathematical Monthly, 51* (1944): 25-31.

EVES, Howard. *An Introduction to the History of Mathematics.* 3rd ed., New York, Holt, Rinehart and Winston, 1969, p. 49-76.

HEATH, Sir Thomas L. *A Manual of Greek Mathematics.* New York, Dover, 1963, p. 14-19, 36-138.

HEATH, Sir Thomas L. «Greek Mathematics and Astronomy». *Scripta Mathematica, 5* (1939): 215-226.

HEATH, Sir Thomas L. «Greek Mathematics and Science». *The Mathematical Gazette, 32* (1958): 120-133.

HELM, Eugene. «The Vibrating String of the Pythagoreans». *Scientific American, 217,* p. 93-95.

HOFMANN, J.E. *The History of Mathematics.* New York, The Philosophical Library, 1957, p. 13-19.

NATIONAL COUNCIL OF TEACHERS OF MATHEMATICS (The). *Historical Topics for the Mathematics Classroom.* 31st Yearbook, Washington, D.C., N.C.T.M., 1969, p. 42-43. 51-60, 66-68, 70-72, 96, 170-174, 192-193, 237.

NEUGEBAUER, Otto. *The Exact Sciences in Antiquity.* 2nd ed., New York, Dover, 1969, p. 145-152.

SMITH, David E. *Number Stories of Long Ago.* Washington, D.C., N.C.T.M., 1919, p. 23-27.

STRUIK, Dirk J. *A Concise History of Mathematics.* 3rd ed., New York, Dover, 1967, p. 37-50.

THOMAS, Yvor. «Greek Mathematics» in *The World of Mathematics,* J.R. Thomas, ed. Vol. I, New York, Simon and Schuster, 1956, p. 189-192.

EXERCICES

1. En quoi la nature des sources de la civilisation grecque diffère-t-elle de celle des sources de la civilisation babylonienne?

2. Exprimer les nombres suivants: 24 — 628 — 2 493 — 12 028
a) dans le système attique;
b) dans le système ionique.

3. Quelles sont les principales caractéristiques de la philosophie pythagoricienne du nombre?

4. Montrer que 1 184 et 1 210 sont des nombres amicaux.

5. Montrer, à partir du nombre parfait 496, que la somme des réciproques de tous les diviseurs d'un nombre parfait est 2.

6. Trouver les 21 nombres abondants inférieurs à 100. Que pouvez-vous supposer selon la nature des nombres trouvés? Croyez-vous que le nombre 945 satisfait à la supposition que vous avez faite?

7. Un nombre *oblong* est un nombre représenté par une forme rectangulaire et dont le nombre de colonnes dépasse le nombre de lignes de une unité. Montrer géométriquement que la somme des n premiers entiers positifs pairs est un nombre oblong.

8. Prouver que si trois nombres a, b, c dans l'ordre sont en progression arithmétique et que si A, B, C sont les réciproques respectifs, alors B est la moyenne harmonique de A et C.

9. Montrer géométriquement que 8 fois un nombre triangulaire plus 1 est un nombre carré.

10. Montrer qu'il n'existe aucun triangle isocèle rectangle dont les côtés sont des entiers positifs.

11. Prouver que si p est un nombre premier, alors $\sqrt{p}$ est irrationnel.

12. Prouver que $\log_{10}2$ est irrationnel.

13. Montrer géométriquement qu'un nombre oblong est la somme de deux nombres triangulaires égaux.

14. Prouver que si a, b, c dans l'ordre sont en progression harmonique, alors $\frac{a}{b+c}$, $\frac{b}{c+a}$, $\frac{c}{a+b}$ sont aussi en progression harmonique.

CHAPITRE

de platon à euclide

PLATON

Platon avait vingt ans lorsqu'il connut le maître qui décida de sa vocation philosophique et de sa vie même, Socrate le maître entre tous. Né à Athènes, dans une famille riche et noble, vers 427 av. J.-C. — au moment où mourait Périclès, le grand législateur — celui qu'on surnomma Platon en raison de la largeur de ses épaules reçut une éducation soignée. Après avoir vécu huit ans dans l'intimité de Socrate, il se retira d'abord à Mégare, au moment où Socrate fut condamné par ses concitoyens à boire la ciguë (vers 399)[1], puis il entreprit de longs voyages en Orient, en Égypte et en Grande Grèce. Il revint à Athènes en 377, après avoir été racheté de l'esclavage par un de ses amis, et il y fonda une école de philosophie, l'Académie, qui était tout à la fois lieu de promenade et de réunion, bibliothèque et habitation. Platon enseigna sans discontinuer à l'Académie pendant quarante ans, et seule la mort, survenue en 348 av. J.-C., l'en sépara de corps, puisque sa tradition et son esprit furent maintenus ininterrompus jusqu'au VIe siècle apr. J.-C.

L'œuvre de Platon nous est parvenue presque entièrement: 43 écrits, dont 30 sont d'une authenticité certaine. Steele[2] mentionne qu'il existe au moins 121 passages, répartis dans 25 dialogues, où Platon se réfère aux mathématiques; les dialogues les plus souvent cités, en ce qui a trait aux mathématiques, sont: *La République*, *Phédon*, *Timée*, *Théétète* et *Épinomis*.

1. Le chef d'accusation que le demandeur s'engageait à prouver comportait deux griefs: Socrate est coupable de ne pas croire aux dieux reconnus de la cité; et il est coupable de corrompre la jeunesse. Peine demandée: la mort.
2. Domhnall A. Steele, «A Mathematical Reappraisal of the Corpus Platonicum», *Scripta Mathematica*, 7 (1942): 174.

L'influence de Socrate dans le développement des mathématiques est plutôt négligeable. Cependant, son élève Platon inspirera tout le IVe siècle, car les grands mathématiciens de cette époque sont associés à son Académie, qui sera le centre et le guide des activités mathématiques jusqu'à l'avènement de l'École d'Alexandrie. Il semble que la conversion de Platon aux mathématiques vienne de son amitié avec Archytas de Tarente, le célèbre mathématicien de la Grande Grèce.

Les principaux passages mathématiques de Platon sont dispersés, çà et là, parmi ses dialogues et portent sur plusieurs aspects aussi variés que la théorie des nombres, les figures cosmiques (appelées aussi figures platoniques), la stéréométrie, les fondements des mathématiques et l'axiomatique.

Le *Timée* contient les idées de Platon sur les polyèdres réguliers:

«*Voici pour commencer la forme qui vient en premier et qui est la plus petite par sa constitution: elle a pour élément le triangle dont l'hypoténuse a une longueur double du plus petit côté. Deux triangles de cette sorte étant juxtaposés par leur hypoténuse, et trois de ces figures étant rassem-*

blées de manière que les hypoténuses et les petits côtés concourent en un même point comme en un centre, il se forme un triangle équilatéral unique à partir des triangles élémentaires au nombre de six[1]. *De ces triangles équilatéraux si l'on réunit quatre, avec chaque groupe de trois angles plans on forme un angle solide qui fait immédiatement suite à l'angle plan le plus obtus*[2]*; avec quatre de ces angles ainsi formés se trouve constituée la première forme solide, qui a la propriété de diviser la sphère où elle est inscrite en parties égales et semblables*[3]. *La deuxième est constituée des mêmes triangles élémentaires, qui s'unissent en huit triangles équilatéraux pour former avec quatre angles plans un angle solide; il se forme six de ces angles, et le deuxième corps arrive ainsi à son accomplissement*[4]. *Le troisième est fait de l'assemblage de cent vingt éléments; il est formé de douze angles solides, délimités chacun par cinq plans qui sont des triangles équilatéraux, et il a vingt bases qui sont des triangles équilatéraux*[5]. *Et le premier élément fut quitte de sa tâche après avoir engendré ces corps; et ce fut au triangle isocèle d'engendrer la nature du quatrième: de tels triangles, se réunissent par quatre, faisant coïncider en un centre les sommets de leurs angles droits*[6], *réalisèrent par chacun de ces groupements un quadrilatère équilatéral: six figures de cette sorte, par leur assemblage, aboutissent à former huit angles solides, composés chacun de trois angles plans qui sont droits; la figure du corps ainsi constituée fut celle du cube, qui a pour bases six surfaces quadrangulaires équilatérales*[1]. *Il restait encore une combinaison, la cinquième, c'est à l'Univers que le dieu en fit application pour en dessiner l'épure*[2].»

1. La figure géométrique obtenue est:

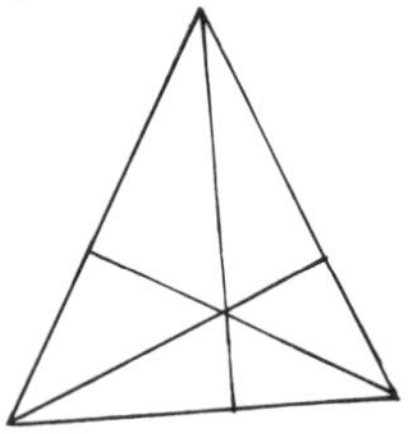

2. L'angle solide délimité par trois angles de 60° vaut ici 2 droits et 2 droits équivalent à la limite de l'angle le plus obtus; il se confond alors avec la droite.
3. La tétraèdre régulier; il a 4 faces triangulaires équilatérales et 4 sommets réunissant chacun 3 angles de 60°. Comme tous les solides réguliers, il est inscriptible dans la sphère.
4. L'octaèdre régulier: 8 faces, 6 sommets, réunissant ainsi 4 angles de 60°.
5. L'icosaèdre régulier: 20 faces, 12 sommets, réunissant chacun 5 angles de 60°.
6. Cf. la figure ci-contre:

Platon applique ainsi les solides réguliers à l'explication des phénomènes scientifiques. Dans le *Parménide*, on trouve la proposition: «Si $a > b$, alors $\frac{a+b}{b+b} < \frac{a}{b}$.» Partant des nombres, Platon fait l'observation, dans le *Timée*, que, entre deux nombres plans, une moyenne suffit, mais que, pour unir deux nombres solides, deux moyennes sont nécessaires. Ceci revient à dire: entre a^2 et b^2, ab est une moyenne géométrique, alors que, entre a^3 et b^3, a^2b et ab^2 sont deux moyennes géométriques telles que $\frac{a^3}{a^2b} = \frac{ab^2}{b^3}$. Dans *La République*, de nombreux passages nous font penser que Platon pourrait être celui qui a distingué clairement entre l'arithmétique (dans le sens de la théorie des nombres) et la logistique (ou l'art de compter). Selon Platon, les seules constructions permises en géométrie sont celles qui sont effectuées à l'aide de la règle ou du compas seulement, car elles permettent d'assurer la symétrie des configurations, alors que l'introduction d'instruments autres que la règle et le compas ne peuvent assurer en tout temps la symétrie des figures construites.

On attribue aussi à Platon l'introduction de la méthode analytique (l'analyse) dans la démonstration mathématique; il discuta aussi sur les fondements des mathématiques, clarifiant certaines définitions et réorganisant les postulats. Il a mis en évidence, au sujet de la géométrie, le fait que le raisonnement ne se réfère pas aux figures visibles et concrètes, mais aux idées qu'elles représentent. En arithmétique, il distingua non seulement entre nombres pairs et impairs, mais aussi entre pair × pair, impair × impair, pair × impair.

Bien que l'unanimité ne soit pas chose faite en ce qui regarde le rôle de Platon dans l'histoire des

1. Le cube a 6 faces, 8 sommets, réunissant chacun 3 angles droits.
2. Le dodécaèdre, le cinquième, est celui qui s'approche le plus de l'Univers et ne saurait entrer dans la structure des corps premiers, ses faces étant des pentagones, irréductibles aux triangles élémentaires ici envisagés.

mathématiques, il n'en demeure pas moins que peu de gens refusent d'admettre l'impact provoqué par le célèbre élève de Socrate sur le développement des mathématiques de son temps.

Dans son bilan sur les progrès des *Éléments* pour la période qui va de Platon à Euclide, Proclus affirme ce qui suit: «Plus jeunes que Léodamas, Néoclide et son élève Léon ont ajouté plusieurs choses à ce qui était connu avant leur époque, de telle manière que Léon fut en mesure d'établir une collection des *Éléments* mieux structurée en regard du nombre de propositions prouvées et de leur utilité; en plus il inventa les diorismes, dont l'objet est de déterminer quand le problème est susceptible d'être résolu et quand il est impossible.» Nous ne savons rien de plus sur Néoclide et Léon, si ce n'est que leurs contributions représentent un pas en avant vers la fixation de la terminologie des mathématiques.

Le sommaire de Proclus continue comme suit: «Eudoxe de Cnide, plus jeune que Léon, qui fut associé avec l'école de Platon, fut le premier à enrichir le nombre de théorèmes généraux; il ajouta aussi trois proportions aux trois connues précédemment et multiplia les théorèmes, dont l'origine remonte à Platon, sur les sections, appliquant la méthode d'analyse à ces théorèmes.

Amyntas d'Héraclée, un des amis de Platon, Menechme, élève d'Eudoxe qui a aussi étudié avec Platon, et Dinostrate, son frère, ont rendu toute la géométrie encore plus parfaite...»

EUDOXE

Eudoxe de Cnide (vers 408 – vers 355 av. J.-C.) fameux mathématicien et géomètre fut aussi médecin, géographe, astronome, orateur et philosophe. Il a étudié les mathématiques avec Archytas à Tarente et la médecine avec Philistium en Sicile. Dans sa vingt-troisième année, il se rendit à Athènes pour apprendre la philosophie et la rhétorique. Il retourna à Cnide, puis entreprit un voyage de presque deux années en Égypte où il assimila, dit-on, l'astronomie égyptienne et fit des observations astronomiques. De retour à Athènes, vers 365, accompagné de ses élèves, il possédait déjà une réputation fort respectable. Platon et Eudoxe se sont rencontrés souvent à l'occasion de débats, échangeant des idées sur plusieurs sujets dans une atmosphère de respect mutuel.

Platon (vers 427-348 av. J.-C.).

Nos sources relatives aux travaux d'Eudoxe sont plutôt pauvres et incertaines. Cependant, on accepte généralement les contributions attribuées à Eudoxe par les commentateurs, sans toutefois en avoir la certitude objective, étant donné la rareté des documents originaux.

Proclus dit qu'Eudoxe a augmenté le nombre des théorèmes généraux de géométrie. Peut-on attribuer à Eudoxe les propositions du livre V des *Éléments* qui portent sur les grandeurs générales et leurs rapports, lesquelles s'appliquent tout aussi bien aux segments de droite, aux aires, aux angles, etc.? Nous pouvons seulement le supposer, de même que lorsque Proclus dit qu'Eudoxe a ajouté trois proportions aux trois déjà connues et qu'il a multiplié les théorèmes sur les sections, en appliquant la méthode d'analyse. La «section» est généralement connue comme étant la division d'une ligne droite en rapports extrême et moyen (section d'or)[1], et l'on retrouve l'application de la section d'or particulièrement dans le livre XIII, propositions 1 à 6. Il serait donc possible qu'Eudoxe ait contribué à des théorèmes sur la section contenus dans les *Éléments*.

1. Soit la ligne droite AB de longueur y et P un point sur cette droite avec $AP = x$; la droite est divisée en rapports extrême et moyen si elle vérifie l'égalité $\frac{y}{x} = \frac{x}{y-x}$

Mais les deux contributions majeures d'Eudoxe, qui l'ont rendu célèbre et qui surpassent tout ce qu'il avait fait auparavant, sont:
1) la théorie des proportions exposée au livre V des *Éléments;*
2) la méthode d'exhaustion.

La découverte des incommensurables chez les Grecs a dû causer un scandale, parce qu'elle annihilait tous les efforts antérieurs pour énoncer une théorie des proportions compatible avec les grandeurs générales. Deux quantités, telles que la diagonale et le côté d'un carré, sont incommensurables lorsqu'il n'existe pas de rapport tel que, entre deux nombres entiers, il y ait une commune mesure. Comment alors comparer des rapports de quantités incommensurables? La réponse viendra d'Eudoxe, sous la forme d'une théorie applicable aussi bien aux grandeurs commensurables qu'aux grandeurs incommensurables. Précédée de quatre définitions portant sur la nature des rapports et sur les grandeurs ayant un rapport entre elles, la célèbre formulation d'Eudoxe au sujet de l'égalité de rapports est donnée dans la définition 5 du livre V des *Éléments* d'Euclide:

«*Des grandeurs sont dans le même rapport, la première à la deuxième et la troisième à la quatrième, quand, de tout équimultiple de la première et de la troisième quel qu'il soit, et de tout équimultiple de la deuxième et de la quatrième quel qu'il soit, les premiers équimultiples sont excédents, sont égaux, ou sont plus petits que les derniers équimultiples considérés en ordre correspondant.*»

Ainsi $\frac{x}{z} = \frac{m}{n}$ si et seulement si, étant donné a et b entiers, toutes les fois que $ax < bz$, alors $am < bn$, ou si $ax = bz$, alors $am = bn$, ou si $ax > bz$ alors, $am > bn$. Cette définition offre l'avantage d'être applicable, non seulement aux nombres, mais aussi à des éléments géométriques comme le rapport de sphères peut être égal à un rapport de cubes. Il est intéressant de noter que cette définition correspond en substance à la notion de «coupure» de Dedekind, qui sera énoncée au XIXe siècle seulement.

La proposition 2 du livre XII des *Éléments* énonce que «les cercles sont entre eux comme les carrés de leurs diamètres». La démonstration qui suit cet énoncé utilise intégralement une preuve indirecte, basée sur le fait qu'on peut inscrire et circonscrire aux cercles des polygones dont le nombre de côtés peut augmenter autant de fois que l'on veut, de telle manière qu'il restera toujours une différence déterminée entre l'aire du polygone et l'aire du cercle.

Les prédécesseurs du célèbre Eudoxe ont tenté, semble-t-il, de comparer des configurations curvilignes avec des configurations rectilignes en suggérant d'inscrire et de circonscrire des figures rectilignes à l'intérieur et à l'extérieur des figures curvilignes, tout en augmentant indéfiniment le nombre des lignes polygonales. Cependant, malgré les travaux d'Hippocrate de Chio sur la quadrature des lunules, reposant en substance sur le contenu de la proposition 2 mentionnée ci-dessus, personne avant Eudoxe, n'a pu élaborer une argumentation logique valable qui est d'ailleurs inhérente au concept de limite inconnu à cette époque.

Selon Archimède, ce fut Eudoxe qui formula le lemme (lemme d'Archimède), appelé aussi *axiome de continuité*, sur lequel repose la méthode d'exhaustion (expression moderne de la méthode de Eudoxe) et dont l'énoncé est: «Étant donné deux grandeurs ayant un rapport, on peut trouver un multiple de l'une ou l'autre qui excède l'autre.» Par l'utilisation de cet axiome, on arrive, étape par étape, grâce à la méthode de réduction à l'absurde, à prouver la proposition suivante qui est la pierre angulaire de la méthode d'exhaustion:

«Si de toute grandeur on lui soustrait une partie supérieure ou égale à sa moitié, et si du reste on lui soustrait une partie supérieure ou égale à sa moitié, et si l'on continue ce procédé de subdivision, il restera une grandeur plus petite que toute grandeur donnée de la même expèce.» Cette proposition est équivalente à l'énoncé $\lim_{n \to \infty} G\,(1 - r)^n = 0$ où G est la grandeur initiale, r le rapport tel que $\frac{1}{2} \leqslant r < 1$ et n le nombre de subdivisions effectuées.

Les Grecs ont utilisé cette méthode d'exhaustion, équivalente à notre intégration moderne des aires, pour démontrer des théorèmes sur les aires et les volumes de figures curvilignes. A juste titre, Eudoxe est le premier mathématicien connu qui a utilisé un algorithme efficace dans le calcul intégral.

Eudoxe, considéré parfois comme le père de l'astronomie scientifique, a élaboré une hypothèse élégante des sphères concentriques, afin d'expliquer les mouvements apparents du soleil, de la lune, et des cinq planètes connues à son époque. Dans cette hypothèse, les mouvements décrits sont des mouvements circulaires uniformes. L'influence d'Eudoxe se fait sentir non seulement par ses travaux mais aussi à travers ses élèves parmi lesquels les frères Menechme et Dinostrate furent probablement les plus éminents.

MENECHME

Menechme, élève d'Eudoxe, a acquis une renommée comme astronome et comme géomètre. Selon Proclus, il augmenta le nombre de sphères dans les théories planétaires d'Eudoxe et de Gallippe. Il a écrit sur la géométrie (discussion des fondements de la géométrie), sur la signification du mot élément et sur la différence entre les théorèmes et les problèmes. On rapporte que le grand conquérant grec Alexandre le Grand lui demanda un jour s'il existait un raccourci vers la géométrie et qu'il aurait répondu: «O roi, pour les voyageurs qui parcourent le pays, il existe des chemins royaux et des chemins pour les gens du peuple, mais en géométrie il n'existe qu'une seule voie.» (La même anecdote est aussi rapportée avec Euclide et Ptolémée comme protagonistes.)

La plus importante contribution de Menechme fut la découverte des «sections coniques», ce qui lui a permis de résoudre le problème des oracles de Délos. En effet, si Hippocrate a réduit le problème de la duplication du cube à celui de la recherche de deux moyennes proportionnelles entre deux droites a et b, c'est-à-dire $\frac{a}{x} = \frac{x}{y} = \frac{y}{b}$, Menechme découvre les propriétés de la parabole et de l'hyperbole qui correspondent, en coordonnées cartésiennes, aux relations résultant de la proportion continue: $x^2 = ay$, $y^2 = bx$, $xy = ab$. Nous ne savons pas comment Menechme, à partir de la méthode lui permettant d'obtenir les sections coniques, a obtenu les équations $xy = ab$ (hyperbole) et $y^2 = bx$ (parabole) nécessaires pour la résolution de la duplication du cube.

L'obtention des sections coniques provient d'un cône circulaire droit sur lequel on tranche des coupes perpendiculaires à la droite génératrice. Menechme a trouvé que, lorsque le cône qui possède un angle droit au sommet est coupé par un plan perpendiculaire à la droite génératrice, la courbe d'intersection est une parabole. Si l'angle est aigu, la courbe d'intersection est une ellipse. Il a probablement trouvé plusieurs propriétés des sections coniques, y compris les asymptotes à l'hyperbole, mais il n'existe aucun document pour l'attester.

La solution analytique du problème de la duplication du cube est simple: il suffit, pour réaliser la duplication d'un cube de côté a, de localiser sur un cône circulaire droit deux paraboles, l'une avec un latus rectum a et l'autre de $2a$, puis, par translation et rotation, on place les sommets à l'origine d'un système cartésien de coordonnées; le point d'intersection des deux courbes satisfait la proportion continue $\frac{a}{x} = \frac{x}{y} = \frac{y}{2a}$, c'est-à-dire $x = a\sqrt[3]{2}$, $y = a\sqrt[3]{4}$, les coordonnées du point d'intersection. On arrive aussi à le résoudre à l'aide d'une hyperbole rectangulaire ($xy = a^2$) et d'une parabole ($y^2 = \frac{a}{2}x$).

Menechme n'a pas inventé les termes parabole, hyperbole et ellipse qui furent d'ailleurs introduits, pour la première fois, dans l'étude des coniques par Apollonius, de l'École d'Alexandrie.

DINOSTRATE

Dinostrate, frère de Menechme, fut aussi un mathématicien. Alors que Menechme résolut le problème de la duplication du cube, il utilisa avec succès la «quadratrice» (il fut probablement le premier à l'utiliser dans la résolution de la quadrature du cercle). Pappus décrit la construction de cette courbe comme suit:

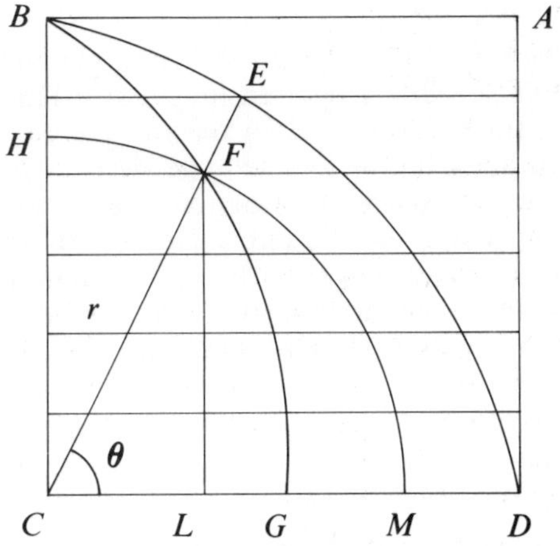

Décrire un arc circulaire BED autour de C dans le carré $ABCD$. La droite CB tourne uniformément autour de C, de façon que B décrive l'arc BED, et la droite BA se meut uniformément vers CD demeurant parallèle à *CD*. Les deux déplacements uniformes se font simultanément de façon que *CB* et *BA* coïncident avec *CD* au même moment. Ces deux droites mobiles s'interceptent dans un point qui décrit la courbe *BFG*. Si *CFE* est une position définie de la droite rotatrice et *F* le point d'intersection, alors, selon la définition, *BC* sera à la perpendiculaire *FL* comme l'arc entier *BED* est à l'arc *ED*.

Le théorème de Dinostrate énonce que «le côté du carré est la moyenne proportionnelle entre le segment *CG* et l'arc *BED*», car $\frac{BD}{BA}=\frac{BA}{CG}$. La preuve est établie par la méthode indirecte qui est caractéristique de la méthode d'exhaustion. On peut se rendre facilement compte de la véracité du théorème si l'on prend la limite de $\frac{r \sin \theta}{BA} = \frac{\theta}{\pi/2}$ lorsque θ tend vers zéro; *r* est la longueur de *CF*, θ l'angle *FCD*, *BA* la longueur du côté du carré. En effet, à la limite, $CG = \frac{2BA}{\pi}$.

D'où, pour réaliser la quadrature, la longueur de l'arc *BED* doit être connue:

$$\text{arc } BED = \frac{\pi BA}{2} = \frac{BA^2}{CG} = \frac{BA^2}{2\ BA/\pi}.$$

La circonférence connue, comment Dinostrate parvient-il à l'aire du cercle? Apparemment il connaissait la proposition, prouvée par Archimède quelques siècles après, que «l'aire d'un cercle est égale à celle d'un triangle dont la base est égale à la circonférence et dont la hauteur égale le rayon», ou toute autre proposition équivalente.

Étant donné l'intersection du point *G* de la quadratrice avec *CD*, par construction géométrique, un segment de droite égal en longueur à l'arc *BED* peut être tracé. En traçant un rectangle avec comme longueur, deux fois la longueur de $\widehat{BED}$ et une fois cette longueur comme largeur, on aura l'aire de ce rectangle égale à l'aire du cercle de rayon une fois la longueur de $\widehat{BED}$. A partir de ce rectangle, on peut construire un carré égal en prenant pour côté de ce carré la moyenne géométrique des côtés du rectangle.

La quadratrice d'Hippias sert aussi à réaliser la trisection d'un angle, il suffit alors de diviser *FL* dans le rapport 1:2 et de comparer alors le rapport des angles et le rapport 1:2.

AUTOLIQUE

La place occupée par **Autolique de Pitane** est importante dans l'histoire des mathématiques, non pas à cause de sa contribution originale peu profonde, mais bien parce que son traité intitulé *Sur les sphères en mouvement* nous est parvenu intégralement. Ce petit traité, utilisé largement par les anciens astronomes, nous indique que la géométrie grecque a atteint un niveau que nous qualifierons de classique. En effet, dans cet ouvrage d'astronomie, écrit probablement dans les années 320 ou 310 av. J.-C., les théorèmes sont clairement énoncés et prouvés. De plus, Autolique utilise souvent des énoncés de théorèmes sans en faire la preuve, ceci étant une indication qu'ils sont bien connus de son époque. On peut généralement conclure, grâce à ce traité conservé et à un autre d'Autolique intitulé *Sur le lever et le coucher des étoiles*, également parvenu en entier jusqu'à nous, qu'il existe à cette époque en Grèce une tradition bien établie sur les manuels de géométrie.

ARISTOTE

Aristote, contemporain d'Autolique, fut élève de Platon et précepteur d'Alexandre le Grand. C'est avant tout un philosophe et un biologiste, mais il est aussi au courant des activités mathématiques de son époque. Il a énoncé des distinctions éclairantes entre les axiomes, les définitions, les hypothèses et les postulats. Pour lui, un axiome est une notion commune universelle, évidente par elle-même, que chacun doit connaître. Par exemple: «Si des quantités égales sont soustraites à des quantités égales, les restes sont égaux» est un axiome pour Aristote. Un postulat est une supposition qui, bien que restreinte à un sujet donné d'une branche particulière, diffère d'un axiome en n'étant pas évidente par elle-même. En ce qui a trait aux définitions, Aristote nous apprend qu'elles n'affirment rien sur l'existence ou la non-existence de la chose définie; elles doivent être compréhensibles. Tout comme Platon, Aristote affirme que les géomètres ne reposent pas leurs conclusions sur une ligne particulière, représentant ce qui fait l'objet de leurs études; ils argumentent sur ce qu'elle représente, et la figure elle-même en est une simple illustration.

Aristote a exposé aussi dans sa *Physique* des notions aussi subtiles que les notions de continuité, d'infini, de divisibilité et de mouvement. La continuité, chez Aristote, est physique et est perçue par les sens. En outre, la continuité ne peut être conçue sans un lien intime entre ses éléments. Aristote nie l'existence de l'infini en acte, mais accepte l'infini potentiel. Selon lui, la subdivision continue d'une quantité est

Aristote (384-322 av. J.-C.).

illimitée, de telle façon que l'illimité existe potentiellement mais n'est jamais atteint actuellement. Enfin, par ses fondements de la logique et par ses fréquentes allusions aux concepts et aux théorèmes mathématiques qu'on retrouve dans ses travaux volumineux, Aristote peut être considéré comme ayant contribué au développement des mathématiques.

EUCLIDE ET L'ÉCOLE D'ALEXANDRIE[1]

Le roi Philippe de Macédoine, profitant des nombreuses querelles entre les différentes cités de la Grèce et de leur incapacité à percevoir clairement le danger qui les menaçait malgré les dénonciations de Démosthène, s'empare de la Grèce en 338 av. J.-C. avec la défaite des Athéniens. Deux années après, Alexandre le Grand succédait à son père Philippe. A la tête d'une puissante armée, il devait conquérir presque entièrement le monde civilisé connu à l'époque. Vers 331, Alexandre entre en Égypte et décide de fonder Alexandrie, le plus magnifique foyer cosmopolite de la culture jamais réalisé qui attira les plus grands savants venus de tous les coins du monde.

L'ancienne cité d'Alexandrie fut érigée, près de l'embouchure du Nil, sur un site qui se prêtait admirablement bien à l'expansion de l'influence hellénique à travers le monde ainsi qu'au retour à la grandeur et à la gloire de l'ancien pays des pharaons. On dit que le choix de l'emplacement, les plans de la nouvelle cité et la politique de colonisation furent guidés par l'ambitieux Alexandre lui-même, et que la construction de la ville fut confiée à l'éminent architecte grec Dinocrate. En peu de temps et grâce surtout à sa localisation privilégiée qui la plaçait à l'intersection naturelle des plus importantes routes commerciales, Alexandrie est devenue le véritable centre mondial de la culture.

La mort d'Alexandre, survenue en 323 av. J.-C., sema la confusion parmi ses généraux mais, après quelques années de tâtonnements, l'empire fut scindé en trois pays distincts et, en 306, la portion égyptienne de l'ancien empire macédonien reçut un nouveau maître en la personne de Ptolémée Ier. Ayant choisi Alexandrie comme sa capitale et charmé par la culture grecque, Ptolémée croyait fermement en la possibilité d'y établir un «musée» (les écoles grecques du type communautaire, celles de Thalès et de Pythagore, dédiées dans le cas des pythagoriciens au culte

Alexandre le Grand (356-323 av. J.-C.).

1. R.E. Langer, «Alexandria — Shrine of Mathematics», *The American Mathematical Monthly, 48* (1941): 109-125.

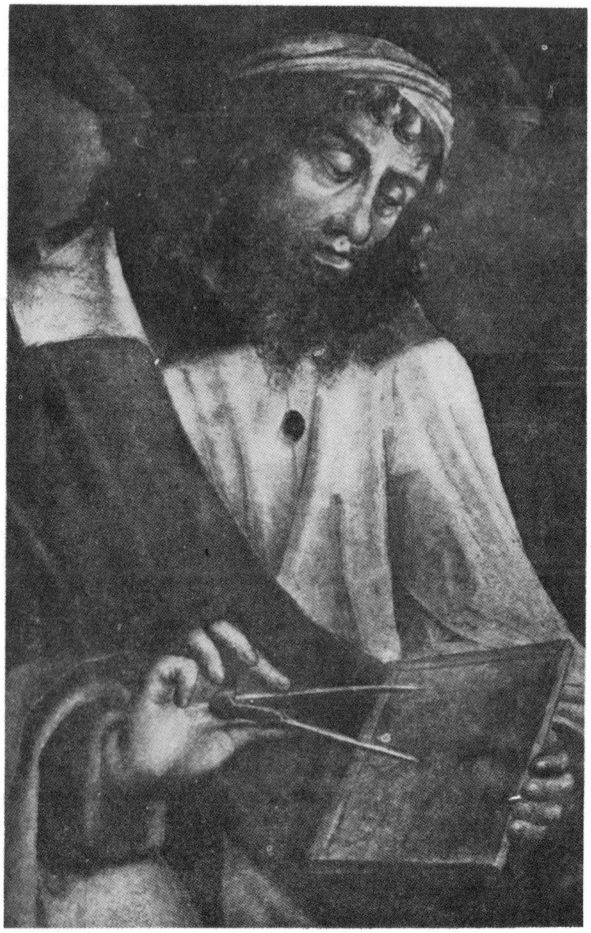

Euclide (IIIe siècle av. J.-C.)
par Juste de Gand (XVe siècle).

des Muses, sont généralement connues sous le nom de musée). Vers 300 av. J.-C., le Musée alexandrin devient une réalité; Ptolémée lui incorpore des salles de lecture, des laboratoires, des jardins, des musées et des endroits de repos.

Incorporée dans le même complexe architectural, une immense bibliothèque fut aménagée dans le but de préserver les documents originaux et de faciliter au public l'accès à la consultation directe d'environ 600 000 papyrus portant sur tous les sujets connus du temps. Ce complexe culturel permettait aux plus grands intellectuels, poètes, philosophes, grammairiens, mathématiciens, astronomes, géographes, médecins, historiens, artistes, copistes, etc., de dispenser la connaissance et de favoriser les moteurs de l'activité intellectuelle créatrice, si bien amorcée par les Grecs.

Euclide. fondateur de l'école de mathématiques de l'Université d'Alexandrie, a probablement reçu sa formation mathématique à l'Académie platonique d'Athènes; malheureusement nous ne connaissons que peu de détails sur sa vie et sa personnalité, même la date et l'endroit de sa naissance nous sont inconnus.

Euclide a écrit de nombreux ouvrages: les *Éléments* en treize livres, les *Données*, la *Division des figures*, les *Phénomènes* et l'*Optique*, qui sont tous arrivés jusqu'à nous. Une *Catoptrique* (géométrie des rayons réfléchis), une *Introduction harmonieuse*, un fragment *Du léger et du lourd*, ouvrages qui nous sont parvenus, portent son nom, mais l'authenticité est douteuse. On connaît une version arabe de son traité sur la *Division des figures* et Pappus signale trois ouvrages sur les *Porismes*, les *Lieux à la surface*, et quatre livres sur les *Coniques;* ces derniers cependant sont tous perdus.

Bien qu'Euclide ait été l'auteur d'au moins dix ouvrages différents, il n'en demeure pas moins que sa réputation repose essentiellement sur ses *Éléments.* Il appert que ce remarquable traité surpassa immédiatement et complètement tous les *Éléments* antérieurs et, dès l'apparition de ses treize livres et durant les siècles qui nous séparent de lui, son influence se fit sentir grandement à travers plus de mille éditions, la première datant de 1482. Pendant deux millénaires, à part la Bible, ce monumental traité fut le plus utilisé et étudié; les *Éléments* ont dominé tout l'enseignement de la géométrie jusqu'à nos jours, en plus d'exercer une énorme influence sur la pensée scientifique.

Contrairement aux idées généralement répandues, les *Éléments* ne sont pas consacrés exclusivement à la géométrie, mais contiennent des idées sur la théorie des nombres et sur l'algèbre élémentaire traitée géométriquement. Dans l'ensemble, les *Éléments* résultent de la compilation et de l'arrangement systématique des travaux antérieurs en une suite logique de 465 propositions, accompagnées d'axiomes, de postulats et de définitions.

Après avoir cité plusieurs mathématiciens du IVe siècle, Proclus écrit: «Euclide n'est pas beaucoup plus jeune que ceux-ci. En rassemblant des *Éléments,* il en a coordonné beaucoup d'Eudoxe, perfectionné beaucoup de Théétète et évoqué dans d'irréfutables démonstrations ceux que ses prédécesseurs avaient montrés d'une manière relâchée. Cet homme a d'ailleurs vécu sous le premier Ptolémée; car Archimède, qui survint postérieurement au premier Ptolémée, mentionne Euclide... Euclide est donc plus récent que les disciples de Platon, mais plus ancien qu'Archimède et qu'Ératosthène – ces derniers étant contemporains, comme Ératosthène le dit quelque part – et était du système platonicien en plus d'être un adepte de la philosophie de Platon; c'est d'ailleurs la raison pour laquelle il a présenté la constitution des figures platoniciennes comme le résultat de son enseignement des *Éléments.*»

De Pappus, on apprend aussi qu'Euclide enseigna les mathématiques à Alexandrie – cette affirmation et celle de Proclus au sujet d'Archimède placent Euclide vers 300 av. J.-C. – qu'il était scrupuleusement honnête, et que sa modestie et son bon jugement allaient de pair avec son intérêt au développement des mathématiques. Stobée rapporte enfin que quelqu'un qui commençait l'étude de la géométrie sous la direction d'Euclide lui avait demandé après avoir appris le premier théorème: «Qu'est-ce que je devrais recevoir en apprenant ces choses?» Euclide aurait alors ordonné à son esclave: «Donne-lui trois pièces, puisqu'il doit réaliser un profit à partir de ce qu'il apprend.»

C'est sur ces maigres témoignages que repose tout ce que nous savons sur la vie d'Euclide d'Alexandrie (et non d'Euclide de Mégare qui paraît au début du Théétète de Platon). Le philosophe fut longtemps confondu avec le mathématicien, mais cette confusion fut cependant considérée comme erronée dès le XVe siècle.

ANALYSE DES ÉLÉMENTS

Livre I. Le livre I commence par la présentation de 23 définitions suivies de 5 postulats et de 5 notions communes.

Les principales définitions sont:

1. Un point est ce qui n'a pas de partie.
2. Une ligne est une longueur sans largeur.
3. Les extrémités d'une ligne sont des points.
4. La ligne droite est une ligne qui est également placée entre ses points.
5. Une surface est ce qui a seulement longueur et largeur.
8. Un angle plan est l'inclinaison mutuelle de deux lignes qui se touchent dans un plan et qui ne sont point placées sur une même ligne droite.
10. Lorsqu'une droite élevée sur une droite fait deux angles adjacents égaux entre eux, chacun des angles égaux est droit; et la droite placée au-dessus est dite perpendiculaire à celle sur laquelle elle est placée.
11. Un angle obtus est un angle plus grand qu'un angle droit.
12. Un angle aigu est un angle plus petit qu'un angle droit.
13. Une limite est ce qui est l'extrémité de quelque chose.
14. Une figure est ce qui est compris par une seule ou par plusieurs limites.
15. Un cercle est une figure plane, comprise par une seule ligne telle que toutes les droites tombant sur elle à partir d'un point parmi ceux intérieurs à la figure sont égales entre elles.
17. Le diamètre du cercle est une droite tracée à travers le centre, et terminée de part et d'autre par la circonférence du cercle. Une telle droite partage le cercle en deux parties égales.
18. Les figures rectilignes sont celles qui sont contenues par deux lignes droites, les figures trilatérales sont celles contenues par trois, quadrilatérales celles contenues par quatre, et multilatérales celles contenues par plus de quatre lignes droites.
23. Les parallèles sont des droites qui, étant situées dans un même plan et étant prolongées indéfiniment de part et d'autre, ne se rencontrent ni d'un côté ni de l'autre.

Les cinq postulats sont:

1. Tracer une ligne droite d'un point quelconque à un point quelconque.
2. Produire par continuité une droite finie dans une droite.
3. Décrire un cercle d'un point quelconque et avec une distance quelconque.
4. Que tous les angles droits sont égaux entre eux.
5. Que, si une droite tombant sur deux droites, fait les angles intérieurs du même côté plus petits que deux droits, ces droites, prolongées indéfiniment, se rencontreront du côté où les angles sont plus petits que deux droits.

Les cinq notions communes reconnues comme authentiques sont:
1. Les choses qui sont égales à la même chose sont égales entre elles.
2. Si des égaux sont ajoutés à des égaux, les touts sont égaux.
3. Si des égaux sont retranchés d'égaux, les restes sont égaux.
4. Les choses qui coïncident entre elles sont égales entre elles.
5. Le tout est plus grand que la partie.

Après cette introduction, viennent 48 propositions qui peuvent être classées en trois groupes: pes:

Premier groupe: 26 propositions relatives à des propriétés des triangles, comprenant les trois théorèmes d'égalité, des relations entre les éléments d'un triangle, quelques constructions géométriques comme la bissectrice d'un angle, le milieu d'un segment, la perpendiculaire à une droite.

Deuxième groupe: de 27 à 32, comprenant la théorie des parallèles et la preuve que la somme des angles dans un triangle est égale à deux angles droits.

Troisième groupe: de 33 à 48, concernant les parallélogrammes, les triangles et les carrés avec une référence spéciale aux relations d'aire. La proposition 47 est le théorème de Pythagore accompagné d'une preuve universellement attribuée à Euclide, alors que la proposition 48 est la réciproque de 47.

Livre II. Le livre II comprend deux définitions et quatorze propositions.

Définitions
1. Tout parallélogramme rectangle est dit contenu sous les deux droites qui comprennent l'angle droit.
2. Dans tout parallélogramme, l'un quelconque des parallélogrammes décrits autour du diamètre avec ses deux compléments sera appelé gnomon.

Propositions. Les propositions du livre II traitent de la transformation d'aires ainsi que de l'algèbre géométrique de l'école pythagoricienne. C'est dans ce livre que nous trouvons l'équivalent géométrique de certaines identités algébriques et la proposition I qui correspond à la loi de distributivité de la multiplication sur l'addition.

On suppose généralement que les deux premiers livres des *Éléments* proviennent en grande partie des travaux des pythagoriciens. Voici quelques propositions de ces deux livres.

Proposition I.1.: Sur une droite donnée et finie, construire un triangle équilatéral.

Voici *AB* la droite donnée et finie. On cherche à construire un triangle équilatéral sur *AB*. Avec le centre en *A* et la distance *AB* on décrit le cercle *BCD*. [Postulat 3]

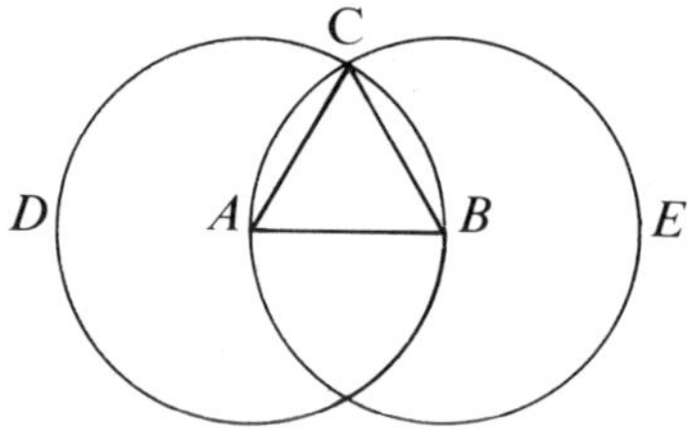

Avec le centre en *B* et la distance *BA* on décrit le cercle *ACE*, [Postulat 3] et du point *C*, point d'intersection des cercles, aux points *A*, *B*, on trace les lignes droites *CA*, *CB*. [Postulat 1]

Maintenant, puisque le point *A* est le centre du cercle *CDB*.

AC est égal à *AB*. [Définition 15]

Encore, puisque le point *B* est le centre du cercle *CAE*,

BC est égal à *BA*. [Définition 15]

Mais on a déjà prouvé que *CA* est égal à *AB*, de plus chacune des droites *CA*, *CB* est égale à *AB*.

Et les choses qui sont égales à la même chose, sont égales entre elles. [Notion commune 1]

Ainsi *CA* est aussi égal à *CB*.

De plus, les trois droites *CA*, *AB*, *BC* sont égales entre elles. Alors le triangle *ABC* est équilatéral; et il a été construit sur la droite donnée et finie *AB*.

Ce qu'il fallait faire.

Proposition I.6: Si, dans un triangle, deux angles sont égaux chacun à chacun, les côtés qui sous-tendent les angles égaux seront aussi égaux chacun à chacun.

Voici *ABC*, un triangle ayant l'angle *ABC* égal à l'angle *ACB*.

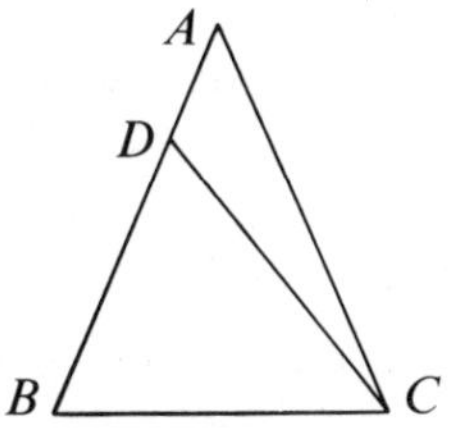

Je dis que le côté *AB* est aussi égal au côté *AC*.

Car, si *AB* est inégal à *AC*, un des deux est le plus grand.

Soit *AB* le plus grand; et de *AB* le plus grand soustrayez *DB* égal à *AC* le plus petit; joindre *DC*.

Alors, puisque *DB* est égal à *AC* et *BC* est commun, les deux côtés *DB, BC* sont égaux aux deux côtés *AC, CB* respectivement; et l'angle *DBC* est égal à l'angle *ACB;* de plus la base *DC* est égale à la base *AB*, et le triangle *DBC* sera égal au triangle *ACB*, le plus petit au plus grand: ce qui est absurde.

Alors *AB* n'est pas inégal à *AC;* et il est de plus égal à *AC*.

Ce qu'il fallait démontrer.

> Nous avons ici l'occasion de rencontrer pour la première fois dans les *Éléments* la méthode de réduction à l'absurde fréquemment utilisée chez les Grecs.

Proposition I.9: Partager un angle rectiligne en deux parties égales.

Voici l'angle *BAC* l'angle rectiligne donné.

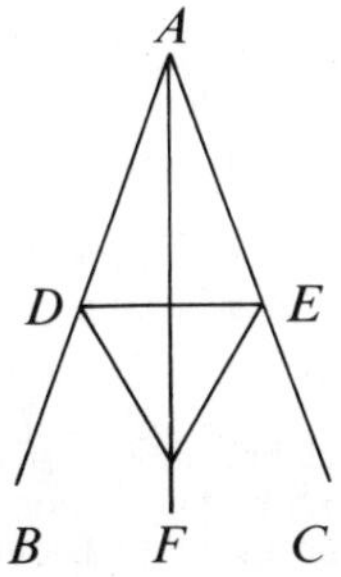

Ainsi on cherche à le partager en deux parties égales.

Soit le point *D* choisi au hasard sur *AB;* soit *AE* soustrait de *AC* égal à *AD*. [I,3] Joindre *DE* et sur *DE* construire le triangle équilatéral *DEF;* joindre *AF*.

Je dis que l'angle *BAC* a été partagé en deux parties égales par la droite *AF*.

Car, puisque *AD* est égal à *AE*, et *AF* est commun, les deux côtés *DA, AF* sont égaux aux deux côtés *EA, AF* respectivement.

Et la base *DF* est égale à la base *EF;* de plus l'angle *DAF* est égal à l'angle *EAF*. [I,8]

Alors l'angle rectiligne donné *BAC* a été partagé en deux parties égales par la droite *AF*.

Ce qu'il fallait faire.

Proposition I.29: Une droite qui tombe sur deux droites parallèles, fait les angles alternes égaux entre eux, l'angle extérieur, égal à l'angle intérieur opposé et placé du même côté, et les angles intérieurs placés du même côté, égaux à deux droits.

Soit la droite *EF* qui tombe sur les droites parallèles *AB, CD*.

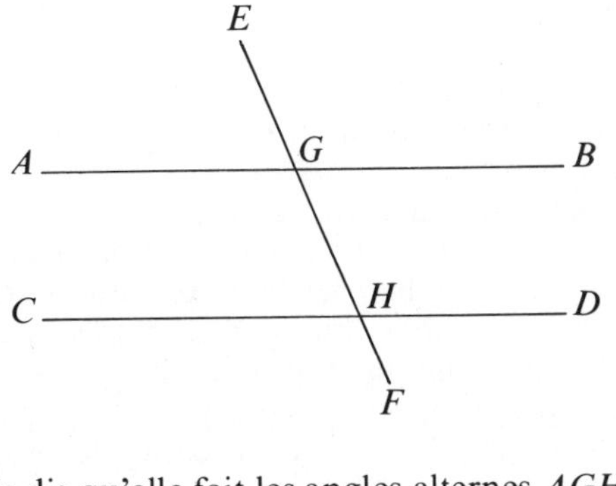

Je dis qu'elle fait les angles alternes *AGH, GHD* égaux, l'angle extérieur *EGB* égal à l'angle intérieur opposé et placé du même côté *GHD*, et les angles intérieurs placés du même côté *BGH, GHD* égaux à deux droits.

Car, si l'angle *AGH* est inégal à l'angle *GHD*, un des deux est le plus grand.

Soit l'angle *AGH* le plus grand. Ajoutons l'angle *BGH* à chacun; alors les angles *AGH*, *BGH* sont plus grands que les angles *BGH*, *GHD*.

Mais les angles *AGH*, *BGH* sont égaux à deux angles droits. [I,13]

Alors les angles *BGH*, *GHD* sont plus petits que deux angles droits.

Mais les droites prolongées indéfiniment et qui font des angles plus petits que deux angles droits se rencontrent. [Postulat 5]

Alors *AB*, *CD*, si elles sont prolongées indéfiniment, se rencontreront; mais elles ne se rencontrent pas, parce qu'elles sont par hypothèse parallèles.

Alors l'angle *AGH* n'est pas inégal à l'angle *GHD*, et est de plus égal à lui.

Encore, l'angle *GHD* est égal à l'angle *EGB*. [I,15]

Alors l'angle *EGB* est aussi égal à l'angle *GHD*. [Notion commune 1]

Soit l'angle *BGH* ajouté à chacun; alors les angles *EGB*, *BGH* sont égaux aux angles *BGH*, *GHD*. [Notion commune 2]

Mais les angles *EGB*, *BGH* sont égaux à deux angles droits; [I,13] alors les angles *BGH*, *GHD* sont aussi égaux à deux angles droits.

Ce qu'il fallait démontrer.

Dans cette dernière proposition, Euclide fait appel, pour la première fois, au *postulat des parallèles* lequel fut l'objet d'une intense activité mathématique centrée autour de la démonstration du cinquième postulat à partir des quatre premiers. L'incapacité de démontrer le postulat des parallèles ou l'indépendance des cinq postulats d'Euclide amène les mathématiciens Gauss, Bolyai, et Lobatchevski à franchir le mur de la géométrie non euclidienne.

Proposition II. 11: Couper une droite donnée, de manière que le rectangle compris sous la droite entière et l'un des segments, soit égal au carré du segment restant[1].

Soit *AB* la droite donnée: il faut couper *AB* de manière que le rectangle compris sous la droite entière et l'un des segments, soit égal au carré du segment restant.

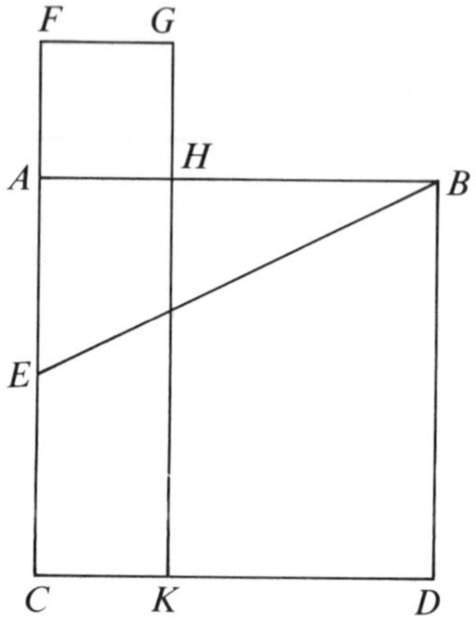

Décrivons le carré *ABDC* sur la droite *AB*. [I,46] Coupons *AC* en son milieu *E* et joignons *BE;* prolongeons *CA* jusqu'à *F* et égalons *EF* à *BE;* décrivons le carré *FH* sur *AF* et prolongeons *GH* jusqu'à *K*.

Je dis que *AB* a été coupé en *H* de telle manière que le rectangle contenu par *AB*, *BH* est égal au carré de *AH*.

Car, puisque la droite *AC* a été coupée en son milieu *E* et *FA* représente son prolongement jusqu'à *F*, le rectangle contenu par *CF*, *FA* groupé avec le carré sur *AE* est égal au carré sur *EF*. [II,6]

Mais *EF* est égal à *EB;* alors le rectangle *CF*, *FA* groupé avec le carré sur *AE* est égal au carré sur *EB*.

Mais les carrés sur *BA*, *AE* sont égaux au carré sur *EB*, car l'angle en *A* est droit. [I,47]

Alors le rectangle *CF*, *FA* groupé avec le carré sur *AE* est égal aux carrés sur *BA*, *AE*.

1. C'est le problème célèbre de la division d'une droite en moyenne et extrême raison ou section d'or. La définition de la section d'or apparaît au livre VI, définition 3.

Soustrayons le carré sur AE de chacun; alors le rectangle CF, FA dont la différence est égale au carré sur AB.

Maintenant le rectangle CF, FA est FK, car AF est égal à FG; et le carré sur AB est AD; de plus FK est égal à AD.

Soustrayons AK de chacun; alors FH dont la différence est égale à HD. Et HD est le rectangle AB, BH, car AB est égal à BD; et FH est le carré sur AH: alors le rectangle contenu par AB, BH est égal au carré sur HA.

Alors la droite donnée AB a été coupée en H de telle manière que le rectangle contenu par AB, BH égale le carré sur HA.

Ce qu'il fallait faire.

Nous avons ici le premier exemple d'une équation du second degré résolue par la géométrie. Si l'on pose $AB = a$, $AH = x$, l'équation algébrique est:

$$(a - x)^2 = ax \text{ où } x^2 - ax + a^2 = 0.$$

Les propositions 12 et 13 établissent la généralisation du théorème de Pythagore dans ce que nous appelons aujourd'hui la "loi des cosinus".

Livre III. Le livre III contient 11 définitions relatives au cercle, suivies de 37 propositions qui portent sur le cercle, les cordes, les tangentes, les constructions sur le cercle et la mesure d'angles associés. Voici quelques définitions et propositions.

Définitions

1. Les cercles égaux sont ceux dont les diamètres sont égaux, ou ceux dont les rayons sont égaux.
2. Une droite touche[1] un cercle si, rencontrant le cercle et étant prolongée, elle ne le coupe point.
6. Un segment de cercle est la figure comprise par une droite et une circonférence de cercle.
7. L'angle du segment est celui qui est compris par une droite[2] et par une circonférence de cercle.
10. Un secteur de cercle est une figure qui, lorsqu'un angle est construit au centre du cercle, est comprise par les droites qui comprennent l'angle et par la circonférence qu'elles embrassent.

1. C'est la définition de la tangente à un cercle.
2. On parle de droite dans un cercle et non de corde; le mot corde nous vient du vocabulaire arabe.

Proposition 1: Trouver le centre d'un cercle donné.

Voici ABC le cercle donné; on cherche a trouver le centre du cercle ABC.

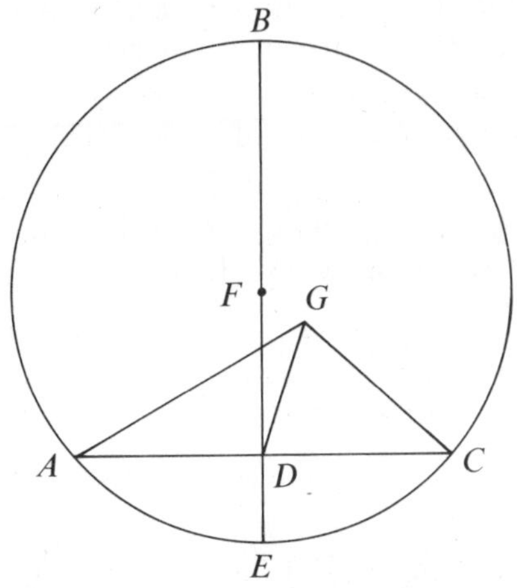

Traçons la droite (corde) AC et D est son point milieu:

De D traçons DB à angle droit avec AC et prolongeons BD jusqu'à E: F est le point milieu de BE.

Je dis que F est le centre du cercle ABC.

Supposons que ce n'est pas le cas, posons G le centre du cercle, et joignons GA, GD, GC.

Alors, puisque AD est égal à DC et DG est commun, les deux côtés AD, DG sont égaux respectivement aux côtés CD et DG; et la base GA est égale à la base GB comme rayons; de plus, l'angle ADG est égal à l'angle GDC. [1,8]

Mais, lorsqu'une droite élevée sur une droite fait deux angles adjacents égaux entre eux, chacun des angles égaux est droit. [1, déf. 10]

Ainsi l'angle GDC est droit.

Mais l'angle FDC est aussi droit.

Ainsi l'angle FDC est égal à l'angle GDC, le plus grand au petit: ce qui est impossible.

Alors G n'est pas le centre du cercle ABC.

De façon analogue, on démontre que tout autre point à l'exception de F n'est pas le centre.

Donc le point F est le centre du cercle ABC.

Ce qu'il fallait faire.

Porisme: De là, il est évident que, si dans un cercle une droite en coupe une autre en deux parties égales, et à angles droits, le centre du cercle est sur la sécante.

Proposition 17: D'un point donné, mener une ligne droite qui touche un cercle donné.

Soit A le point donné et CDE le cercle donné. Il s'agit de mener du point A une ligne droite qui touche le cercle CDE.

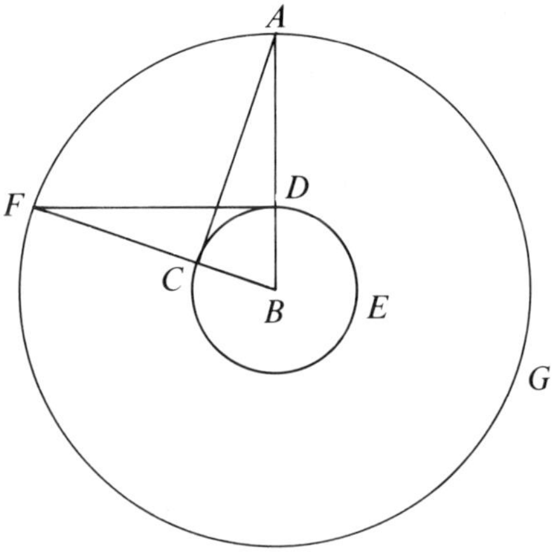

Plaçons B au centre du cercle [III, 1], joignons AB et traçons, avec AB comme rayon, le cercle FAG.

De D traçons DF à angle droit avec AB et joignons BF, CA.

Je dis que AC a été tracé du point A et touche le cercle CDE.

Car, puisque B est le centre des cercles CDE, FAG, BA est égal à BF, et BD est égal à BC.

Ainsi, les deux côtés AB, BC sont égaux respectivement aux côtés BF et BD:

- ils renferment un angle commun, l'angle en B;
- aussi, la base DF est égale à la base AC et le triangle DBF est égal au triangle CBA et les angles restants aux angles restants. [1,4]

De plus l'angle BDF est égal à l'angle BCA.

Mais l'angle BDF est droit; ainsi l'angle BCA est aussi droit.

Maintenant BC est un rayon; et la droite tracée à angle droit avec le diamètre d'un cercle, touche le cercle en une de ses extrémités. [III, 16, Porisme]

Ainsi AC touche le cercle CDE.

Donc, d'un point A donné, la droite AC a été tracée et touche le cercle CDE.

Ce qu'il fallait démontrer.

Livre IV. Dans le livre IV, on compte 7 définitions de figures polygonales inscrites ou circonscrites, comprenant des figures rectilignes et le cercle, et 16 propositions qui concernent les figures inscrites dans un cercle, ou circonscrites à un cercle.

Le matériel contenu dans les livres III et IV concerne la géométrie du cercle et est généralement attribué à Hippocrate de Chio.

Livre V. Le livre V contient 18 définitions qui portent sur la théorie des proportions d'Eudoxe ainsi que 25 propositions qui ont trait à l'étude des proportions, généralisée au cas où les grandeurs comparées l'une à l'autre peuvent ne pas être commensurables. On rencontre dans ce livre, de niveau élevé par rapport aux précédents, les lois de distributivité à gauche et à droite de la multiplication sur l'addition, l'associativité de la multiplication et les propriétés générales des proportions et des rapports. Voici quelques définitions et propositions.

Définitions

1. Une grandeur est une portion d'une autre grandeur, la petite à la plus grande lorsqu'elle mesure la plus grande.
3. Un rapport est une certaine relation entre deux grandeurs homogènes, suivant la quantité.
4. Des grandeurs sont dites avoir un rapport entre elles, lorsque ces grandeurs, étant multipliées, peuvent se surpasser mutuellement[1].
5. La définition 5 serait la célèbre formulation d'Eudoxe au sujet de l'égalité des rapports.
6. Les grandeurs qui ont le même rapport sont dites proportionnelles.

Proposition 1: S'il existe tout nombre de grandeurs quelles qu'elles soient, équimultiples respec-

1. La quatrième définition est analogue au lemme d'Archimède.

tivement de toute grandeur égale en nombre, alors quel que soit le multiple la somme des équimultiples est égale au multiple de ces grandeurs.

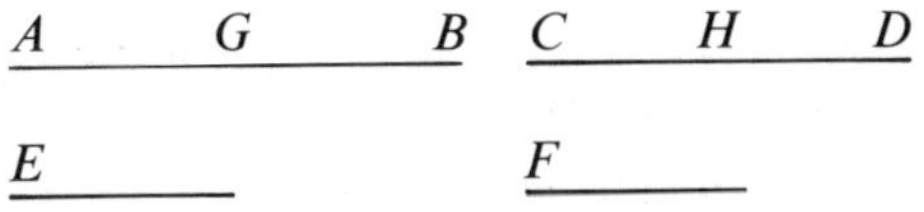

Posons tout nombre de grandeurs quelles qu'elles soient *AB, CD,* équimultiples respectivement de toute grandeur *E, F* égales en nombre:

Je dis que, quel que soit le multiple *AB* est de *E,* ce multiple sera *AB, CD* aussi de *E, F.*

Car, puisque *AB* est le même multiple de *E* que *CD* est de *F,* il y a autant de grandeurs dans *AB* chacune égale à *E* qu'il y en a dans *CD* chacune égale à *F.*

Divisons *AB* en grandeurs *AG, GB,* égales à *E,* et *CD* en grandeurs *CH, HD* égales à *F.*

Alors la multitude des grandeurs *AG, GB* sera égale à la multitude des grandeurs *CH, HD.*

Maintenant, puisque *AG* est égale à *E,* et *CH* à *F,* ainsi *AG* est égale à *E,* et *AG, CH* à *E, F.*

Pour la même raison, *GB* est égale à *E,* et *GB, HD* à *E, F.*

Ainsi, il y a autant de grandeurs dans *AB,* chacune égale à *E,* qu'il y en a dans *AB, CD,* chacune égale respectivement à *E, F.*

Donc, quel que soit le multiple *AB* de *E,* ce multiple sera *AB, CD* aussi de *E, F.*

Ce qu'il fallait démontrer.

Cette première proposition du livre V, écrite de façon peu intelligible pour des esprits non initiés peut se ramener plus simplement à ceci:

Si *ma, mb, mc* etc., sont des équimultiples des grandeurs *a, b, c,* etc., alors

$$ma + mb + mc + ... + mp + ... = m(a + b + c + ... + p + ...),$$

où *ma* signifie le m^e multiple de *a.*

La proposition 2 équivaut à démontrer la distributivité à gauche de la multiplication sur l'addition, c'est-à-dire à prouver que

$$ma + na + pa + ... + za + ... = (m + n + p + ... + z + ...)a.$$

Proposition 4: Si une première grandeur est à une seconde dans le même rapport qu'une troisième est à une quatrième grandeur, tout équimultiple quel qu'il soit de la première et de la troisième grandeur aura aussi le même rapport que tout équimultiple quel qu'il soit de la seconde et de la quatrième respectivement, en ordre.

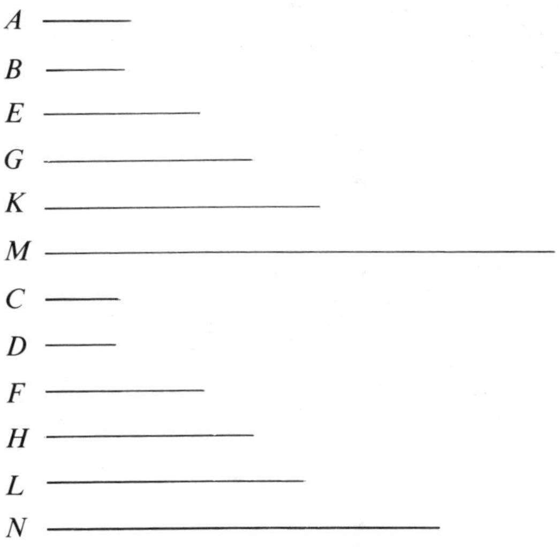

Posons que la grandeur *A* est à la seconde *B* dans le même rapport qu'une troisième *C* à une quatrième grandeur *D;* et soit les équimultiples *E, F* de *A, F, G, H* de *B, D.* Je dis que, comme *E* est à *G,* aussi *F,* est à *H.*

Car, prenons les équimultiples *K, L,* de *E, F* et *M, N* de *G, H.* Puisque *E* est le même multiple de *A* que *F* est de *C,* et les équimultiples *K, L* de *E, F* sont près, ainsi *K* est le même multiple de *A* que *L* est de *C.* [V,3]

Pour la même raison, *M* est le même multiple de *B* que *N* est de *D,* et comme *A* est à *B,* aussi *C* est à *D,* et de *A, C* les équimultiples *K, L* ont été calculés, et de *B, D* les équimultiples *M, N,* ainsi, si *K* est en excès sur *M, L* est aussi en excès sur *N,* s'il est égal, égal, et s'il est moins, moins.

Et *K, L* sont des équimultiples de *E, F,* de même *M, N* équimultiples de *G, H:* donc, comme *E* est à *G,* aussi *F* est à *H.*

Ce qu'il fallait démontrer.

Cette proposition, aussi peu éclairante qu'elle soit, montre que, si *a, b, c, d* sont proportionnels, alors *ma* est à *nb* comme *mc* est à *nd,* ou

$$ma : nb = mc : nd.$$

La proposition 5 démontre l'égalité

$$ma - mb = m(a - b),$$

alors que la proposition 6 correspond à la proposition 2 où la soustraction remplace l'addition.

Selon l'opinion des critiques les plus sérieux, le livre V, avec la doctrine des quantités proportionnelles, constitue ce qui est le plus solidement établi et présenté parmi tout le contenu des *Éléments,* en plus de présenter une originalité qui tient du prodige.

Livre VI. L'objet du livre VI est l'application des théories du livre V à la géométrie plane. Il contient 4 définitions, dont l'une est celle de la section d'or, et 33 propositions qui concernent des théorèmes sur les rapports et propositions reliés aux triangles semblables, aux parallélogrammes et à d'autres polygones.

Les trois livres suivants, en l'occurrence les livres VII, VIII et IX, sont consacrés à la théorie des nombres.

Livre VII. Le livre VII débute par une série de 22 définitions comprenant les définitions de l'unité, du nombre, du multiple, des nombres pairs et impairs, de nombre pair par nombre pair, de nombre pair par nombre impair, de nombre impair par nombre impair, de nombre premier, de nombre premier à un autre nombre, de nombre composé, de nombre plan, de nombre solide, de nombre carré, de nombre cube, de nombre parfait, etc.

Parmi les 39 propositions contenues dans ce livre, les 19 premières portent sur la théorie des rapports et proportions – en parallèle avec celles du livre V – appliqués cette fois aux rapports de nombres entiers seulement. On y traite aussi du PGCD ou Plus Grand Commun Diviseur et les deux premières propositions constituent l'«algorithme d'Euclide» utilisé en théorie des nombres pour trouver le plus grand commun diviseur de deux nombres. De la proposition 21 à la proposition 26, Euclide étudie les nombres premiers entre eux, puis viennent les nombres premiers absolus et l'étude du Plus Petit Commun Multiple. Voici quelques définitions et propositions.

Définitions

1. L'unité est ce selon quoi chacune des choses existantes est dite une.
2. Le nombre est une multitude composée d'unités.

Proposition 1: Deux nombres inégaux étant proposés, le plus petit étant de façon continue retranché du plus grand, si le reste ne mesure celui qui est avant lui que lorsque l'on a pris l'unité, les nombres proposés seront premiers entre eux.

Car, le plus petit de deux nombres inégaux *AB, CD* étant de façon continue retranché du plus grand, posons alors que le reste ne mesure jamais celui qui est avant lui avant que le reste soit d'une unité.

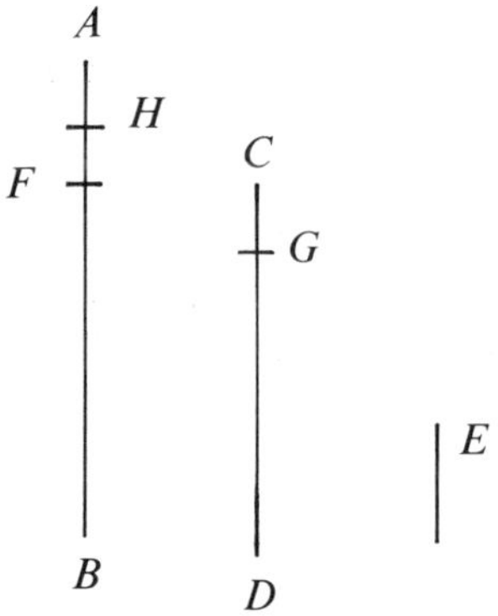

Je dis que *AB, CD* sont premiers entre eux, c'est-à-dire, qu'une unité seule mesure *AB, CD.*

Si *AB, CD* ne sont pas premiers entre eux, il y a des nombres qui les mesurent.

Posons un nombre qui les mesure, soit *E* ce nombre et *CD* mesurant *BF* qui laisse *FA* plus petit que lui-même; soit *AF* mesurant *DG,* qui laisse *CG* plus petit que lui-même et *GC* mesurant *FH* laisse une unité *HA.*

Puisque alors *E* mesure *CD,* et *CD* mesure *BF,* ainsi *E* mesure aussi *BF.*

Mais il mesure aussi *BA* en entier, aussi il mesurera le reste *AF;* mais *AF* mesure *DG* et de plus *E* mesure aussi *DG,* mais il mesure *DC* en entier, d'où il mesurera le reste *CG.*

Mais *CG* mesure *FH:* alors *E* mesure aussi *FH,* mais il mesure aussi *FA* en entier, ainsi, il mesurera le reste, l'unité AH, ce qui est impossible. D'où, il n'y aucun nombre qui mesure les nombres AB, CD: donc, AB, CD sont premiers entre eux. [VII, définition 12]

Ce qu'il fallait démontrer.

Le procédé utilisé par Euclide dans cette proposition porte aujourd'hui le nom d'algorithme d'Euclide. Cet algorithme joue un rôle primordial en théorie des nombres. On peut le résumer comme suit: De deux nombres a et b, si a est le plus grand, on retranche b de a. Le reste est c. Des deux nombres b et c on retranche le plus petit du grand. On poursuit ainsi jusqu'à ce que les deux nombres soient égaux ou jusqu'à ce que la dernière soustraction laisse un reste nul.

Exemple. Appliquer l'algorithme d'Euclide aux deux nombres 76 084 et 63 020.

Solution

$$\begin{aligned}
76\,084 &= 63\,020 \cdot 1 + 13\,064\\
63\,020 &= 13\,064 \cdot 4 + 10\,764\\
13\,064 &= 10\,764 \cdot 1 + 2\,300\\
10\,764 &= 2\,300 \cdot 4 + 1\,564\\
2\,300 &= 1\,564 \cdot 1 + 736\\
1\,564 &= 736 \cdot 2 + 92\\
736 &= 92 \cdot 8
\end{aligned}$$

L'algorithme d'Euclide est aussi utilisé dans la seconde proposition pour trouver la plus grande commune mesure de deux nombres.

Proposition 2: Deux nombres non premiers entre eux étant donnés, trouver leur plus grande commune mesure.

La démonstration par Euclide de cette proposition correspond exactement, si l'on fait abstraction du support géométrique, à notre méthode pour trouver le PGCD. En résumé, il s'agit de montrer que le dernier reste non nul divise les deux nombres donnés, puis de montrer que tout diviseur de ces deux nombres divise aussi le dernier reste non nul.

Si l'on reprend l'exemple ci-dessus, on voit que le PGCD de 76 084 et de 63 020 est 92. Ainsi, l'algorithme d'Euclide nous fournit une méthode simple et efficace pour la détermination du PGCD de deux nombres.

La proposition 3 contient une méthode pour déterminer le PGCD de trois nombres, laquelle peut être étendue à plusieurs nombres, comme Euclide le suppose de façon tacite dans la proposition 33.

Livre VIII. Le livre VIII comprend 27 propositions relatives aux nombres en proportions continues (progression géométrique), à des propriétés simples sur les carrés et les cubes et se termine par la proposition qui énonce que «des nombres solides semblables ont chacun à chacun le rapport d'un nombre cube à un autre nombre cube», le tout sans aucune trace de définition.

Livre IX. Le livre IX, le dernier livre sur la théorie des nombres, exposée par Euclide dans ses *Éléments,* contient 36 propositions, certaines sur le nombre pair et le nombre impair; d'autres, dont les deux suivantes, sont demeurées célèbres.

Proposition 20: Les nombres premiers sont plus nombreux que toute multitude proposée de nombres premiers.

Proposition 36: Si, à partir de l'unité, tant de nombres qu'on voudra sont successivement proportionnels en rapport double, jusqu'à ce que leur somme soit un nombre premier, et si cette somme, multipliée par le dernier, produit un nombre, le produit sera un nombre parfait.

Voici A, B, C, les nombres premiers assignés.

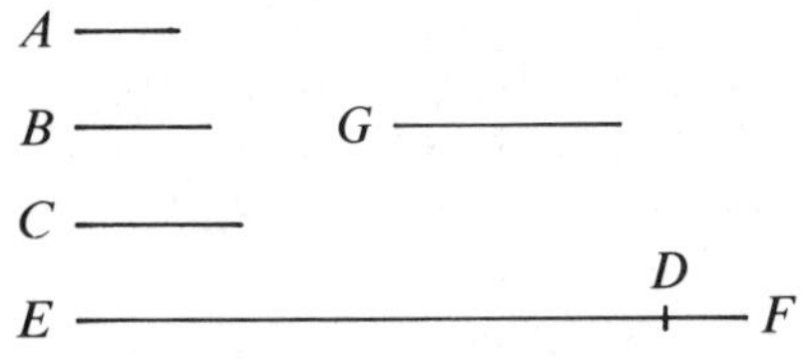

Je dis qu'il existe plus de nombres premiers que A, B, C. Car, posons DE le plus petit nombre mesuré par A, B, C; ajoutons l'unité DF à DE.

Alors EF est un nombre premier ou n'est pas un nombre premier.

Premièrement, supposons qu'il est premier: alors le nombre premier A, B, C, EF surpasse les nombres premiers A, B, C.

Suivant, supposons EF non premier: alors il est mesuré par des nombres premiers. [VII, 31]

Supposons qu'il est mesuré par le nombre premier *G*.

Je dis que *G* diffère des nombres *A, B, C*. Car, si possible, supposons le.

Maintenant, *A, B, C*, mesurent *DE*; alors *G* mesure aussi *DE*

Mais il mesure aussi *EF*; de plus, *G*, étant un nombre, mesurera le reste, l'unité *DF*: ce qui est absurde.

Alors *G* diffère de chacun des nombres *A, B, C*. Et par hypothèse il est premier.

Alors les nombres premiers *A, B. C, G* sont tels qu'ils sont plus nombreux que les nombres assignés *A, B, C*.

Ce qu'il fallait démontrer.

La proposition 36 devient en notation moderne: «Si $S_n = 1 + 2 + 2^2 + ... + 2^{n-1} = 2^n - 1$ est un nombre premier, alors $2^{n-1}(2^n - 1)$ est un nombre parfait.» Les Grecs connaissaient les quatre premiers nombres parfaits[1]: 6, 28, 496 et 8 128. On sait aujourd'hui que tous les nombres parfaits pairs sont du type formulé par Euclide, mais l'existence de nombres parfaits impairs demeure un des nombreux problèmes non résolus, car aucun nombre parfait impair n'est connu et on ne sait s'il peut en exister. Toutefois, Euler montra au XVIIIe siècle que tout nombre parfait pair est de la forme donnée par Euclide.

Livre X. Le livre X est, de tous les livres des *Éléments*, le plus volumineux; 4 définitions sur les grandeurs commensurables et incommensurables et 115 propositions sur des irrationnels ne faisant intervenir que des racines carrées. Selon plusieurs historiens, c'est le livre le plus remarquable des *Éléments*. On y trouve une classification systématique de segments de lignes incommensurables de la forme $a \pm \sqrt{b}$, $\sqrt{a} \pm \sqrt{b}$, $\sqrt{a \pm \sqrt{b}}$, $\sqrt{\sqrt{a} \pm \sqrt{b}}$, où *a* et *b* sont commensurables, lorsqu'ils sont de même nature. En particulier, la proposition 1 est la base de la méthode d'exhaustion utilisée au livre XII, et Euclide donne les formules pour obtenir tous les triplets primitifs pythagoriciens comme $a = 2uv$, $b = u^2 - v^2$, $c = u^2 + v^2$ où *u, v* sont premiers entre eux avec $u > v$ et (a, b, c) est un triplet.

Les livres XI-XIII concernent spécifiquement la géométrie solide à trois dimensions dont le contenu correspond familièrement à celui qui est présenté dans un premier cours de géométrie dans l'espace.

Livre XI. Le livre XI contient 39 propositions, précédées de 28 définitions comprenant les définitions de solide, d'inclinaison des plans, de plans parallèles, de figures solides semblables, d'angle solide, de pyramide, de prisme, de cylindre, de sphère, de cône, d'octaèdre, d'icosaèdre, de dodécaèdre, de cube.

Livre XII. Les 18 propositions du livre XII concernent la mesure des figures en utilisant la méthode d'exhaustion, et la proposition 2 énonce que «les aires des cercles sont entre elles comme les carrés sur leurs diamètres». Selon le témoignage d'Archimède lui-même, il y a lieu d'attribuer tout ce livre, tout au moins dans une première rédaction, à l'école d'Eudoxe de Cnide.

Livre XIII. Le dernier livre, le livre XIII, se rapporte à la construction des polyèdres réguliers par l'étude de 18 propositions qui portent aussi sur les propriétés de ces figures cosmiques.

Dans plusieurs éditions d'Euclide, l'étude de ces polyèdres réguliers se poursuit dans deux autres livres numérotés XIV et XV. Le premier fut probablement écrit en partie au VIe siècle de notre ère, alors que le dernier peut être attribué à Hypsicles d'Alexandrie, qui vivait au IIe siècle av. J.-C.

Le but des *Éléments* est de déduire les 465 propositions à partir des quatre axiomes et des cinq postulats énoncés au début du livre I. La présentation du contenu procède du simple et du connu au plus complexe et à l'inconnu. Cependant la structure logique de ce monumental ouvrage pédagogique souffre de quelques affirmations tacites qui résistent mal à la critique. On peut signaler, entre autres, les difficultés inhérentes à l'application du premier axiome, de même que l'ambiguïté du second. La proposition I,21 suppose qu'une ligne dans le plan d'un triangle qui passe entre deux sommets rencontre nécessairement un des deux autres côtés. On sait maintenant qu'il est préférable d'utiliser l'axiome de

1. Un nombre parfait est un nombre égal à ses parties (livre VII, déf. 22).

Moritz Pash (1843-1930)[1]. De même, les définitions préliminaires d'Euclide ne sont pas complètement fermées à la critique. En particulier ses définitions du point et de la droite sont circulaires et il aurait mieux valu qu'elles soient incluses parmi un ensemble de termes primitifs qui n'existe pas dans la littérature mathématique de l'époque, car, pour les Grecs, le concept mathématique est une situation physique idéalisée du monde qui les entoure. Le point est l'idée d'une très petite particule, la droite est l'idée d'une bande très étroite, la différence entre le polygone inscrit dans le cercle et la circonférence ne s'évanouira pas car cette différence n'est pas arithmétique. Malgré ces imprécisions de termes, certaines imperfections de la structure logique, l'ambiguïté de certaines affirmations tacites et quelques erreurs dissimulées à l'intérieur du texte, les *Éléments* n'en demeurent pas moins un ouvrage excellent dont l'influence fut telle qu'il faudra attendre les mathématiques du XIXe siècle pour voir apparaître un prolongement logique à leur contenu géométrique.

AUTRES OUVRAGES D'EUCLIDE

Parmi les autres ouvrages attribués à Euclide, les *Données* consistent en propositions de la forme suivante: lorsque certaines grandeurs sont données ou déterminées, alors les autres grandeurs sont aussi déterminées. Par exemple: «Si une grandeur A et le rapport $\frac{A}{B}$ sont déterminés, alors B est aussi déterminé.» «Si $A + B$ et $\frac{A}{B}$ sont déterminés, alors A et B sont aussi déterminés.» Les *Données* commencent par 15 définitions et comprennent 95 propositions qui portent sur des règles algébriques ou des formules, sur des équations quadratiques et linéaires, sur la géométrie du cercle et l'arithmétique des rapports.

La *Division des figures*, dont une version arabe a été conservée (l'original est perdu), comprend une collection de 36 propositions qui concernent la division des figures planes, telles que le trapèze, le triangle, le parallélogramme. Le type de problème traité se ramène à diviser une figure rectiligne donnée en deux parties ayant un rapport donné au moyen d'une ligne orientée ou par un point donné. Par exemple, on demande de construire une droite parallèle à la base d'un triangle et qui sépare le triangle en deux parties égales ou de séparer en deux parties égales un trapèze suivant une ligne parallèle aux bases.

Les deux autres ouvrages d'Euclide que nous possédons, les *Phénomènes* et l'*Optique*, concernent des mathématiques appliquées respectivement à l'astronomie élémentaire et à la perspective.

On peut affirmer sans craindre de se tromper que l'ensemble des mathématiques élémentaires est entièrement contenu, en substance, dans l'œuvre d'Euclide pour ce qui regarde l'état des mathématiques à l'époque de Platon. Il a ainsi préparé la voie à une nouvelle période éclatante qui s'ouvre avec la venue des maîtres de l'École d'Alexandrie.

1. *Axiome de Pash:* considérer dans un plan Π un triangle ABC et une droite L. Si la droite L intercepte un des côtés de ABC et ne passe pas par un des sommets, alors la droite L intercepte aussi au moins un des deux autres côtés du triangle ABC.

EN BREF

Les travaux mathématiques de Platon portent sur plusieurs sujets et sont dispersés à travers quelques-uns de ses dialogues. Toutefois, le contenu de ses travaux est peu important pour l'évolution des mathématiques grecques si on le compare à l'influence et à l'inspiration suscitées par son Académie et l'impact que celle-ci a causé sur la pensée mathématique grecque.

Le scandale occasionné par la découverte des quantités incommensurables s'estompe devant la nouvelle théorie des proportions d'Eudoxe. Celui-ci fournit aussi la méthode d'exhaustion qui sera largement utilisée par ses successeurs, en particulier Euclide et Archimède.

Menechme, élève d'Eudoxe, a contribué de façon particulière à reculer les frontières de la géométrie par sa découverte des sections coniques à partir d'un cône circulaire droit coupé par un plan perpendiculaire à la droite génératrice.

Aristote, le célèbre élève de Platon, a énoncé des distinctions éclairantes entre les notions d'axiome, de définition, de postulat et d'hypothèse. Il a discuté brillamment de la continuité physique, de l'infini en puissance, de la divisibilité infinie sans qu'elle soit jamais atteinte, ainsi que du mouvement au sens physique du terme. Sa contribution à la logique philosophique servira de support et d'élan initial aux travaux subséquents qui conduiront à la logique mathématique.

L'œuvre monumentale d'Euclide comprend de nombreux travaux qui touchent presque tous les domaines des mathématiques de son temps. Rendu célèbre par ses *Éléments*, il influença pendant plusieurs siècles les mathématiciens par la contribution originale et la synthèse qu'il a si bien réalisées.

BIBLIOGRAPHIE

AABOE, Asger, *Episodes from the Early History of Mathematics.* New York, Random House, 1964, p. 44-72.

BARNETTE, I.A. «Mathematics as an Art». *The Mathematics Teacher, 61* (1968): 424-431.

BECKER, O. et J.E. HOFMANN. *Histoire des mathématiques.* Trad. de R. Jouan, Paris, Lamarre, 1956, p. 66-80.

BOYER, Carl B. *A History of Mathematics.* New York, John Wiley & Sons, 1968, p. 90-133.

BOYER, Carl B. *History of Analytic Geometry.* New York, Scripta Mathematica, 1956, p. 1-23.

BOYER, Carl B. *The History of the Calculus and its Conceptual Development.* New York, Dover, 1959, p. 14-48.

COOLIDGE, Julian Lowell. *A History of Geometrical Methods.* New York, Dover, 1963, p. 37-48.

COOLIDGE, Julian Lowell. *The Mathematics of Great Amateurs.* New York, Dover, 1963, p. 1-18

DEDRON, Pierre et Jean ITARD. *Mathématiques et mathématiciens.* Paris, Magnard, 1959, p. 51-83, 327-336, 339-345.

EVANS, George W. «The Greek Idea of Proportion». *The American Mathematical Monthly, 34* (1927): 354-357.

EVES, Howard. «A Geometry Capsule Concerning the Five Platonic Solids». *The Mathematics Teacher, 62* (1969): 42-43.

EVES, Howard. *An Introduction to the History of Mathematics.* 3rd ed., New York, Holt, Rinehart and Winston, 1969, p. 76-141.

HEATH, Sir Thomas L. *A Manual of Greek Mathematics.* New York, Dover, 1963. p. 171-269.

HEATH, Sir Thomas L. «Greek Mathematics and Astronomy». *Scripta Mathematica, 5* (1939): 215-232.

HEATH, Sir Thomas L. «Greek Mathematics and Science». *The Mathematical Gazette, 32* (1958): 120-133.

HEATH, Sir Thomas L., ed. *The Thirteen Books of Euclid's Elements.* 3 vols, New York, Dover, 1956.

HOFMANN, J.E. *The History of Mathematics.* New York, The Philosophical Library, 1957, p. 19-25.

JONES, Philip S. «Angular Measure – Enough of its History to Improve its Teaching». *The Mathematics Teacher, 46* (1953): 419-426

JONES, Philip S. «Irrationals of Incommensurables I: Their Discovery, and a «Logical» Scandal». *The Mathematics Teacher, 49* (1956): 123-127

JONES, Philip S. «Irrationals or Incommensurables II: the Irrationality of $\sqrt{2}$ and Approximations to it». *The Mathematics Teacher,* 49 (1956): 187-191.

JONES, Philip S. «Irrationals or Incommensurables III: The Greek Solution». *The Mathematics Teacher, 49* (1956): 282-285.

LANGER, R.E. «Alexandria – Shrine of Mathematics». *The American Mathematical Monthly, 48* (1941): 109-125.

NATIONAL COUNCIL OF TEACHERS OF MATHEMATICS (The). *Historical Topics for the Mathematics Classroom.* 31st Yearbook, Washington, D.C., N.C.T.M., 1969, p. 62-72, 172-174, 192-210, 215-221, 298-300, 362-365.

ROLWING, R.H. and M. LEVINE. «The Parallel Postulate». *The Mathematics Teacher, 62* (1969): 665-669.

ROSENFELD, L. «Le problème logique de la définition des nombres irrationnels». *Isis, 9* (1927): 345-358.

SEIDENBERG, A. «Peg and Cord in Ancient Greek Geometry». *Scripta Mathematica, 24* (1959): 107-122.

STEELE, Domhnall A. «A Mathematical Reappraisal of the Corpus Platonicum». *Scripta Mathematica, 7* (1942): 173-189.

STRUIK, Dirk J. *A Concise History of Mathematics.* 3rd ed., New York, Dover, 1967, p. 37-52.

SZABO, Arpad. «The Transformation of Mathematics into Deductive Science and the Beginnings of its Foundation or Definitions and Axioms». *Scripta Mathematica, 27* (1962): 27-48A, 113-139.

TURNBULL, H.W. *The Great Mathematicians.* 4th ed., London, Methuen (University Paperbacks), 1962, p. 1-38.

VAN DER WAERDEN, B.L. *Science Awakening.* New York, John Wiley & Sons, 1963, p. 148-200.

EXERCICES

1. Quelles ont été les contributions mathématiques de Platon et son rôle dans l'évolution des mathématiques grecques?

2. En quoi Eudoxe de Cnide vient-il augmenter le patrimoine des mathématiques grecques?

3. En quoi le traité d'Autolique de Pitane intitulé *Sur les sphères en mouvement* nous renseigne-t-il sur l'état des mathématiques grecques de son époque?
4. Quelles sont les difficultés ou les ambiguïtés inhérentes à l'application des postulats 1, 2, 5?
5. A quelle occasion rencontrons-nous pour la première fois l'utilisation de la méthode de réduction à l'absurde dans les *Éléments* d'Euclide?
6. Trouver le PGCD, par l'algorithme d'Euclide, des paires de nombres:
   a) 456 et 759
   b) 5 913 et 7 592
   c) 28 434 et 33 228
7. Trouver les 5e, 6e et 7e nombres parfaits par la méthode d'Euclide.
8. Quel a été le rôle d'Euclide dans l'évolution des mathématiques grecques?
9. Comment les inventeurs des géométries non euclidiennes ont-ils été amenés à mettre sur pied des géométries différentes de celle d'Euclide?
10. Platon, dans son *Théétète*, affirme que Théodore a prouvé l'irrationnalité de $\sqrt{3}$. Pouvez-vous en établir une preuve rigoureuse?

CHAPITRE

archimède et les maîtres de l'école d'alexandrie

ARCHIMÈDE

Archimède (vers 287-212 av. J.-C.), originaire de la grande cité grecque de Syracuse, était le fils d'un astronome peu connu nommé Phéidias; il entretenait, sinon des liens de parenté, tout au moins des liens très amicaux avec le roi Hiéron de Syracuse. On peut lire, dans un rapport, qu'il a séjourné en Égypte, à l'Université d'Alexandrie en particulier; il aurait de fait étudié avec les successeurs d'Euclide. Il est probable que, durant ce séjour, il a pu rencontrer Conon de Samos (un des successeurs d'Euclide), dont il reconnaît la valeur en tant que mathématicien, ainsi qu'Ératosthène, bibliothécaire de l'université, célèbre comme géographe. Tous deux entretenaient des liens amicaux avec Archimède, et celui-ci leur communiquera plusieurs de ses découvertes mathématiques ainsi qu'à Dosithée (élève de Conon) pendant la période qui s'écoule entre son retour à sa ville natale et sa mort qui survint lors du siège de Syracuse par le général romain Marcellus, en 212 av. J.-C.

Les historiens romains ont rapporté de nombreux faits et gestes attribués à Archimède; tous ces récits légendaires semblent imprégnés du désir de rendre témoignage au célèbre mathématicien, l'orgueil de Syracuse. On rapporte que, durant le siège (entre 214 et 212), Archimède inventa de nombreuses machines ingénieuses pour maintenir à distance les Romains qui tentaient d'envahir la cité: catapultes avec une portée variable, machine qui enflammait les bateaux romains, perches mobiles qui projetaient des masses considérables sur les bateaux placés trop près des murs de la cité, etc. Marcellus, désespéré par la résistance vive et acharnée des Syracusains, convertit, dit-on le siège en blocus et, profitant d'un moment d'inattention, alors que la cité célébrait une fête de Diane (déesse de la chasse), il pénétra dans la ville qui fut prise et saccagée. Marcellus avait commandé d'épargner la vie d'Archimède, mais ses ordres furent mal exécutés et Archimède fut tué par un soldat romain dans des circonstances qui font l'objet de spéculations toutes aussi vraisemblables les unes que les autres.

De nombreuses anecdotes, quelques-unes savoureuses, racontant des faits ou des légendes — on peut difficilement vérifier ces histoires — se rapportent à des traits de personnalité d'Archimède ou à diverses facettes de son intelligence géniale. Mentionnons, entre autres, l'histoire de la couronne du roi Hiéron qui, soupçonnant l'orfèvre d'y avoir habilement remplacé une partie de l'or par de l'argent, demanda aussitôt à son ami Archimède de résoudre le problème sans abîmer cette pièce si bien sculptée. Archimède résolut le problème en découvrant la première loi de l'hydrostatique et on rapporte qu'il prononça à cette occasion le mot célèbre «Eurêka, eurêka», pour témoigner de sa découverte. En une autre occasion, il étudiait les leviers et il trouva une application tout au moins originale de la loi générale sur les leviers en disant: «Donnez moi un point d'appui et je soulèverai le monde.»

On raconte que ses serviteurs devaient lui rappeler constamment l'obligation qu'il avait de boire et de manger, car il pouvait travailler sans relâche jour et nuit à résoudre des problèmes de géométrie et de mécanique. Archimède traçait ses figures géométriques dans la cendre provenant du bois consumé et sur son corps enduit de l'huile provenant des bains d'huile qu'on avait coutume de prendre à cette époque. On dit aussi qu'il avait demandé qu'on gravât sur son tombeau une sphère inscrite dans un cylindre, en souvenir de sa découverte sur le rapport de ces deux figures mathématiques, et cela fut exécuté, car Cicéron[1] retrouva son monument délaissé et caché par les ronces et les épines grâce à cette inscription originale.

Une grande partie des sujets traités par Archimède représente une contribution originale aux mathématiques de son époque. Ses travaux, qui embrassent à la fois la géométrie plane et la géométrie dans l'espace, l'arithmétique, la mécanique, l'hydrostatique et l'astronomie, sont toujours orientés vers la découverte de nouvelles connaissances et contiennent du matériel nouveau qui résulte d'approches originales et personnelles. Il ne cherche pas non plus à se mettre en évidence au détriment des autres et les introductions à ses ouvrages indiquent bien sa simplicité, sa modestie et son souci de la vérité, ainsi que les difficultés encourues parfois pour résoudre tel ou tel problème.

Archimède a écrit plus de dix ouvrages qui, suivant la critique actuelle, sont classés dans l'ordre suivant:

1. *Premier livre des équilibres,* qui traite des centres de gravité, des parallélogrammes et des triangles.
2. *Quadrature de la parabole,* qui contient une préface adressée à Dosithée et traite de la quadrature de tout segment parabolique en donnant deux solutions, l'une mécanique, l'autre géométrique.
3. *Deuxième livre des équilibres,* qui traite des centres de gravité des segments de parabole.
4. *Sur la sphère et le cylindre I et II.* Les principaux résultats contenus dans ces deux ouvrages sont:
   a) la surface d'une sphère est quatre fois celle du grand cercle;
   b) la surface d'un segment de sphère est égale à un cercle ayant un rayon égal à un segment de droite tracé du sommet du segment au point sur la circonférence de la base;
   c) lorsqu'un cylindre est circonscrit à une sphère avec une hauteur égale au diamètre de la sphère, alors, 1) le volume 2) la surface (avec les bases) du cylindre sont une fois et demie le volume et la surface respectivement de la sphère.
5. *Sur les spirales,* qui concerne la spirale d'Archimède ($f = r\theta$) et l'étude des tangentes et des aires balayées par le rayon vecteur.
6. *Sur les conoïdes et les sphéroïdes,* qui traite des volumes balayés par des ellipses et des paraboles tournant autour d'un axe de symétrie et par des hyperboles tournant autour de l'axe transverse.
7. *Mesure du cercle,* court traité qui se compose de trois propositions; la première démontre l'équivalence des deux problèmes de la quadrature et de la rectification; la deuxième montre que le cercle est les $\frac{11}{14}$ du carré circonscrit si la circonférence a pour longueur 3 fois le diamètre plus un septième; enfin, la dernière proposition, affirme que le périmètre du cercle est moindre que les $3\frac{1}{7}$ du diamètre, puisqu'il est supérieur aux $3\frac{10}{71}$ de ce diamètre.
8. *Arénaire,* qui contient un système de numération des grands nombres conçu à l'origine pour permettre à Archimède d'écrire un nombre supérieur au nombre de grains de sable requis pour remplir tout l'univers.
9. *Des corps flottants, livres I et II,* qui traite de l'équilibre d'un segment de paraboloïde de révolution flottant dans un liquide, du principe hydrostatique d'Archimède, etc.
10. *Traité de la méthode,* où Archimède dévoile à Ératosthène quelques-unes de ses méthodes de recherche utilisées pour découvrir plusieurs de ses théorèmes.

LE SYSTÈME DE NUMÉRATION D'ARCHIMÈDE

Conçu dans le but de prolonger au-delà de la myriade la représentation des nombres, ce système utilisait au départ une myriade, ou 10 000, comme l'unité du premier ordre et obtenait, par extension de la myriade, le nombre 100 000 000 ou $(10\,000)^2$. Puis, partant de la myriade de myriade comme unité du second ordre, il atteint par extension $(100\,000\,000)^2$; de nouveau ce dernier nombre devient l'unité du troisième ordre par extension dans le but d'obtenir

1. Marcus Tullius Cicero (106-43 av. J.-C.), orateur latin, est célèbre par ses plaidoyers, ses discours et une carrière politique parsemée d'embûches.

$(100\,000\,000)^3$. A la suite, nous obtenons le 1000 000 000e ordre qui se termine par extension avec le nombre $(100\,000\,000)^{100\,000\,000}$ que nous appellerons N.

En notation moderne $N = (10^8)^{10^8}$ et Archimède utilisait ce nombre comme le dernier terme de la première période qui débute naturellement avec 1. Puis, il utilisait N comme unité de la seconde période et, par extension, la seconde période débute avec N et se termine avec 100 000 000 N pour le premier ordre, le deuxième ordre se terminant par $(100\,000\,000)^2$ N, et le 100 000 000e ordre de la seconde période se terminant avec le nombre $(100\,000\,000)^{100\,000\,000}$ N ou N^2. Si l'on prend N^2 comme unité du premier ordre de la troisième période, on peut, par extension aller jusqu'au 100 000 000e ordre de la 100 000 000e période, ou N^{10^8}.

La grandeur de ce système est énorme, si l'on considère que le dernier nombre de la première période peut être représenté dans notre système décimal par 1 suivi de 800 000 000 de zéros. Après avoir mis sur pied ce système et évalué approximativement la dimension de l'univers et celle d'un grain de sable, Archimède a affirmé que le nombre de grains était plus petit que 10^{51} en ce qui a trait à l'univers considéré à cette époque.

LA MÉTHODE

Le manuscrit de la *Méthode* d'Archimède fut retrouvé en 1906 sur un parchemin de Constantinople dont le texte religieux masquait le texte du célèbre Syracusain. Il nous dit, dans cet ouvrage, comment il a découvert certains théorèmes relatifs à la quadrature et à la curvature, tout en insistant pour suggérer la véracité des théorèmes et les démonstrations rigoureuses par des méthodes géométriques irréfutables qui doivent suivre avant d'accepter finalement la preuve de ces théorèmes. En d'autres termes, les procédés mécaniques servent à explorer les théorèmes et non à les prouver. La méthode mécanique ainsi utilisée pour la découverte de théorèmes ne saurait en fournir les preuves, la preuve utilisant très souvent comme support la méthode d'exhaustion. Les caractéristiques importantes de cette méthode mécanique sont essentiellement les suivantes:

Voici X, une figure plane ou solide dont on cherche l'aire ou le volume. La méthode consiste à peser des éléments infinitésimaux de X par comparaison avec des éléments correspondants d'une figure Y dont l'aire ou le volume et la position du centre de gravité sont connus. En vue de réaliser l'équilibre mécanique, les figures sont disposées de telle manière qu'un diamètre commun ou un axe commun se trouve sur une même ligne droite. Si alors, les éléments infinitésimaux sont des sections de figures obtenues par des plans parallèles perpendiculaires à l'axe commun et qui coupent les figures, les centres de gravité de tous les éléments sont en un point ou un autre sur cet axe. Cet axe devient le levier d'une balance. Ces éléments sont perçus alors comme des lignes droites (figures planes) ou des aires planes (figures solides).

Archimède (vers 287-212 av. J.-C.).

Le but d'Archimède consiste à balancer les éléments de X en les appliquant tous en un seul point du levier, alors que les éléments de Y demeurent en place. Et, puisque le centre de gravité de Y est connu, aussi bien que son aire ou son volume, il imagine Y comme une masse agissant en son centre de gravité et, conséquemment, X et Y placés en leur point respectif, nous connaissons les distances des deux centres de gravité du point d'application du levier (où le levier est suspendu) et aussi l'aire ou le volume de Y. Ainsi, l'aire ou le volume de X est trouvé. Cette méthode offre l'avantage d'éliminer l'intégration dans la recherche de l'aire ou du volume d'une figure géométrique. Illustrons sa méthode par un exemple.

Proposition 1 du Livre de la méthode

«Voici ABC, un segment de parabole limité par la droite AC et la parabole ABC et soit D, le point milieu de AC. Trace la droite DBE parallèle à l'axe de la parabole et joins AB, BC. Alors, le segment ABC est 4/3 du triangle ABC.»

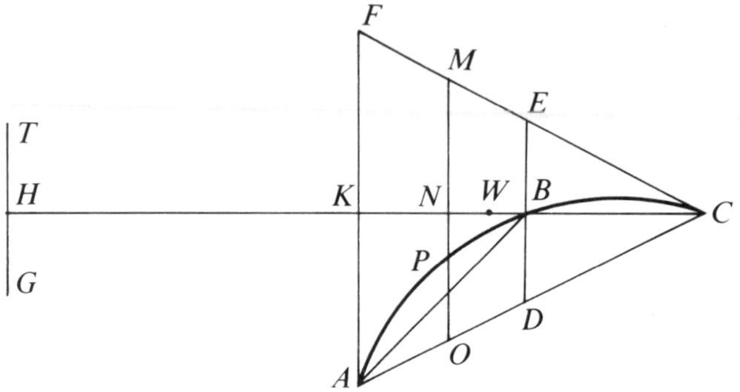

Démonstration

De A, trace AKF parallèle à DBE et issue de C la tangente à la parabole rencontre DBE en E et AKF en F. Trace CB et prolonge jusqu'à K et puis jusqu'à H, de telle sorte que $KH = CK$. Considère CH le levier de la balance, K son point milieu.

Voici MO, droite parallèle à ED qui rencontre CF, CK, AC en M, N, O et la courbe en P. Puisque CE est une tangente à la parabole et CD est la demi-ordonnée, alors $EB = BD$ (ceci est prouvé, selon Archimède, dans les éléments des *Coniques* d'Aristée et d'Euclide). Puisque FA, MO sont parallèles à ED, il suit que $FK = KA$, $MN = NO$ (suit de la même propriété que précédemment).

Maintenant, par la propriété de la parabole «prouvée dans un lemme»[1],

$$\frac{MO}{OP} = \frac{CA}{OA}, \text{ d'où } \frac{MO}{OP} = \frac{CK}{KN} \text{ (Euclide VI, 2)}$$
$$= \frac{HK}{KN}.$$

Mesure TG égal à OP et place le en son centre de gravité en H tel que $TH = HG$; alors, puisque N est le centre de gravité de MO, on a $\frac{MO}{TG} = \frac{HK}{KN}$; il suit que TG en H et MO en N sont en équilibre autour de K[2].

1. Cf. proposition 5 dans *Quadrature de la parabole*.
2. Cf. *Premier livre des équilibres*, propositions 6, 7.

De façon similaire pour toute autre droite parallèle à DE et qui rencontre l'arc de la parabole, les parties interceptées entre FC et AC avec leur point milieu sur KC et une longueur égale à l'ordonnée entre la courbe et AC ayant son centre de gravité en H seront en équilibre autour de K.

De plus, K est le centre de gravité de tout le système comprenant
a) toutes les droites telles que MO entre FA et AC situées à l'intérieur du triangle AFC.
b) toutes les droites placées en H égales aux droites comme PO situées entre la courbe et AC.

Et, puisque le triangle CFA est constitué de toutes les parallèles telles que MO, et le segment CBA est constitué de toutes les droites telles que PO sous la courbe limitée par AC, il suit que le triangle ABC est en équilibre autour de K avec le segment CBA placé avec son centre de gravité en H.

Divise KC en W tel que $CK = 3\ KW$, alors W est le centre de gravité du triangle ACF[1].

De plus

$$\frac{\Delta\, ACF}{\text{segment } ABC} = \frac{HK}{KW},$$
$$= \frac{3}{1}.$$

De plus
$$\text{segment } ABC = \tfrac{1}{3}\, \triangle ACF$$
mais
$$AFC = 4\, \triangle ABC,$$
alors
$$\text{segment } ABC = \tfrac{4}{3}\, \triangle ABC.$$

«Maintenant, ce qui a été énoncé n'est pas actuellement démontré par l'argument utilisé; mais cet argument a fourni un indice que la conclusion est vraie. Voyant alors que le théorème n'est pas démontré, mais suspectant aussi que la conclusion est vraie, nous devons avoir recours à la démonstration géométrique que j'ai moi-même découverte et que j'ai déjà publiée[2].»

Nous retrouvons une démonstration géométrique rigoureuse de la quadrature de la parabole (plus précisément d'un segment de parabole) dans la *Quadrature de la parabole*[3], propositions 16 et 17. Cepen-

1. Cf. *Premier livre des équilibres*, proposition 15.
2. Sir Thomas L. Heath, ed., *The Works of Archimedes, with the Method of Archimedes*, New York, Dover, 1953, p. 17-18.
3. Le terme parabole n'est pas de la langue d'Archimède, il utilisait plutôt l'expression «section d'un cône droit».

dant, dans les sept dernières propositions de ce même ouvrage, Archimède reprend une preuve différente de la quadrature appuyée surtout par l'existence d'une série infinie d'aires, chacune étant quatre fois supérieure à la suivante dans l'ordre, et dont la somme est inférieure à l'aire du segment de la parabole, le tout démontré par la méthode d'exhaustion et non par la somme infinie des aires de la forme $A + \frac{A}{4} + \frac{A}{4^2} + ... + \frac{A}{4^n} + ...$, qui est évidemment égale à $\frac{4}{3} A$.

Les travaux d'Archimède sont des chefs-d'œuvre sur le plan de l'exposé mathématique et ressemblent beaucoup aux articles de revues modernes. De présentation soignée et de style concis, les textes du plus grand mathématicien de l'Antiquité souffrent peu d'un manque de rigueur et leur contenu est à la fois original et recherché.

En résumé, les principales contributions d'Archimède touchent à la théorie des leviers, établie sur des principes de la statique, à l'étude des centres de gravité de figures planes et solides et à l'équilibre physique de ces figures, à l'étude de l'hydrostatique, entre autres les propriétés des liquides et l'équilibre des corps plongés dans les liquides, à l'étude de la représentation des grands nombres, à l'approximation de π par un polygone inscrit de quatre-vingt-seize côtés, à l'étude de la spirale arithmétique et des tangentes à cette spirale, à la quadrature des segments de courbes (origine du calcul différentiel et intégral), à l'étude de figures solides comme la conoïde et la sphéroïde, à l'étude des rapports étroits entre la sphère et le cylindre (il semble manifester une préférence pour cette étude), à l'application de la géométrie algébrique des Grecs pour la résolution de ses problèmes (en particulier *Sur la sphère et le cylindre),* à l'étude des systèmes d'équations simultanées (en particulier le «Problème des Bœufs» qui contient huit inconnues et dont la résolution est un premier exemple de l'équation de Pell).

ÉRATOSTHÈNE

Pendant que le grand Archimède étudiait les mathématiques et faisait des recherches dans sa ville natale de Syracuse, une personnalité «fascinante»[1] s'était jointe au personnel du Musée d'Alexandrie. C'était Ératosthène, un mathématicien de talent, mais aussi un génie universel qui s'est créé aussi une réputation de poète, d'historien, de géographe, de mathématicien, d'astronome et d'athlète.

Ératosthène (vers 276-vers 194 av. J.-C.) était né à Cyrène, ville de la côte sud de la mer Méditerranée. Il passa plusieurs années de sa jeunesse à Athènes puis, invité par Ptolémée III d'Égypte, il devint à la fois précepteur de son fils et bibliothécaire en chef de l'Université d'Alexandrie à l'âge de quarante ans.

On dit de lui qu'il fut toujours un second violon et c'est peut-être la raison pour laquelle ses amis l'ont surnommé «Bêta». Les étudiants de l'Université d'Alexandrie l'appelaient aussi «Pentathlos»: le champion dans cinq disciplines sportives.

Ératosthène a excellé dans plusieurs activités, mais sa contribution scientifique la plus valable correspond à des mesures pour évaluer le périmètre de la terre. Ses travaux de chronologie ont permis aussi de distinguer entre les légendes et les faits vécus et de dater les événements exclusivement sur la base de documents authentiques à partir de la chute de Troie, alors qu'auparavant on rapportait les événements historiques en les rattachant soit à des générations successives, soit à des règnes, soit enfin aux Olympiades.

La mesure de la terre qu'il effectua (d'autres avant lui avaient fourni des valeurs très peu précises de l'ordre de 300 000 stades) fut obtenue à partir de la distance mesurée en stades (approximativement le dixième d'un mille) entre Syène et Alexandrie. Après avoir trouvé une distance de 5 000 stades, il établit la relation suivante: au solstice d'été, le soleil est exactement au zénith de Syène, alors qu'il fait un angle de $\frac{1}{50}$ de quatre angles droits avec le zénith d'Alexandrie. Ceci lui donna $50 \times 5\,000 = 250\,000$ stades pour le périmètre de la terre, valeur dont l'ordre de grandeur est correct (circonférence de la terre = 246 620 stades).

Gravée dans les pierres du temple du roi-dieu Ptolémée, la solution mécanique de la duplication du cube par Ératosthène revient à déterminer deux moyennes proportionnelles (ou médiétés) à partir de la moyenne géométrique proportionnelle ainsi que de toutes les proportionnalités à partir de l'égalité, le tout apparaissant dans les ouvrages de Théon d'Alexandrie et de Pappus.

En théorie des nombres, on mentionne Ératosthène à l'occasion de l'étude des nombres premiers

1. Le mot est de R.E. Langer.

à cause de son «crible», méthode qui permet d'extraire les nombres premiers à partir d'une suite illimitée de nombres impairs. Il suffit d'extraire le nombre 3 et de rayer tous ses multiples, puis d'extraire le nombre 5 et d'en rayer les multiples etc.; par itération, on obtient, un par un, les nombres premiers aussi nombreux que l'on désire.

NICOMÈDE

Chronologiquement, **Nicomède** se situe entre Ératosthène et Apollonius de Perga — le dernier grand géomètre grec — et il semble appartenir à la même famille alexandrine de mathématiciens.

On lui doit une courbe appelée «conchoïde», construite mécaniquement et dont l'utilisation sert à résoudre la trisection d'un angle et la duplication du cube. Nous empruntons à Heath[1] le procédé mécanique pour tracer la courbe:

AB est une règle, *D*, est une cheville tout comme *E*.

Lorsque le crayon se déplace en tournant autour de *D* et se dirige vers la droite en suivant la cheville *E* sur *AB* alors qu'il descend suivant la cheville *D*, il trace alors la conchoïde *MOP*.

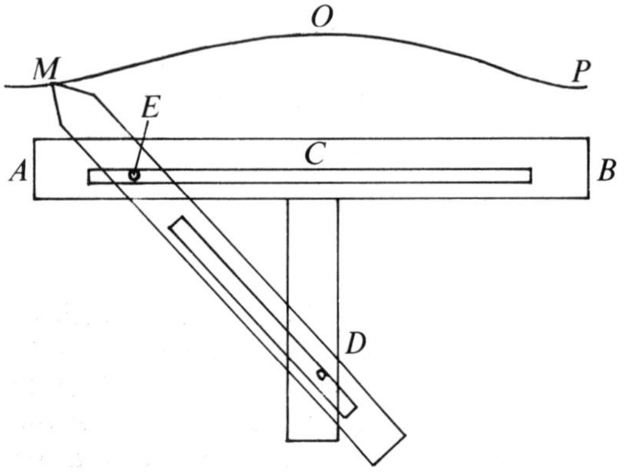

En notation moderne, si r est le rayon vecteur DM, et que $EM = a$ et $CD = b$, alors l'équation de la courbe en coordonnées polaires devient: $r = a + b \sec \theta$, où AB est une asymptote.

1. Sir Thomas L. Heath, *A Manual of Greek Mathematics*, New York, Dover, 1953, p. 150.

APOLLONIUS

En un siècle d'existence, Alexandrie a déjà connu plusieurs successeurs au trône de son fondateur et tous ces rois se sont révélés des hommes d'État compétents et libéraux. Le royaume d'Égypte connaît une prospérité nouvelle, Alexandrie grossit de jour en jour et cette métropole abrite une population qui approche du million. Les membres de l'Université habitent la cité dont les rues larges et droites favorisent les déplacements rapides et directs. On trouve dans cette ville cosmopolite des colonnades de pierre blanche, des statues grecques et des obélisques égyptiens, des théâtres, des hippodromes, des parcs agrémentés de fleurs, des marchés, des bains publics, un forum et un immense gymnase.

La cité royale, partie élégante de la ville, comprend les palais des différents successeurs de Ptolémée Ier, le mausolée d'Alexandre le Grand, les tombes des rois, les archives nationales, un théâtre et un amphithéâtre, de nombreux petits temples exquis, le grand temple du dieu Poséidon. Et, près du port, liés par une chaîne de colonnades, des édifices d'un blanc immaculé abritent la Grande Bibliothèque et le Musée. C'est ici, dans cet environnement merveilleux, que les savants d'Alexandrie vivaient. Ils prenaient leurs repas ensemble dans des salles spécialement aménagées, alors que les élèves et le maître discutaient.

Venu à Alexandrie dans sa jeunesse pour étudier avec les successeurs d'Euclide, **Apollonius de Perga** (vers 262-vers 200 av. J.-C.) y demeura longtemps avant de visiter Pergame (Asie Mineure) où une université et une bibliothèque à l'image d'Alexandrie venaient d'être fondées. Il retourna ensuite à Alexandrie, pour ne plus la quitter jusqu'à sa mort survenue entre 200 et 190 av. J.-C.

Bien qu'Apollonius ait été un astronome de talent et qu'il ait écrit sur une variété de sujets mathématiques, sa renommée provient essentiellement de ses *Sections coniques* où la méthode utilisée est beaucoup plus proche de la géométrie analytique actuelle que des méthodes purement géométriques. Dans les huit livres de ce traité, contenant 400 propositions, le «grand géomètre», comme l'appelaient ses contemporains, étudie largement ces courbes, dépassant ainsi nettement tous les travaux de Menechme, d'Aristée et d'Euclide sur ce sujet. Les quatre premiers livres, les seuls qui nous soient parvenus dans le texte grec, représentent l'ensemble de la théorie des coniques élaborée par ses précurseurs tout en apportant des généralisations importantes. Les quatre derniers livres renferment plutôt les recherches originales de l'auteur et sont de caractère et d'aspect mathématique plus avancé. Le cinquième traite des normales aux coniques et détermine leur enveloppe. Le sixième considère l'égalité (congruence) et la similitude de ces courbes. Le septième contient des théorèmes de limitations englobant des diamètres conjugués. Le huitième ne nous est pas parvenu, mais l'introduction d'Apollonius au traité nous apprend qu'il traitait de problèmes comportant un nombre fini de solutions déterminées sur les coniques.

Chez les précurseurs d'Apollonius, les sections coniques, ellipse, parabole et hyperbole, étaient obtenues par des sections de trois sortes différentes de cônes circulaires droits, selon que l'angle du sommet était aigu, droit ou obtus. Apollonius innove en montrant qu'il n'est pas nécessaire de prendre des sections perpendiculaires à un élément du cône. Il suffit, à partir d'un cône ordinaire, de varier l'inclinaison des coupes planes. De plus, Apollonius est arrivé à des généralisations sur les coniques en utilisant non seulement le cône circulaire droit, mais aussi le cône oblique ou le cône circulaire scalène. Si les commentateurs ont dit vrai, on peut affirmer qu'Apollonius fut le premier géomètre qui a montré que les propriétés des coniques sont les mêmes, qu'elles proviennent de cônes obliques ou droits. Enfin, on lui doit la superposition de deux cônes, l'un renversé sur son sommet et reposant sur le sommet du deuxième de telle manière que les sommets coïncident et que les axes des deux cônes se trouvent dans le prolongement des axes de chacun.

Il semble que, à la suite d'une suggestion d'Archimède, Apollonius ait introduit les mots *ellipse* et *hyperbole* pour désigner ces courbes, alors qu'Archimède aurait utilisé le terme *parabole* pour désigner la section d'un cône dont l'angle au sommet est droit. Ces trois mots ne furent pas inventés par Apollonius, mais plutôt empruntés par lui aux pythagoriciens qui les utilisaient dans la solution des équations quadratiques à travers l'application des aires. Lorsque les pythagoriciens appliquaient un rectangle à un segment de droite de telle manière que deux extrémités du segment et de la base du rectangle coïncident, ils disaient alors posséder trois cas, le cas de l'ellipse, celui de la parabole ou celui de l'hyperbole, suivant que la base appliquée était plus courte que le segment, coïncidait avec le segment, ou excédait le segment.

Apollonius obtient les trois coniques et leurs propriétés fondamentales en générant un double cône (deux cônes l'un sur l'autre avec les sommets qui coïncident), généralement oblique, par un cercle et tout point hors du plan du cercle, les deux reliés par une droite issue du point et tournant en touchant chacun des points du cercle. Il définit l'axe du cône par la droite tracée du sommet du cône et tombant sur le centre du cercle de base.

Ainsi, SO est l'*axe* du cône oblique (scalène). Soit ASB, un triangle et DC, la base d'une section à angle droit avec AB. Alors, si FE est l'axe de la section et GG' toute corde de la section parallèle à DC et qui coupe l'axe FE en M, Apollonius a prouvé que GG' est divisée en deux parties égales en M.

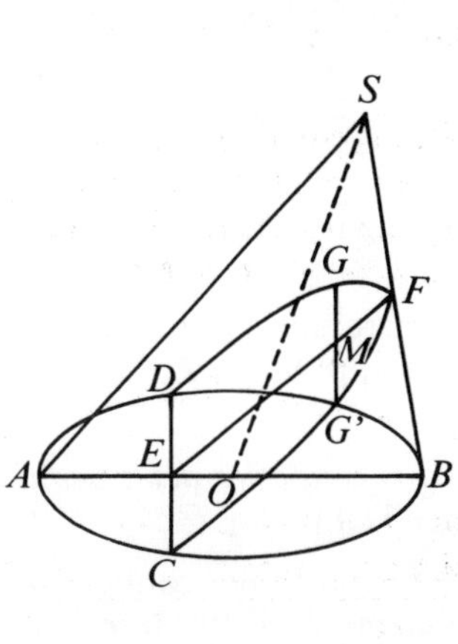

De plus, FE est un *diamètre* de la section (selon sa définition). Il explique alors qu'en général la corde GG' n'est pas à angle droit avec FE et le sera seulement si a) le cône est un cône droit ou b) le plan de la section est à angle droit avec la base du cône. Considérons maintenant les trois cas qui correspondent aux trois coniques:

1) le diamètre FE est parallèle à AS, génératrice du cône: Apollonius choisit FR perpendiculaire à FE et dont la longueur est telle que

$$\frac{FR}{FS} = \frac{AB^2}{AS \cdot SB} \cdot$$

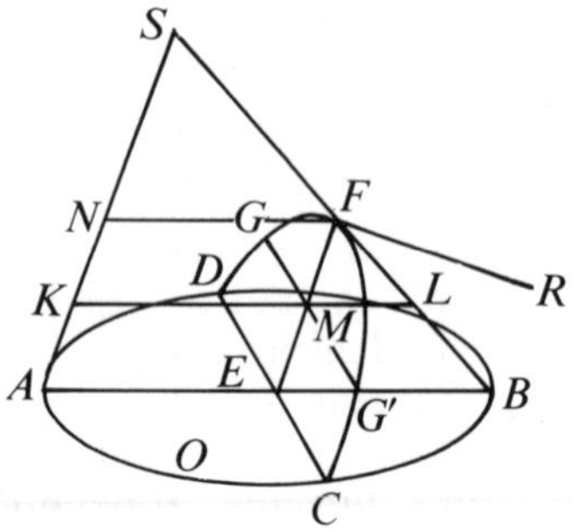

Par triangles semblables

$$\frac{LM}{FM} = \frac{AB}{AS} \;(\Delta FML \text{ et } \Delta ABS)$$
$$\frac{MK}{FS} = \frac{AB}{SB} \;(\Delta SNF \text{ et } \Delta ABS).$$

De plus

$$\frac{GM^2}{FM \cdot SF} = \frac{LM \cdot KM}{FM \cdot SF} = \frac{AB}{SB \cdot AS} = \frac{FR}{FS} = \frac{FR \cdot FM}{FS \cdot FM},$$

d'où

$$GM^2 = FR \cdot FM \text{ (la parabole).}$$

Ainsi, le carré sur l'ordonnée *GM* (GM^2) est égal au rectangle appliqué à *FR* avec comme largeur l'abcisse *FM*[1].

2) le diamètre *FE coupe les deux demi-droites SA* et *SB* pour donner l'ellipse.

3) le diamètre *FE* prolongé coupe *SA* et coupe *SB* sur le prolongement de cette dernière au-delà de *S* pour donner l'hyperbole.

Le traité des *Sections coniques* d'Apollonius contient énormément de matière — un traitement usuel et des parties très spécifiques — dont le contenu dense et diversifié est difficilement assimilable sans une préparation adéquate et sans une bonne dose de patient labeur. Difficile à lire à cause du grand nombre de propositions complexes et du contenu beaucoup plus diversifié et spécialisé que celui qui est ordinairement présenté dans nos cours modernes, ce grand traité n'en demeure pas moins l'analogue des *Éléments* d'Euclide en ce qui regarde l'étude des coniques. Précisons que, de toute évidence, des éléments tels que l'*exentricité* et la *directrice* n'apparaissent pas dans les *Coniques* d'Apollonius et, s'ils étaient connus à l'époque, il faudrait les rechercher dans les autres ouvrages du grand géomètre dont quelques rares orginaux nous sont parvenus.

La plupart des ouvrages d'Apollonius sont cités par Pappus d'Alexandrie (fin du IIIe siècle apr. J.-C.) qui en donne aussi brièvement le contenu. Ce sont: *Sur les sections proportionnelles* (181 propositions), *De spatii sectione* (124 propositions), *Sur les sections déterminées* (83 propositions), *Des contacts* (124 propositions), *Des inclinaisons* (125 propositions) et *Lieux plans* (147 propositions). Seul le premier ouvrage nous est parvenu: il fut traduit de l'arabe en latin par l'astronome Halley, ami de Newton, en 1703. Il se rapporte au problème suivant:

Mener, par un point *O* donné, une droite qui intercepte des segments *AA'*, *CC'* dans un rapport donné, sur deux droites données, à partir de deux points donnés, le rapport étant $\frac{AA'}{CC'} = k$ où *k* est une constante donnée.

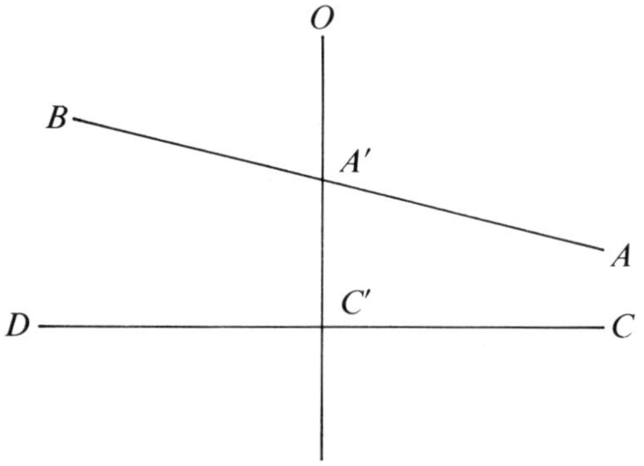

Le deuxième ouvrage traite un problème analogue au précédent, sauf que les segments forment un rectangle, c'est-à-dire $AA' \cdot CC' = k$ où *k* est une constante.

Pappus résume le troisième livre comme suit. «*Couper une droite indéfinie en un point tel que le carré construit sur une des droites ainsi découpées jusqu'à des points donnés sur cette droite, ou le rectangle compris sous les droites découpées,*

1. Le segment de droite *FM* est appelé par Apollonius, l'abcisse et le segment *GM* est l'ordonnée. Généralement les ordonnées ne sont pas perpendiculaires au diamètre.

ait un rapport donné soit avec le carré d'une des droites découpées, soit avec le rectangle compris sous l'une des droites découpées et une droite donnée ailleurs, soit avec le rectangle compris sous deux droites découpées de l'un ou de l'autre côté qu'on voudra des points donnés.»

Le traité *Des contacts* étudie le problème de la construction d'un cercle tangent à trois cercles donnés, où les cercles donnés peuvent dégénérer indépendamment en lignes droites ou en points. Ce problème, connu maintenant comme le «problème d'Apollonius», a attiré de nombreux mathématiciens parmi lesquels on compte Viète, Euler, Newton, Descartes, Gergonne. Le cinquième ouvrage traite du problème de construire une droite entre deux lieux donnés qui passe par un point donné. Le dernier livre contient de nombreux théorèmes qui traitent des lieux géométriques dans le plan.

Avec le dernier des trois grands mathématiciens du IIIe siècle av. J.-C. prend fin l'âge d'or des mathématiques grecques. En effet, l'ère des bons gouvernements avec des préoccupations d'ordre intellectuel, inaugurée par le fondateur d'Alexandrie et poursuivies par les trois premiers Ptolémée, change de visage dès l'avènement de Ptolémée IV, qui a lieu vers la fin de la vie d'Apollonius. Se comportant plutôt comme un bouffon et agissant en meurtrier (il assassina sa propre mère, sa femme, son frère et ses amis), Ptolémée IV entraîna avec lui une décadence progressive du haut niveau social qu'Alexandrie avait connu.

Heureusement, au Musée, le déclin fut graduel, car même les tyrans qui se sont succédés rapidement sur le trône d'Égypte considéraient l'Université d'Alexandrie comme un hommage à leur honneur et à leurs ambitions tyraniques.

TRIGONOMÉTRIE GRECQUE ET MATHÉMATIQUES APPLIQUÉES

La trigonométrie remonte très loin dans l'histoire des mathématiques; en effet les Égyptiens et les Babyloniens ont étudié quelques problèmes impliquant des éléments de trigonométrie.

Dans la construction de leurs pyramides — presque toutes les faces inclinées des pyramides font un angle de 52° avec l'horizontale — les anciens Égyptiens utilisaient pratiquement l'équivalent de la fonction cotangente. Les Babyloniens étaient probablement familiers avec l'utilisation de la cosécante dont une table est contenue dans la tablette Plimpton 322. Les astronomes babyloniens des Ve et IVe siècles av. J.-C avaient accumulé une masse considérable de données astronomiques et astrologiques qui allaient permettre, entre les mains des mathématiciens grecs, d'ériger graduellement la trigonométrie en un corps de doctrine.

Avec les Grecs, nous observons pour la première fois une étude systématique des relations entre les angles (ou arcs) dans un cercle et les longueurs de cordes sous-tendues. Les propriétés des cordes comme mesures des angles inscrits et des angles au centre dans les cercles sont connues à l'époque d'Hippocrate, et il semble bien qu'Eudoxe ait utilisé des rapports et des mesures d'angles dans la détermination des dimensions de la terre et des distances relatives du soleil et de la lune. Chez Euclide, on trouve peu de trigonométrie, à part des lois trigonométriques ou des formules. Chez Archimède, le théorème de la corde brisée — si dans un cercle deux cordes AB et BC sont tracées, la perpendiculaire KM abaissée sur la plus grande corde (BC en l'occurrence) du point milieu K de l'arc ABC divise la ligne brisée en deux segments tels que $AB + BM = MC$ ou $MC = \frac{1}{2}(CB + BA)$ — peut être mis sous une forme trigonométrique analogue aux formules pour les sinus de sommes et de différences d'angles.

Avec les travaux d'Ératosthène de Cyrène et surtout avec le traité d'astronomie d'Aristarque de Samos, le besoin d'une étude plus poussée des relations angle-corde devenait de plus en plus urgent et utile.

ARISTARQUE

Aristarque de Samos (vers 310-230 av. J.-C.), né dans l'île de Samos, fut le premier à énoncer que la terre et les planètes tournaient autour du soleil, devançant Copernic de 17 siècles. Dans un petit ouvrage intitulé *Sur les dimensions et les distances du soleil et de la lune*, Aristarque établit des rapports trigonométriques et nous les présente dans 18 propositions. Par exemple, la proposition 7 énonce: «La distance du soleil à la terre est plus grande que dix-huit fois, mais plus petite que vingt fois la distance de la lune à la terre.»

Ceci équivaut à dire que le rapport de la distance de la lune à celle du soleil est égal à sin 3° ou plutôt $\frac{1}{2}° < \sin 3° < \frac{1}{18}$.

Dans les propositions 11, 12, 13, respectivement, il obtient les rapports suivants:
$\frac{1}{6} < \sin 1° < \frac{1}{45}$, $\frac{89}{90} < \cos 1° < 1$, $\frac{44}{45} < \cos^2 1° < 1$.

HIPPARQUE

Hipparque de Nicée (vers 180-vers 125 av. J.-C.), appelé par les Grecs le père de l'astronomie, a vécu à Rhodes et devint associé à l'Université d'Alexandrie dans les années 161-126. Théon d'Alexandrie (vers 365 apr. J.-C.) prétend qu'Hipparque a écrit un traité en 12 livres sur le calcul des cordes dans un cercle, mais aucune trace de cet ouvrage n'est demeurée. Hipparque est important en astronomie à cause des améliorations qu'il a apportées aux instruments et aussi aux techniques d'observation. On lui attribue généralement la découverte de la précession des équinoxes, la détermination de l'inclinaison de l'écliptique et des mesures sur les parallaxes et les irrégularités du mouvement de la lune. Pour les mathématiciens, il est le fondateur de la trigonométrie ou tout au moins le père de cette branche nouvelle des mathématiques grecques. Avec sa table des cordes, on croit qu'il a grandement influencé, sinon introduit lui-même, l'utilisation systématique du cercle de 360° et ses divisions, héritage des Babyloniens. Cette table de cordes calculée probablement à la manière de Claude Ptolémée (vers le IIe siècle apr. J.-C.) annonce les tables de sinus. On lui attribue aussi l'invention d'un système de références en termes de longitude et de latitude, une conception des trajectoires du soleil et de la lune comme des orbites excentriques, ainsi qu'une contribution importante à la théorie des éclipses.

La vie à Alexandrie, durant le séjour d'Hipparque à l'Université, se dégradait de jour en jour et l'atmosphère d'agitation et de turbulence devenait inquiétante sinon intenable pour les habitants, en particulier pour les savants. La dégradation de la royauté avait permis d'instaurer le meurtre comme monnaie courante et l'autorité engendrait plus la peur et l'affolement qu'un climat serein où le travail créateur pouvait en toute liberté s'épanouir et progresser. La vie sociale se modifiait, les distinctions de classes s'accentuaient très rapidement, les mœurs corrompues des privilégiés et des riches (riches et amis des rois cruels et inhumains) se manifestaient dans les vêtements extravagants, les bijoux surperflus et l'usage incongru de cosmétiques. La classe pauvre incapable de survivre par elle-même, manifestait son existence inhumaine par le vol, le pillage et toute cette société, jadis l'orgueil et l'idéal d'Alexandre le Grand, périclitait dangereusement, l'épanouissement culturel faisant place à la décadence morale.

Heureusement, la dynastie des Ptolémée prend fin sur une lueur d'espoir et un retour partiel vers un climat plus pacifique avec son dernier représentant, **Cléopâtre.** Engagée dans une lutte pour le pouvoir avec son frère, obligée de convaincre César, le nouveau maître romain qui arrive à Alexandrie, de lui adjuger le trône, Cléopâtre réussit à rallier à sa cause le grand conquérant romain. Cependant, la population d'Alexandrie voyait d'un mauvais œil la présence de César en Égypte; celui-ci, qui cantonnait dans la ville avec une petite garnison, décida de quitter précipitamment cette populace hostile tout en mettant le feu à la ville. Près d'un demi-million de manuscrits furent malheureusement brûlés durant cette nuit dévastatrice, alors qu'il avait fallu près de trois siècles pour accumuler ces sources inestimables à jamais disparues.

Quelque temps après, Cléopâtre, à la suite du décès de son frère, devint le seul maître de l'Égypte. Résolue, intègre, ambitieuse et intelligente, elle sut se montrer capable d'administrer et d'encourager l'œuvre initialement entreprise. Elle décida de restaurer la Grande Bibliothèque et de rétablir le Musée que des savants avaient quitté sous le règne de ses cruels prédécesseurs. Par un heureux concours de circonstances, elle réussit à récupérer la collection complète de la bibliothèque de Pergame (plus de 200 000 manuscrits) et ainsi renflouer la Grande Bibliothèque pour lui permettre de poursuivre l'élan initial, tout au moins avec des buts plus modestes. Enfin, elle accrut sa protection sur les savants, les rétablissant dans leur dignité d'antan; elle voyagea beaucoup pour recruter du personnel compétent, suscitant ainsi la confiance et le respect envers l'Université. A la mort de Cléopâtre, en 31 av. J.-C., sa dynastie prend fin et l'Égypte devient une province de l'Empire romain. Les structures politiques romaines restaurèrent la paix et l'ordre dans la cité et une nouvelle ère de prospérité commença. Les Romains ont continué l'œuvre de Cléopâtre en ce qui regarde le Musée et la Bibliothèque, et l'Université d'Alexandrie ressemble de plus en plus à nos universités, tant au point de vue de la structure qu'à celui du fonctionnement.

MENELAÜS

Menelaüs d'Alexandrie (vers 100 apr. J.-C.), étudiant, puis membre de l'Université jusqu'au moment où il fut appelé à Rome à titre d'astronome, a écrit, suivant Théon, six livres sur les *Cordes dans un cercle*, aujourd'hui disparus. Il semble avoir été le premier à définir le triangle sphérique et a développé un bon nombre de théorèmes sur la trigonométrie sphérique. Le seul ouvrage qui nous est parvenu — d'autres ont été mentionnés par des commentateurs — est *Sphærica,* portant sur les figures sphériques. Il définit le triangle sphérique comme l'espace sur la surface d'une sphère compris entre des arcs de grands cercles et ces arcs, plus petits que la moitié de la circonférence, sont les côtés du triangle.

Le livre I traite de théorèmes de congruence, de théorèmes sur des triangles isocèles. En plus, on rencontre le théorème qui dit que «la somme des angles dans un triangle sphérique est plus grande que 180°». Le livre II applique la géométrie sphérique à l'astronomie. Le livre III contient la trigonométrie sphérique connue du temps, largement déduite du «théorème de Menelaüs». On peut l'énoncer comme suit: «Le produit de trois rapports de segments consécutifs de côtés d'un triangle plan construit par toute ligne transversale égale l'unité.»

Voici ABC, un triangle et, issue de D, la transversale qui le coupe en E, F. Abaissons de A, B et C des perpendiculaires AG, BH, CI à la ligne FD.

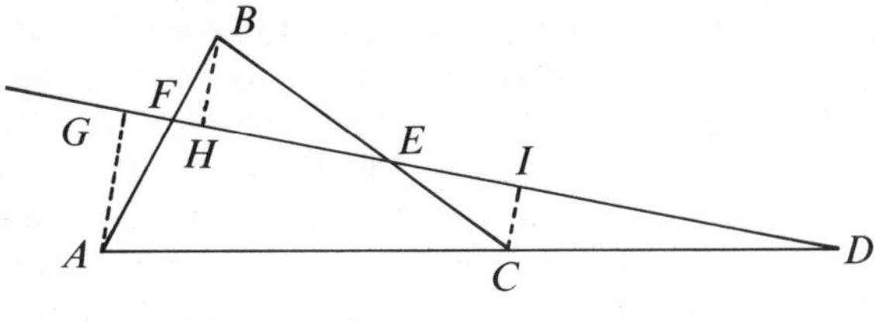

Par triangles semblables,

$$\frac{AD}{DC} = \frac{AG}{CI}, \quad \frac{CE}{EB} = \frac{CI}{BH}, \quad \frac{BF}{FA} = \frac{BH}{GA};$$

d'où, par multiplication,

$$\frac{AD}{DC} \cdot \frac{CE}{EB} \cdot \frac{BF}{FA} = 1$$

et on obtient aussi une forme équivalente

$$AD \cdot CE \cdot BF = CD \cdot BE \cdot AF.$$

Pour un triangle sphérique, le théorème revient à écrire l'égalité suivante:

$$\sin AD \cdot \sin CE \cdot \sin BH = \sin CD \cdot \sin BE \cdot \sin AF.$$

A partir de ce théorème, appliqué en trigonométrie sphérique, on peut déduire une bonne partie de la trigonométrie sphérique en utilisant des triangles particuliers et diverses transversales.

PTOLÉMÉE

Claude Ptolémée (vers 85-vers 165 apr. J.-C.) — sans lien de parenté avec la dynastie des Ptolémée — fut membre de l'Université d'Alexandrie de 125 à 160 et fit des observations de nature astronomique. Il a composé en grec un ouvrage en treize livres appelé communément l'*Almageste* — de *magiste* (le plus grand) auquel les Arabes ont ajouté l'article *al* — qui a joué en astronomie le même rôle que les *Éléments* d'Euclide en mathématiques. Cette *Synthèse mathématique* a influencé toute l'Antiquité sur le plan de la trigonométrie et toutes les tables astronomiques parues jusqu'au XIIe siècle reposent essentiellement sur l'*Almageste.* Les fondements mathématiques de l'ouvrage se trouvent dans le livre I et aucune amélioration ne fut apportée à son contenu trigonométrique avant la fin du Moyen Age.

L'*Almageste* de Ptolémée a survécu aux ravages du temps et nous avons ainsi conservé non seulement les tables trigonométriques, mais aussi un exposé des méthodes utilisées pour leur construction. Ptolémée a divisé le cercle en 360° et le diamètre en 120 parties, puis chaque partie en minutes, secondes et troisièmes dans le système sexagésimal des Babyloniens. Il acceptait que le rapport de la circonférence d'un cercle au diamètre était 3°8′30″, tel que

$$\pi = 3 + \frac{8}{60} + \frac{30}{60^2}$$

c'est-à-dire 3,14166. Ptolémée utilisait, entre autres, pour le calcul des cordes une proposition de nature géométrique qui porte d'ailleurs le nom de «Théorème de Ptolémée»: «La somme des produits des côtés opposés d'un quadrilatère cyclique est égal au produit des diagonales.»

En effet, si $ABCD$ est un quadrilatère convexe inscrit alors,

$$AB \cdot CD + BC \cdot DA = AC \cdot BD.$$

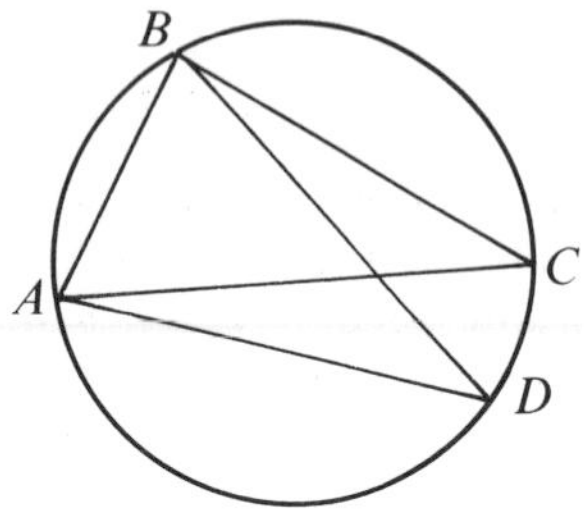

Ce théorème de Ptolémée conduit à la formule

$$\sin(\alpha \pm \beta) = \sin\alpha \cos\beta \pm \cos\alpha \sin\beta$$

et à la formule analogue pour le cosinus d'une somme ou d'une différence d'angles.

Il faut se rappeler que les Grecs ne connaissaient pas les rapports trigonométriques et qu'ils ont utilisé, tout comme les Hindous et les Arabes par la suite, des lignes trigonométriques sous forme de cordes d'arc de cercle. Ptolémée arrivait à exprimer approximativement les longueurs de ces cordes en associant des valeurs numériques et, puisqu'il devait utiliser souvent des fractions, il était presque naturel alors qu'il se serve du système sexagésimal, beaucoup mieux adapté aux fractions que celui des Grecs.

Nos identités trigonométriques usuelles deviennent dans le langage de l'*Almageste* des cordes d'arc:

$$\sin A = \frac{\text{corde } 2A}{120} \text{ et } \cos A = \text{corde } \frac{(180° - 2A)}{120} .$$

Munis d'un bon système de mesures, du théorème de Ptolémée et de la formule équivalente à $\sin \frac{\alpha}{2} = \sqrt{(1 - \cos \alpha/2)}$, il a pu ainsi, par interpolation, calculer les cordes d'angles avec une précision de l'ordre de cinq chiffres significatifs. Dans le livre I, une table des cordes de $\frac{1}{2}°$ à 180°, qui fait partie intégrante du contenu, était alors un outil indispensable pour les astronomes. Le livre II traite des phénomènes qui dépendent de la sphéricité de la terre alors que les trois livres suivants développent le système géocentrique de l'astronomie par les épicycles. Les livres VII et VIII constituent un catalogue de 1028 étoiles fixes, alors que le reste de ce monumental traité est consacré aux planètes. L'*Almageste* est demeuré le classique par excellence de l'astronomie jusqu'à l'époque de Copernic et de Kepler.

Ptolémée a aussi écrit sur plusieurs sujets, y compris la géographie (bible des géographes de son temps), les projections orthographiques et stéréographiques de cartes, l'optique, la musique; il fit une tentative pour prouver le postulat des parallèles.

Bien que les lois romaines soient pacifiques et ne cherchent pas à nuire au fonctionnement de l'Université d'Alexandrie, il n'en demeure pas moins que les Romains, peu portés à l'étude des sciences pures, manifestaient une certaine indifférence pour les activités des savants d'Alexandrie. Graduellement, les empereurs préfèrent inviter des poètes, des musiciens, des philosophes à se joindre à la population intellectuelle d'Alexandrie plutôt que de faire progresser les sciences. L'acteur, le danseur, le philosophe sont les personnes invitées et choyées alors que les savants en général sont délaissés. Quelques rares savants illustrent encore par moments la science mathématique grecque: Héron, Diophante et Pappus demeurent les principaux maîtres de cette science qui décline de jour en jour.

HÉRON

Héron d'Alexandrie a vécu probablement entre les années 75 et 150 apr. J.-C. (ces deux dates sont respectivement la limite inférieure et la limite supérieure de son activité scientifique), et ses travaux variés et nombreux prennent la forme d'une encyclopédie des mathématiques et de la physique. On peut diviser ses travaux en deux groupes: un premier, de nature géométrique, porte largement sur des problèmes de mesures, le deuxième est axé surtout sur la mécanique en tant que description d'appareils mécaniques ingénieux. Héron est intéressé par la mesure sous toutes ses formes, que ce soit dans le domaine de l'optique, dans la mécanique et même la géodésie.

Son principal traité sur les mesures, intitulé *Les métriques*, non seulement contient une collection d'exemples de mesures et de formules, comme plusieurs de ses ouvrages, mais fournit aussi les bases théoriques aux formules utilisées. Le livre I de cet ouvrage, qui en comprend trois, traite du calcul d'aires de diverses figures telles que les carrés, les rectangles, les triangles, les polygones réguliers, les segments de sphère, les cylindres, les segments paraboliques.

Dans ce livre, on retrouve l'application de la formule bien connue

$$A = \sqrt{s(s-a)(s-b)(s-c)} \text{ où } s = \frac{a+b+c}{2}$$

qui porte le nom d'Héron, mais dont on sait maintenant qu'elle provient d'Archimède.

Le livre II porte sur la mesure des volumes de figures solides comme le cône, le cylindre, le parallélépipède, la pyramide, le tronc de pyramide et de cône, la sphère, le tore, les cinq solides réguliers. Enfin, le contenu du livre III porte sur les divisions des figures, aires et volumes, dans un rapport donné.

Dans l'ouvrage *Les pneumatiques*, apparaît une description d'environ *cent* machines mécaniques et jouets, parmi lesquels un siphon, un engin pour projeter le feu, un dispositif pour ouvrir les portes d'un temple au moyen du feu sur les autels, un orgue hydraulique. Dans plusieurs de ses ouvrages, Héron traite de la construction et de l'utilisation d'instruments de mesure tels que l'horloge à l'eau, la dioptre, l'odomètre; de machines telles que les machines pneumatiques, les machines automatiques, les engins de guerre, les machines pour soulever des charges, etc. Il inventa un type primitif d'engin à vapeur et fut l'ancêtre du thermomètre. Toutes ces machines ingénieuses ont été conçues ou réalisées à partir des propriétés des fluides et des lois physiques des machines simples.

On ne peut s'empêcher d'être surpris de cette tendance à l'application des mathématiques, car la tradition grecque est plutôt orientée vers une science mathématique pure étudiée pour elle-même, où la recherche de la vérité doit seule compter et l'emporter sur les applications qui furent, chez Archimède par exemple, un objet d'amusement. Faut-il croire qu'à cette époque les considérations théoriques mises de l'avant par les mathématiciens qui se sont succédés d'Eudoxe à Apollonius prennent fin de cette façon abrupte pour faire place aux mathématiques appliquées (la trigonométrie est incorporée à l'astronomie comme application de mesures de la géométrie élémentaire)? Ce mouvement vers l'application trouve-t-il ses raisons d'être parmi les difficultés encourues par la géométrie algébrique, une notation algébrique inexistante ou tout au moins très imparfaite, l'indifférence des Romains à l'égard des sciences pures, etc.? Un fait demeure irréfutable, les mathématiques grecques n'avancent plus et elles perdent leur vitalité propre en se muant dans une forme dont l'expression diffère radicalement de celle des siècles précédents. Cette expression nouvelle se concrétise d'ailleurs davantage dans les travaux de Diophante.

DIOPHANTE

Diophante d'Alexandrie a vécu, selon Bombelli, durant le règne d'Antonin le Pieux (vers 150 apr. J.-C.); suivant Heath, Théon d'Alexandrie — père d'Hypathie (la première mathématicienne connue) et commentateur du IVe siècle — cite Diophante et, par ailleurs, une lettre de Psellus indique qu'un livre écrit au IIIe siècle par Anatolius d'Alexandrie fut dédié à Diophante, ce qui le placerait vers le milieu du IIIe siècle. *L'anthologie grecque* contient, sous forme d'épigramme, un casse-tête algébrique des Ve ou VIe siècles où l'on décrit sommairement la vie de Diophante qui aurait pris fin à l'âge de quatre-vingt-quatre ans[1]!

Ses travaux diffèrent en substance de notre algèbre et aussi de la géométrie algébrique grecque. Son principal ouvrage connu est l'*Arithmétique,* en treize volumes, dont les six premiers nous sont seuls parvenus. La dédicace de l'*Arithmétique,* adressée à Dionysius (évêque d'Alexandrie vers 247), débute comme suit:

> «*Connaissant, très honorable Dionysius, comme vous vous exercez à la connaissance de l'étude des problèmes numériques, j'ai débuté par une explication de la nature et de la puissance des nombres, commençant par les fondements sur lesquels reposent les sujets traités. Ceci peut sembler, à première vue, très difficile car ce n'est point connu déjà. Les débutants sont sujets à se décourager facilement. Mais ce sera facile pour vous d'y comprendre le sujet, merci pour votre enthousiasme et pour mes explications...*»

1. «Passant, c'est ici le tombeau de Diophante; c'est lui qui, par cette étonnante disposition, t'apprend le nombre d'années qu'il a vécu. Sa jeunesse en a occupé la sixième partie; puis sa joue se couvrit d'un premier duvet pendant la douzième. Il passa encore le septième de sa vie avant de prendre une épouse et, cinq ans après, il eut un bel enfant qui, après avoir atteint la moitié de l'âge de son père, périt d'une mort malheureuse. Son père fut obligé de lui survivre, en le pleurant, pendant quatre années. De tout ceci, déduis son âge.» (Pierre Dedron et Jean Itard, «*Mathématiques et mathématiciens*» Paris, Magnard, 1959, p. 117-118.)

L'*Arithmétique* comprend 189 problèmes accompagnés de leur solution et la presque totalité des problèmes du livre I se ramènent à des équations déterminées du type $ax = b$ ou $ax^2 = b$ avec une solution positive seulement. Dans les cinq autres livres, on trouve essentiellement des équations indéterminées — appelées équations diophantiennes en théorie des nombres — qui possèdent généralement une infinité de solutions, mais Diophante se satisfait généralement d'une seule solution.

L'*Arithmétique* de Diophante représente essentiellement une nouvelle branche des mathématiques grecques tant au niveau du contenu — elle ressemble à l'algèbre babylonienne mais en diffère au niveau de l'aspect «signification» du nombre[1] — qu'au plan des approches nouvelles: divorce avec les méthodes géométriques grecques. Si l'on accepte le cadre historique d'évolution de l'algèbre qui passe du stade rhétorique, où tout est écrit, au stade syncopé, où quelques abréviations apparaissent, pour enfin déboucher vers le stade symbolique, l'*Arithmétique* doit être placée dans la deuxième catégorie.

Dans les six volumes de l'*Arithmétique* qui nous sont parvenus, on constate un usage systématique d'abréviations pour les puissances de nombres ainsi que pour les relations et les opérations. Ainsi, on remarque la présence d'abréviations pour la quantité inconnue, les puissances de l'inconnue jusqu'à la sixième, les opérations d'addition, de soustraction, et les réciproques. Ainsi l'unité devient $\overset{\circ}{M}$, le nombre inconnu est ς, son carré est représenté par Δ^{Υ}, son cube devient K^{Υ}, la quatrième puissance est $\Delta^{\Upsilon}\Delta$, la cinquième puissance est abrégée par ΔK^{Υ}, et le cube-cube devient $K^{\Upsilon}K$. Diophante connaît évidemment les lois des exposants négatifs et positifs. L'addition se confond avec la simple juxtaposition des symboles alors que la soustraction utilise le symbole $\pitchfork$, qui ressemble à un V renversé bissecté par un angle, placé devant le nombre[2]. Par exemple $x^3 = 5x^2 + 8x - 1$ correspond à

$$K^{\Upsilon}\alpha\varsigma\eta \pitchfork \Delta^{\Upsilon}\varepsilon\overset{\circ}{M}\alpha,$$

ce qui se lit

inconnue au cube unité + inconnue 8 — inconnue carré 5, unité 1

où les coefficients numériques sont placés après le nombre et les termes positifs et les termes négatifs sont groupés distinctement. Aucune base postulationnelle n'existe et toutes les solutions possibles ne sont pas recherchées. Une solution négative est impensable dans l'esprit de Diophante malgré la présence du symbole de soustraction. La tendance vers une méthode générale est parfois manifeste et peut se résumer à ceci: lorsque deux conditions doivent être satisfaites par deux inconnues, il choisit alors les deux inconnues de telle manière qu'une première condition est remplie; ainsi le problème se ramène à satisfaire une seule condition. Pour éviter des équations simultanées à deux inconnues, Diophante préférait opérer successivement avec ces conditions de telle sorte qu'il ramène le tout à une seule inconnue. Par ailleurs, Diophante est très difficile à saisir pour un mathématicien moderne car, même après avoir étudié un grand nombre de solutions diophantiennes, il arrive fréquemment qu'on reste bouche bée devant un nouveau problème et surtout lorsqu'on examine la solution proposée. En somme, le manque de méthodes générales et l'application répétée de moyens ingénieux spécifiques aux besoins de chaque problème résument bien les caractéristiques de son approche heuristique.

Le livre de l'*Arithmétique* débute par une dédicace, suivie des définitions du carré, du cube, du carré-carré, du carré-cube, et du cube-cube, accompagnées des symboles correspondants et de discussions portant sur le symbole de moins, sur la loi des signes et la présentation générale du traité. Trenteneuf problèmes terminent le livre I. En voici quelques-uns.

Problème 1: Diviser un nombre donné en deux parties ayant une différence donnée. Étant donné 100 le nombre et 40 la différence.

Solution: Le plus petit nombre requis est x. De plus,

$$2x + 40 = 100$$
$$x = 30$$

Les nombres requis sont 70, 30.

Problème 19: Trouver quatre nombres tels que la somme de trois d'entre eux excède le quatrième par un nombre donné.

1. Les mathématiques babyloniennes comprennent généralement une solution approchée aux équations déterminées, alors que Diophante traite généralement de la solution exacte d'équations déterminées et indéterminées.
2. Diophante n'utilisait pas de symbolisme pour l'opération multiplication, car tous ses coefficients sont des nombres bien définis.

Condition nécessaire: la moitié de la somme des quatre différences données doit être plus grande que chacune d'entre elles. Étant donné les différences 20, 30, 40, 50.

Solution: $2x$ est la somme des nombres requis. Ainsi, les nombres sont

$$x - 15,\ x - 20,\ x - 25,\ x - 10.$$

De plus $4x - 70 = 2x$ et $x = 35$,
les nombres sont 20, 15, 10, 25.

Problème 39: Étant donné deux nombres, trouver un troisième tel que les sommes des diverses paires multipliées par le troisième nombre correspondant fournissent trois nombres en progression arithmétique.
Nombre donnés: 3, 5, nombre requis x.

Solution:
Les trois produits sont ainsi $3x + 15$, $5x + 15$, $8x$.
Maintenant $3x + 15$ doit être ou le moyen terme ou le plus petit des trois, et $5x + 15$ ou le plus grand ou le moyen terme.
a) $5x + 15$ est le plus grand, $3x + 15$ le plus petit.

$$\text{Ainsi } 5x + 15 + 3x + 15 = 2 \cdot 8x$$
$$\text{et } x = \tfrac{15}{4}.$$

b) $5x + 15$ est le plus grand, $3x + 15$ le moyen terme. Ainsi

$$(5x + 15) - (3x + 15) = 3x + 15 - 8x$$
$$\text{et } x = \tfrac{15}{7}.$$

c) $8x$ est le plus grand, $3x + 15$ le plus petit. Ainsi

$$8x + 3x + 15 = 2(5x + 15)$$
$$\text{et } x = 15.$$

Les cinq autres livres portent essentiellement sur des équations indéterminées du deuxième degré et, quelquefois, de degré supérieur, à deux et à trois inconnues. Voici quelques problèmes.

Problème 20, livre II: Trouver deux nombres tels que le carré de l'un ajouté à l'autre donne un carré.

Solution: Posons x, $2x + 1$ qui par leur forme satisfont une condition.
L'autre condition donne

$$4x^2 + 5x + 1 = \text{carré} = (2x - 2)^2$$

Ainsi $x = \frac{3}{13}$, et les nombres sont $\frac{3}{13}$, $\frac{19}{13}$.

Problème 9, livre III: Étant donné un nombre, en trouver trois autres tels que la somme de toute paire de ces nombres moins le nombre donné donne un carré, et aussi que la somme des trois moins le nombre donné donne un carré. Étant donné le nombre 3.

Solution: Supposer que le premier des nombres cherchés plus le second égale $x^2 + 3$, le second + le troisième $= x^2 + 2x + 4$, la somme des trois $= x^2 + 4x + 7$.

Ainsi le troisième $= 4x + 4$, le second $= x^2 - 2x$, le premier $= 2x + 3$.
Enfin, le premier + le troisième $- 3$ $= 6x + 4 = \text{un carré} = 64$.

Ainsi $x = 10$ et, 23, 80, 44 est une solution.

Problème 11, livre IV: Trouver deux cubes tels que leur différence est égale à la différence de leurs côtés.

Solution: Posons $2x$, $3x$ pour les côtés.
Ceci donne $19x^3 = x$ et x est irrationnel.

Nous avons ainsi à chercher deux cubes tels que leur différence[2] soit à la différence de leurs côtés dans le rapport d'un carré à un carré. Soit $(z + 1)^3$, et z^3 ces cubes, tels que la différence de leurs côtés est un carré, nommément 1.

Ainsi $3z^2 + 3z + 1 = \text{carré} = (1 - 2z)^2$, et $z = 7$.

Reprenons de nouveau, posons $7x$, $8x$ comme leurs côtés, ainsi $169x^3 = x$ et $x = \frac{1}{13}$.
Les côtés des deux cubes sont alors $\frac{7}{13}$, $\frac{8}{13}$.

Problème 20, livre V: Diviser une fraction donnée en trois parties telles que une quelconque d'entre elles moins le cube de leur somme donne un carré.
Étant donné $\frac{1}{4}$.

Solution: Ainsi, chaque partie $= \frac{1}{64}$ + un carré et la somme des trois $= \frac{1}{4}$ = la somme de trois carrés + $\frac{3}{64}$.

Dès lors nous avons à diviser $\frac{13}{64}$ en trois carrés, ce qui est facile!
N.B.: $\frac{13}{64} = \frac{9}{64} + \frac{1}{25} + \frac{9}{400}$ et $\frac{1}{4}$ est divisé alors en

$$\frac{250}{1600},\ \frac{89}{1600},\ \frac{61}{1600}.$$

Problème 1. livre VI: Trouver un (rationnel) triangle droit tel que l'hypoténuse moins chacun des côtés donne un cube. Formons le triangle avec x et 3.

Solution Ainsi l'hypoténuse $= x^2 + 9$, le côté perpendiculaire $= 6x$ la base $= x^2 - 9$.

De plus $x^2 + 9 - (x^2 - 9) = 18$ devrait être un cube, mais ce n'est pas un cube.

Maintenant $18 = 2 \cdot 3^2$; ainsi on doit remplacer 3 par m, ou $2\ m^2$ est un cube; et $m = 2$.

Nous formons ainsi un triangle droit de x, 2 nommément $x^2 + 4$, $4x$, $x^2 - 4$; et une condition est satisfaite.

L'autre donne $x^2 - 4x + 4 =$ un cube.

Ainsi $(x - 2)^2$ est un cube, ou $x - 2$ est un cube $= 8$; de plus $x = 10$, et le triangle est 40, 96, 104.

Diophante a aussi écrit *Sur les nombres polygonaux*, dont un fragment a survécu, et *Les porismes*, qui est perdu, mais dont on peut dire qu'on y trouvait une collection définie de propositions concernant les propriétés de certains nombres, leur divisibilité en un certain nombre de carrés, etc. Ils sont mentionnés parfois dans *Arithmétique*.

Il semble raisonnable de considérer l'*Arithmétique* de Diophante comme une compilation de problèmes — analogue à celle d'Euclide dans ses *Éléments* — réalisée par une personne compétente sur le sujet, qui a assimilé ce qu'il y avait de mieux, en structurant le tout dans un ordre logique et intelligent. Il ne fait pas de doute non plus que Diophante a contribué de façon originale à la science mathématique grecque par l'apport de problèmes nouveaux, par le mode de traitement utilisé et par un développement de quelques méthodes générales.

PAPPUS

Pappus d'Alexandrie a vécu pendant la fin du IIIe siècle et le début du **IVe** siècle, car il cite, dans son commentaire sur l'*Almageste*, qu'il a observé une éclipse du soleil en 320. Son œuvre principale est la *Collection mathématique*, dont nous sont parvenus une partie du livre II et les livres suivants jusqu'au huitième, le dernier de la collection. Cet ouvrage est particulièrement important pour de nombreuses raisons. C'est un de nos meilleurs témoins des mathématiques grecques, qui nous sont connues d'ailleurs, en grande partie, par lui. De plus la *Collection* comprend, entre autres choses, des preuves supplémentaires et des lemmes surajoutés au sujet de propositions contenues dans Euclide, Archimède, Apollonius et Claude Ptolémée. Enfin, Pappus a inclus dans sa *Collection* de nouvelles découvertes et des généralisations qui n'existaient pas encore dans les travaux antérieurs, ainsi que des commentaires historiques. Par exemple, il a formulé sous forme de lemmes des explications ou des suppléments aux travaux des grands géomètres, ce qui nous a permis de connaître en partie le contenu d'ouvrages disparus, écrits par Euclide et Apollonius.

Dans les deux premiers livres de la *Collection*, dont la majeure partie est perdue, on trouverait, semble-t-il une méthode développée par Apollonius sur l'écriture et le calcul des grands nombres. Le livre III traite des médiétés avec, comme exemple type, le problème d'insérer deux moyennes proportionnelles entre deux segments de droite donnés, des inégalités dans un triangle, et aussi d'une nouvelle construction des cinq solides réguliers inscrits dans une sphère donnée.

Le livre IV fournit une extension du théorème de Pythagore, un type de spirale sur la sphère dont Pappus a déterminé, à cette occation, l'aire limitée par la spirale et un arc de cercle (emprunté à Archimède). Il a aussi montré comment une «neusis» (intercalation) peut être réduite à une intersection de deux coniques.

Dans le livre V, on trouve surtout les travaux de Zénodore sur l'isopérimétrie ou la comparaison d'aires de figures ayant des limites égales pour les périmètres, de même que des volumes de solides ayant des aires limites égales. Mentionnons aussi la présence d'un passage intéressant sur les mathématiques utilisées par les abeilles dans la construction des cellules de miel.

Le livre VI porte essentiellement sur l'astronomie et présente les traités qui devaient être étudiés comme introduction à l'*Almageste* de Ptolémée. Sur le plan historique, le livre VII est particulièrement important, car il fournit un aperçu des travaux constituant *Le trésor de l'analyse*, une collection qui, après les *Éléments* d'Euclide, avait pour but de fournir le matériel indispensable au mathématicien professionnel. Les douze traités discutés sont les *Données*, les *Porismes* et les *Lieux à la surface* d'Euclide, les *Sections coniques* d'Apollonius et six autres de ses ouvrages, les *Lieux solides* d'Aristée et *Sur les médiétés* d'Ératosthène. En supplément, on trouve une proposition sur le volume d'un solide de révolution qui, en substance, est le théorème connu sous le nom de «théorème de Pappus-Guldin».

Le livre VIII est largement consacré à la mécanique et contient en particulier une construction d'une conique passant par cinq points.

Pappus a aussi écrit des commentaires sur les *Éléments* et les *Données* d'Euclide ainsi que sur l'*Almageste* et le *Planisphère* de Claude Ptolémée. On peut certainement affirmer avec H. Eves que la *Collection mathématique* de Pappus peut être considérée comme le «requiem de la géométrie grecque» tout en inaugurant l'ère des commentateurs.

LES COMMENTATEURS

Après Pappus, les mathématiques grecques cessent pour ainsi dire leur progression et, en mémoire de ses réalisations, quelques écrivains mineurs et commentateurs viendront exposer partiellement ce qui doit être déjà considéré comme de la tradition.

Parmi les principaux, on peut mentionner Théon d'Alexandrie et sa fille Hypatie, Proclus, Simplicius et Eutoche.

Théon d'Alexandrie a vécu vers 365. C'était plutôt un mathématicien médiocre qui écrivit un commentaire en onze livres sur l'*Almageste* de Ptolémée et fit une révision des *Éléments* d'Euclide qui a servi de base aux éditions modernes de cet ouvrage.

La fille de Théon, **Hypatie** fut une mathématicienne[1] reconnue en plus de briller en médecine et en philosophie. On a rapporté qu'elle a écrit des commentaires sur l'*Arithmétique* de Diophante et les *Sections coniques* d'Apollonius.

Proclus a vécu durant le Ve siècle et l'on doit à ce philosophe néoplatonicien le *Commentaire sur le livre I des Éléments d'Euclide* écrit à partir de textes directement accessibles à l'époque, comme l'*Histoire de la géométrie* d'Eudème, en quatre livres, et la *Théorie des sciences mathématiques* de Geminus. De plus, les commentaires de Proclus sur la *République* de Platon contiennent des passages intéressants pour l'histoire des mathématiques. Proclus a étudié à Alexandrie, devint la tête dirigeante de l'école d'Athènes et mourut en 485, à l'âge de 75 ans.

Simplicius, commentateur d'Aristote, qui vécut au début du VIe siècle et étudia à Alexandrie et à Athènes, nous a donné des aperçus sur le livre I des *Éléments.*

Eutoche a écrit des commentaires sur les œuvres d'Archimède *Sur la sphère et le cylindre, Mesure du cercle*, le *Livre des équilibres* et aussi sur les *Sections coniques* d'Apollonius.

FIN DES MATHÉMATIQUES GRECQUES

Avec la mainmise des Romains sur le gouvernement d'Alexandrie et la poussée de plus en plus grandissante du christianisme dans tout l'empire, surtout sous l'empereur Constantin, les rôles sont inversés. Persécutés d'abord et obligés de pratiquer secrètement cette nouvelle religion, les chrétiens, à l'époque de Constantin, persécutent à leur tour les adeptes du paganisme. Placé sous la juridiction d'un patriarche chrétien, le Musée d'Alexandrie doit faire son choix: ou les savants se convertissent ou ils demeurent fidèles à leur religion. Dans un ultime effort pour sauvegarder leur liberté religieuse, ils se réfugièrent dans le temple de Sérapis qui abritait une bonne partie de la bibliothèque, afin de se défendre contre les mesures disciplinaires devenues intolérables. Les chrétiens furieux et fanatiques assiégèrent le temple et, lorsque la résistance fut vaincue, ils décidèrent de le détruire entièrement avec tout son contenu. Plus de 300 000 manuscrits ont péri à tout jamais et cette deuxième catastrophe met fin définitivement à la grande ambition du conquérant macédonien.

Le Musée continua à vivre, mais les grands savants qui ont manifesté leur créativité à Alexandrie font place aux théologiens pédants et aux commentateurs. Hypatie fut probablement le dernier savant mathématicien d'Alexandrie qui périt de façon atroce à cause de son refus d'adhérer à la religion chrétienne et qui demeura jusqu'à la fin fidèle à ses dieux grecs. Elle fut décapitée et coupée en morceaux qui, dit-on, furent répandus dans les rues d'Alexandrie.

Les édifices du Musée demeurèrent inoccupés et tombèrent en ruine. Cependant, la bibliothèque de Cléopâtre continua à fournir des copies de manuscrits. Mais, au moment où les mahométans s'emparent d'Alexandrie, vers 640, la bibliothèque était déjà fermée depuis longtemps. Le gouverneur arabe, perplexe devant cet amas de manuscrits couverts de poussière, reçut malheureusement l'ordre de tout

1. La première mathématicienne connue en histoire des mathématiques.

détruire: ou bien les manuscrits contenaient des textes contraires au Coran, et ils devaient être détruits, ou bien ils n'en parlaient pas, et devaient être détruits pareillement. La destruction était donc la seule solution pratique pour des gens ignorants de ces choses.

Parallèlement, l'école d'Athènes subit sensiblement le même sort, si ce n'est qu'elle ferma ses portes dès 529, à la suite d'un décret de l'empereur Justinien. La longue et glorieuse histoire des mathématiques grecques prend fin et il faudra attendre le XVIIe siècle avant de connaître une période aussi créatrice et aussi féconde où les mathématiques deviendront de nouveau un sujet de connaissance faisant l'objet d'études intenses.

EN BREF

Archimède fut probablement le plus illustre mathématicien grec dont les travaux divers et nombreux renferment à la fois un contenu original et recherché. Il a touché aux principales branches des mathématiques grecques, restructurant certaines par l'apport de nouveaux théorèmes, développant des parties inexplorées par ses prédécesseurs et innovant sur plusieurs sujets théoriques ou pratiques.

Les sections coniques deviennent avec Apollonius un sujet mathématique complexe comprenant une théorie des coniques tellement élaborée qu'il faudra attendre les recherches des mathématiciens du XVIIe siècle pour permettre un développement en profondeur, cela grâce surtout à l'avènement de l'algèbre, outil inexistant à l'époque du grand géomètre.

La trigonométrie grecque devient un corps de doctrine au moment où les spéculations théoriques des Grecs sont relayées au second plan à la faveur d'une mathématique plus orientée vers les applications. C'est ainsi que la trigonométrie connaît un essort prodigieux avec Aristarque et ses rapports trigonométriques, avec Hipparque et sa table des cordes d'arc de cercles utilisant les divisions du cercle en 360° et ainsi de suite, avec Menelaüs et les bases de la trigonométrie sphérique, avec Ptolémée et son ouvrage classique l'*Almageste*.

L'application de formules mathématiques et une étude élaborée sur les mesures furent l'œuvre d'Héron. Enfin, Diophante traita avec beaucoup de soins d'une algèbre syncopée dans laquelle la théorie des équations tient un rôle prépondérant.

BIBLIOGRAPHIE

AABOE, Asger. *Episodes from the Early History of Mathematics.* New York, Random House, 1964, p. 73-127.

ARCHIMEDES. «The Sand Reckoner» in *The World of Mathematics*, J.R. Newman, ed. Vol. I, New York, Simon and Schuster, 1956, p. 420-429.

BECKER, O. et J.E. HOFMANN. *Histoire des mathématiques.* Trad. de R. Jouan, Paris, Lamarre, 1956, p. 80-106.

BOND, John David. «The Development of Trigonometric Methods down to the Close of the XVth Century». *Isis, 4* (1922): 295-323.

BOUTROUX, Pierre. *L'idéal scientifique des mathématiciens.* Nouvelle Collection Scientifique, Paris, Presses Universitaires de France, 1955, p. 1-79.

BOYER, Carl B. *A History of Mathematics.* New York, John Wiley & Sons, 1968, p. 134-216.

BOYER, Carl B. «Analytic Geometry in the Alexandrian Age». *Scripta Mathematica, 20* (1954): 30-36, 143-154.

BOYER, Carl B. «Early Contribution to Analytic Geometry». *Scripta Mathematica, 19* (1953): 97-108, 230-238.

BOYER, Carl B. *History of Analytic Geometry.* New York, Scripta Mathematica, 1956, p. 21-39.

BOYER, Carl B. *The History of the Calculus and its Conceptual Development.* New York, Dover, 1959, p. 14-60.

BOYER, Carl B. «The Invention of Analytic Geometry». *Scientific American,* 180, p. 40-42.

CARNAHAN, Walter H. «History of Algebra». *School Science and Mathematics, 46* (1946): p. 7-9.

CHAPIN, Margaret L. «Some Lovers of the Conic Sections». *The Mathematics Teacher, 19* (1926) : 36-38.

COOLIDGE, Julian Lowell. *A History of Geometrical Methods.* New York, Dover, 1963, p. 38-54.

COOLIDGE, Julian Lowell. *A History of the Conic Sections and Quadric Surface.* New York, Dover, 1968, p. 1-25.

COOLIDGE, Julian Lowell. «The Origin of Analytic Geometry». *Osiris, 1,* p. 232-250.

DEDRON, Pierre et Jean ITARD. *Mathématiques et mathématiciens.* Paris, Magnard, 1959, p. 84-121, 337-339, 361-372.

DEHN, Max. «Mathematics, 300 B.C. – 200 B.C.» *The American Mathematical Monthly, 51* (1944): 25-31.

DEHN, Max. «Mathematics, 200 B.C. – 600 A.D.» *The American Mathematical Monthly, 51* (944): 149-156.

EVANS, George W. «A Riddle from Archimedes». *The Mathematics Teacher, 20* (1937): 243-249.

EVES, Howard. *An Introduction to the History of Mathematics.* 3rd ed., New York, Holt, Rinehart and Winston, 1969, p. 142-179.

GANDZ, Solomon. «The Origin and Development of the Quadratic Equations in Babylonian, Greek and Early Arabic Algebra». *Osiris, 3* (1938): 405-557.

HAWKES, H.E. «Limitations of Greek Arithmetic». *The American Mathematical Monthly, 9* (1902): 530-535.

HEATH, Sir Thomas L. *A Manual of Greek Mathematics,* New York, Dover, 1963, p. 277-520.

HEATH, Sir Thomas L., ed. *Apollonius of Perga. Treatise on Conic Sections.* Cambridge, Cambridge University Press, 1896; reprinted, New York, Barnes and Noble, 1961.

HEATH, Sir Thomas L., ed. *Diophantus of Alexandria.* New York, Dover, 1964, 387 p.

HEATH, Sir Thomas L., «Greek Mathematics and Astronomy». *Scripta Mathematica, 5* (1939): 215-232.

HEATH, Sir Thomas L., «Greek Mathematics and Science». *The Mathematical Gazette, 32* (1958): 120-133.

HEATH, Sir Thomas L., ed. *The Works of Archimedes with the Method of Archimedes.* New York, Dover, 1953, 377 p.

HOFMANN, J.E. *The History of Mathematics.* New York, The Philosophical Library, 1957, p. 25-36.

KARPINSKI, Louis C. «The Origin and Development of Algebra». *School Science and Mathematics, 23* (1923): 54-58.

KARPINSKI, Louis C. «The Place of Trigonometry in the Development of Mathematical Ideas». *Scripta Mathematica, 11* (1945): 268-272.

KLEIN, Felix. *Famous Problems of Elementary Geometry.* New York, Dover, 1956, 92 p.

LANGER, R.E. «Alexandria – Shrine of Mathematics». *The American Mathematical Monthly, 48* (1941): 109-125.

MILLER, G.A. «Mathematical Shortcomings of the Greeks». *School Science and Mathematics, 24* (1924): 284-287.

NATIONAL COUNCIL OF TEACHERS OF MATHEMATICS (The). *Historical Topics for the Mathematics Classroom.* 31st Yearbook, Washington, D.C., N.C.T.M., 1969, p. 72-74, 82-83, 96, 101-103, 132-133, 174-176, 197-210, 220-224, 240-241, 261, 335-345, 359-361, 364-365, 380-383, 403-405.

OSBORN, Jesse. «The Closing Years of Greek Mathematics». *The Mathematics Teacher, 61* (1968): 540-545.

PLUTARCH, VITRUVIUS, TZETZES. «Archimedes» in *The World of Mathematics,* J.R. Newman, ed. Vol. I, New York, Simon and Schuster, 1956, p. 180-188.

READ, Cecil B. «Archimedes and His Sand Reckoner». *School Science and Mathematics, 61* (1961): 81-84.

REVES, George L. «Outline of the History of Algebra». *School Science and Mathematics, 52* (1952): 61-62.

REVES, George L. «Outline of the History of Trigonometry». *School Science and Mathematics, 53* (1953): 139-140.

REY. Abel. *L'apogée de la science technique grecque.* 5 tomes, Bibliothèque de synthèse historique, Paris, Albin Michel, (La science dans l'Antiquité), 1948.

SEIDENBERG, A. «Peg and Cord in Ancient Greek Geometry». *Scripta Mathematica, 24* (1959): 107-122.

SIEMENS, David F. «The Mathematics of the Honeycomb». *The Mathematics Teacher, 63*, p. 334-337.

SIEMENS, David F. «Of Bees and Mathematicians». *The Mathematics Teacher, 60* (1967): 758-761.

STRUIK, Dirk J. *A Concise History of Mathematics.* 3rd ed. New York, Dover, 1967, p. 52-67.

TAPPER, Ruth M. «Coordinates in the History of Mathematics». *School Science and Mathematics, 29* (1929): 738-740.

THOMAS, Yvor. «Greek Mathematics» in *The World of Mathematics,* J.R. Newman, ed. Vol. I, New York, Simon and Schuster, 1956, p. 189-211.

TURNBULL, H.W. *The Great Mathematicians.* London, Methuen, (University Paperbacks), 1962, p. 38-60.

VAN DER WAERDEN, B.L. *Science Awakening.* New York, John Wiley & Sons, 1963, p. 201-291.

EXERCICES

1. Quelles ont été les contributions d'Archimède à l'invention du calcul différentiel et intégral? Justifier.
2. En quoi Archimède a-t-il innové par rapport à ses prédécesseurs?
3. Pourquoi Archimède n'utilise-t-il pas la méthode des leviers pour démontrer rigoureusement les théorèmes?
4. Quel fut le rôle d'Ératosthène en mathématiques?
5. Comment Apollonius innove-t-il dans l'étude des sections coniques par rapport à ses prédécesseurs?
6. Sur quel plan peut-on comparer les *Sections coniques* d'Apollonius aux *Éléments* d'Euclide? Justifier.
7. En quoi Claude Ptolémée s'est-il illustré à titre de mathématicien de l'Université d'Alexandrie?
8. Peut-on expliquer la tendance des mathématiciens grecs vers l'application des mathématiques aux sciences après la mort d'Apollonius?
9. Caractériser l'algèbre de Diophante par rapport à la géométrie algébrique grecque de ses prédécesseurs?
10. Peut-on affirmer que Diophante manifeste parfois des tendances à mettre en lumière des méthodes générales? Justifier.
11. En quoi la *Collection mathématique* du commentateur Pappus est-elle utile pour l'historien?

CHAPITRE 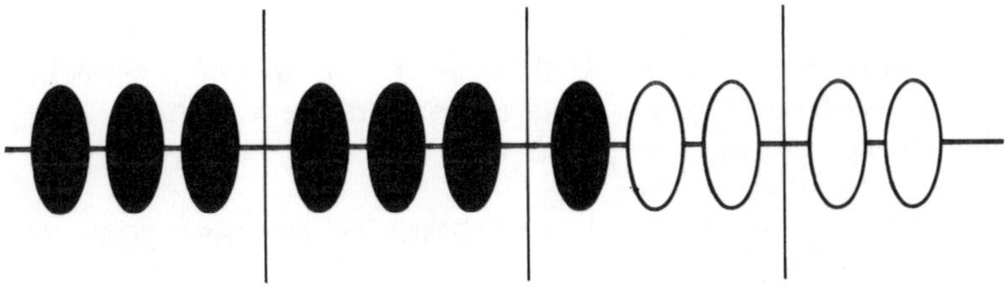

les civilisations chinoise et hindoue

INTRODUCTION

Les civilisations de la Chine et de l'Inde, enracinées dans les vallées du Yang-tseu et de l'Indus, sont probablement aussi vieilles que celles de la Perse et de l'Égypte, mais les chroniques qui nous les font connaître sont d'une objectivité historique pour le moins douteuse, particulièrement en ce qui regarde la civilisation chinoise. Il semble généralement acceptable de dater les premiers documents historiques de ces civilisations à partir du IIIe siècle av. J.-C., tout en prenant soin de se garder d'être trop optimiste sur ce point.

LA CIVILISATION CHINOISE

La tradition fait remonter au IIIe millénaire av. J.-C. l'établissement des premiers empereurs de la Chine. Les sinologues s'accordent généralement pour affirmer que le premier empereur, Fou-Hi, a vécu entre les années 2852 et 2738 et que, sous son règne, on effectuait de nombreuses observations astronomiques.

LE I KING

Les ouvrages attribués à Confucius s'appellent les *Cinq Canons.* Parmi eux se trouve le *I King*, habituellement traduit par *Livre des permutations* (changements).

La structure originale du plus ancien document chinois contenant quelques traces d'éléments mathématiques est constituée du fameux «Pa Kua» (huit[1] trigrammes), formé de combinaisons variées (permutations) de lignes droites et disposées dans un cercle comme le montre la figure.

Ces lignes sont construites à partir de deux formes primaires: une ligne continue appelée «yang-hsio», qui symbolise le principe mâle, et une ligne divisée en deux parties appelée «ying-hsio», qui symbolise la femelle ou le principe négatif.

La combinaison de toute paire de trigrammes engendre 64 hexagrammes connus sous le nom de «Kua».

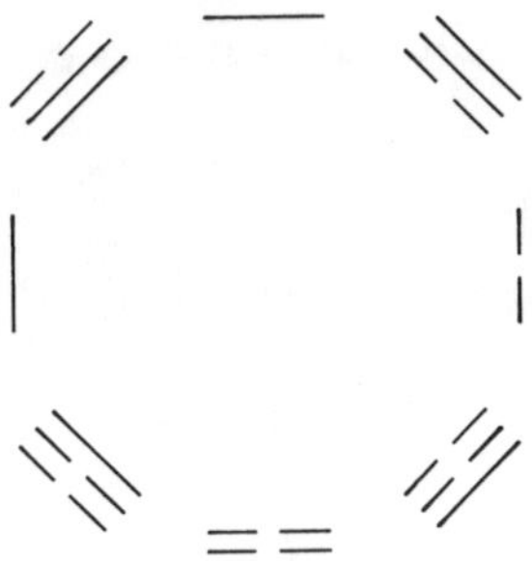

Pa Kua

1. Les huit trigrammes indiquent les 8 directions célestes comptées à partir du nord et dans le sens inverse des aiguilles d'une montre.

Bien qu'il n'existe aucune preuve historique qui permette de considérer le Pa Kua comme un ensemble de symboles numériques issus d'un système en base deux, on peut néanmoins facilement entrevoir l'existence d'une suite de nombres bien ordonnés si l'on attribue au yang la valeur 1 et au ying la valeur zéro. Ainsi, en partant du bas et en suivant le sens des aiguilles d'une montre, on obtient la suite 000, 001, 101, 011, 111, 110, 010, 100 qui correspond à la suite chiffrée 0, 1, 5, 3, 7, 6, 2, 4. Les Pa Kua possédaient diverses vertus et étaient utilisés dans un but de divination. En effet, le mot «I» (changement) signifie que tout le livre repose sur le Pa Kua qui symbolise les huit éléments fondamentaux de l'univers et chacun des soixante-quatre hexagrammes symbolise un ou plusieurs phénomènes de l'univers naturel ou humain. On retrouve les Pa Kua sur les compas utilisés par les devins de chaque ville ou village de la Chine, ainsi que sur des vases, des talismans du Tibet et sur de nombreux objets usuels.

En plus de témoigner d'un certain intérêt sur les permutations, le *I King* contient aussi des carrés magiques, dont le «lo-shu», reconnu comme le plus ancien exemple, présente une configuration carrée de 9 cases de nombres, indiqués par des nœuds sur des cordes. Les nombres y sont impairs ou pairs. Voici le «lo-shu», tel qu'il apparaît dans le *Livre des permutations.*

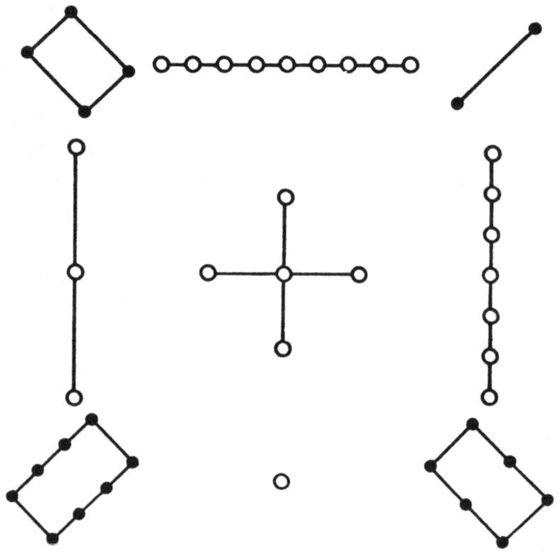

D'après la légende, l'empereur du temps (vers 2200 av. J.-C.) aurait aperçu cette configuration sur la carapace d'une tortue divine se promenant sur les rivages du fleuve Jaune.

SYSTÈMES DE NUMÉRATION

A l'origine, les Chinois ont utilisé deux schèmes de notation, l'un du type multiplicatif par groupements, l'autre apparenté à un système positionnel. Dans le système multiplicatif à base dix, des symboles différents étaient utilisés pour les puissances de dix et, dans sa forme écrite, les symboles numériques en positions impaires (de gauche à droite ou de bas en haut) étaient multipliés par leur successeur. Voici les principaux symboles de ce système.

一	=	1
二	=	2
三	=	3
四	=	4
五	=	5
六	=	6
七	=	7
八	=	8
九	=	9
十	=	10
百	=	100(10^2)
千	=	1000(10^3)

Si l'on veut représenter à l'horizontale le nombre 5 625, on aura la figuration numérique suivante:

五千	六百	二十	五
5×10^3	6×10^2	2×10	5

Dans le système positionnel, les symboles numériques de un à neuf sont les suivants:

et les neuf premiers multiples de dix sont:

En utilisant ces dix-huit symboles alternativement en position de droite à gauche, on peut représenter n'importe quel nombre, aussi grand qu'il soit. Le nombre 54 878, par exemple, serait représenté par

Tout comme chez les Babyloniens, le symbole du zéro apparaît assez tard. Ce système à base 10 a permis aux Chinois d'utiliser très tôt l'équivalent de l'abaque comme instrument de calcul rapide, comme en témoignent les administrateurs qui transportaient dans leur sac des barres numériques, faites de bambou, d'ivoire ou de fer, afin de les utiliser comme outil de calcul. Lorsqu'ils calculaient, un ensemble de barres était peint en rouge et un autre en noir, pour distinguer les nombres positifs des nombres négatifs. Cependant, les Chinois n'ont pas accepté le concept de nombre négatif comme solution possible à une équation.

LE CHOU-PEÏ

Le plus ancien document classique à contenu mathématique est le *Chou-peï Suan-King*, dont l'origine et l'auteur nous sont pratiquement inconnus. Certains affirment que cet ouvrage témoigne des mathématiques connues au XIIe siècle av. J.-C., d'autres préfèrent le situer quelques siècles avant l'ère chrétienne mais, de toute évidence, son contenu mathématique est nettement supérieur au *I King*. Les mots «Chou-peï» semblent se référer à l'usage du gnomon en astronomie et «Suan-King» signifie «arithmétique classique».

Présenté sous forme de dialogues, le *Chou-peï* porte sur des calculs astronomiques et contient des propriétés du triangle rectangle ainsi que des utilisations de fractions. Dans un dialogue entre un prince et son ministre, ce dernier raconte que l'art des nombres provient du cercle et du carré, le carré se rapportant à la terre et le cercle appartenant aux cieux. Il semble bien que la géométrie chinoise, tout comme celle de l'Égypte, trouve son origine dans les mesures et, selon Boyer[1], elle serait essentiellement un exercice à l'intérieur de l'arithmétique ou de l'algèbre.

Le *Choú-peï* contient aussi une présentation, sans preuve, du théorème de Pythagore illustré par le diagramme suivant:

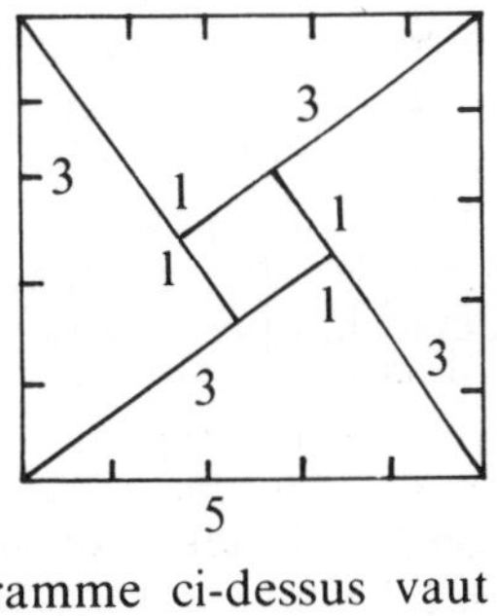

Le diagramme ci-dessus vaut pour le triplet pythagoricien (3, 4, 5). Toutefois, on peut l'utiliser pour tous les triplets qui vérifient la relation $c^2 = a^2 + b^2$ et il demeure encore valide.

MATHÉMATIQUE EN NEUF SECTIONS

Troisième suivant l'ordre chronologique mais, de façon certaine, le plus grand classique chinois des mathématiques, le *Chui-chang-Suan-shu*, ou *L'art mathématique en neuf sections*, fut probablement le livre mathématique qui a eu le plus d'influence en Chine. Encore une fois, on ne peut en connaître avec certitude l'auteur et la date de parution, tout comme les précédents, probablement à cause de l'édit de l'empereur qui, en 213 av. J.-C., ordonna de brûler tous les livres existants. Voilà pourquoi les textes que nous avons peuvent être des textes originaux recopiés, récrits de mémoire. En somme, toutes les hypothèses sont bonnes; il s'ensuit une difficulté énorme à préciser de façon rigoureuse l'origine de ces ouvrages.

1. Carl B. Boyer, *A History of Mathematics*, New York, Wiley, 1968, p. 218.

Ce livre contient près de 250 problèmes sur l'arpentage, l'agriculture, l'appartenance des biens, la taxation, le calcul des longueurs et des surfaces, la solution d'équations, et les propriétés des triangles rectangles. En particulier, dans la section I, on trouve des résultats exacts au sujet de l'aire du triangle, du rectangle et du trapèze, mêlés avec des formules fausses pour l'aire et la circonférence du cercle, en prenant π égal à 3.

Le problème 1, du chapitre I, en particulier, porte sur la détermination de l'aire d'un champ dont les dimensions sont exprimées par des nombres entiers.

Les nombreux problèmes numériques qui suivent font intervenir les opérations arithmétiques fondamentales et, à l'occasion, on énonce une «règle» stipulant comment il faut opérer. L'utilisation des fractions est d'un emploi courant et certains problèmes font appel à des techniques de calcul relativement complexes. Voici quelques exemples:

Problème 11 (section IV): Étant donné un champ dont la largeur est $1 + \frac{1}{2} + \frac{1}{3} + \ldots + \frac{1}{12}$ et l'aire est 1. Trouver la longueur du champ.

Problème 15 (section IV): Étant donné un champ carré de $567\,752\frac{1}{2}$, quelle est la longueur de ce champ?

Problème 36 (section I): Étant donné un champ de la forme d'un segment circulaire, de base $78\frac{1}{2}$ et de hauteur $13\,\frac{7}{9}$, trouver l'aire.

On y trouve aussi une série de problèmes portant sur la division successive de 240 par $1 + \frac{1}{2}$, $1 + \frac{1}{2} + \frac{1}{3}, \ldots\ 1 + \frac{1}{2} + \frac{1}{3} + \ldots + \frac{1}{11}$.

Dans la section VII, la règle de «fausse position» est utilisée et on trouve un début de la méthode des matrices dans la résolution d'équations linéaires simultanées traitées dans la section VIII.

Le problème I de la section VIII équivaut à résoudre un système de trois équations linéaires par une méthode des matrices, méthode typique des mathématiques chinoises. Étant donné le système suivant

$$3x + 2y + z = 39$$

$$2x + 3y + z = 34$$

$$x + 2y + 3z = 26$$

la règle des Chinois dit d'écrire la matrice et d'opérer de la façon suivante:

$$\begin{pmatrix} 1 & 2 & 3 \\ 2 & 3 & 2 \\ 3 & 1 & 1 \\ 26 & 34 & 39 \end{pmatrix} \begin{matrix} x \\ y \\ z \\ \end{matrix}$$

$$\begin{pmatrix} 1 & 6 & 3 \\ 2 & 9 & 2 \\ 3 & 3 & 1 \\ 26 & 102 & 39 \end{pmatrix} \cdots \begin{pmatrix} 1 & 3 & 3 \\ 2 & 7 & 2 \\ 3 & 2 & 1 \\ 26 & 63 & 39 \end{pmatrix} \cdots \begin{pmatrix} 1 & 0 & 3 \\ 2 & 5 & 2 \\ 3 & 1 & 1 \\ 26 & 24 & 39 \end{pmatrix} \cdots \begin{pmatrix} 0 & 0 & 3 \\ 0 & 5 & 2 \\ 36 & 1 & 1 \\ 99 & 24 & 39 \end{pmatrix} \begin{matrix} x \\ y \\ z \\ \end{matrix}$$

D'où, la dernière matrice fournit les équations simplifiées $36z = 99$, $5y + z = 24$, et $3x + 2y + z = 39$, à partir desquelles on détermine facilement x, y, z.

Ce premier problème est suivi par un groupe semblable de problèmes qui portent tous sur des systèmes linéaires. En particulier, le problème 3 traite d'un système qui fait appel à l'utilisation de nombres négatifs. Les Chinois utilisant des mots plutôt que des symboles, désignent le nombre positif par «cheng» et le nombre négatif par «fu». En outre, dans les opérations arithmétiques sur l'abaque, le cheng est représenté par la couleur rouge, alors que le noir indique le nombre négatif.

Les *Neuf sections* renferment aussi des problèmes qui conduisent à la résolution d'équations de la forme $x^2 = a$, $x^3 = b$, $x^2 + y^2 = c^2$ et $y - x = k$. En particulier, le problème 20 de la section IX conduit à l'équation $x^2 + 34x - 71\,000 = 0$, dont la réponse, $x = 250$, est la seule acceptée, étant donné qu'on cherche une longueur.

QUELQUES MATHÉMATICIENS CHINOIS

Durant les premiers siècles de l'ère chrétienne qui suivent la destruction par le feu de tous les livres existants, on constate, malgré une absence de documents écrits, une certaine activité mathématique: des savants chinois écrivent des commentaires sur les classiques connus, en y ajoutant cependant très peu de chose. Au IIIe siècle de notre ère, **Liou Houi,** un commentateur important des *Neuf sections,* a trouvé une approximation de π égale à 3,14159 en considérant un polygone de 172 côtés[1]. Dans sa courte reconstruction du grand classique chinois, on trouve de nombreux problèmes qui portent sur les mesures, y compris la détermination exacte du volume d'un tronc de pyramide à base carrée.

Vers la fin du IVe siècle, **Tsu Ch'ung-Chih** (430-501) et son fils fournissent un résultat extraordinaire pour l'époque sur la valeur de π en donnant la valeur 3,1415927 comme borne supérieure et 3,1415926 comme borne inférieure, résultat qui ne sera dépassé qu'au XVe siècle. Du Ve siècle au XIVe siècle, il est certain que de nombreux mathématiciens chinois ont continué à innover en mathématiques, mais il faut croire que les innovations technologiques – imprimerie et poudre à canon (VIIIe siècle), papier et compas de marine (XIe siècle) – l'ont emporté sur les résultats mathématiques obtenus puisqu'il faut attendre la fin du XIIe siècle avant de rencontrer quelques mathématiciens connus qui se sont illustrés avec brio.

Le dernier et le plus grand des mathématiciens de la période Sung, **Chou Chi-kié** (vers 1280-1303), a enseigné les mathématiques pendant vingt ans, dit-on, et on lui attribue deux ouvrages de mathématiques. Le principal texte, intitulé *Miroirs précieux des quatre éléments,* marque un sommet en ce qui a trait à l'algèbre chinoise, car il traite abondamment d'équations simultanées et d'équations de degré aussi

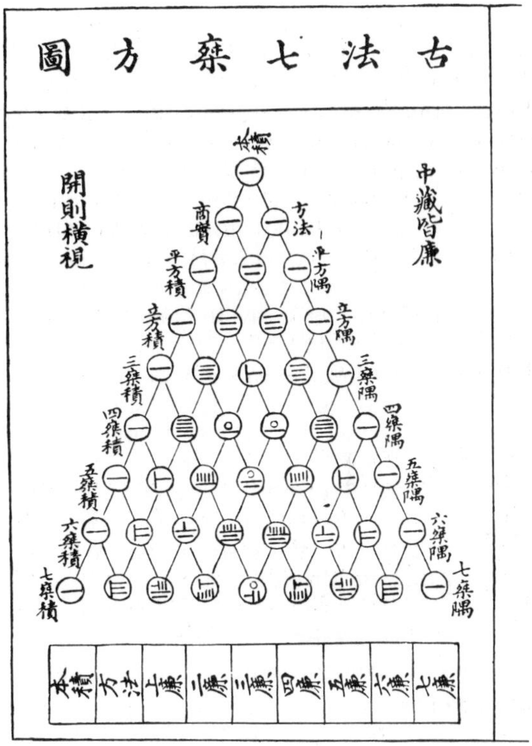

Le «triangle de Pascal»
dans un ouvrage chinois de Chou Chi-kié (1303).

élevé que le quatorzième. La méthode de résolution, appelée «fan fa», est équivalente à la méthode de Horner, qui a vécu un demi-millénaire plus tard. Cette méthode était utilisée par plusieurs mathématiciens chinois, ce qui nous permet d'affirmer que la méthode de Horner fut découverte par les Chinois, plusieurs siècles auparavant. On retrouve aussi dans les *Miroirs précieux* des sommations de séries, telles que

$$1^2 + 2^2 + 3^2 + \dots + n^2 = n(n+1)(2n+1)/6$$

$$1 + 8 + 30 + 80 + \dots + n^2(n+1)(n+2)/6 = n(n+1)(n+2)(n+3)(4n+1)/120$$

Enfin, dans les premières pages des *Miroirs précieux,* nous trouvons un diagramme du triangle arithmétique appelé faussement «triangle de Pascal»[1]. La disposition du triangle est telle que les coefficients du binôme sont disposés jusqu'à la puissance huit

1. Carl B. Boyer, *op. cit.*, p. 224.

1. Ce diagramme est apparu, semble-t-il, dans les travaux des mathématiciens chinois dès la fin du XIIIe siècle.

et l'auteur prétend que cet arrangement provient d'une vieille méthode pour calculer les puissances de huit en descendant.

Les contributions mathématiques des Chinois sont loin d'être inexistantes, malgré la rareté des documents et l'impossibilité d'évaluer exactement les influences extérieures qu'elles ont reçues avant le XVe siècle de notre ère. On sait déjà que les Chinois étaient en contact avec les Grecs et les Hindous; ils ont donc pu probablement connaître les contributions des civilisations égyptienne et babylonienne. Cependant, il semble bien que, à partir du XVe siècle, l'influence extérieure écrase pour ainsi dire les mathématiques proprement chinoises. Par ailleurs, sur le plan des mathématiques, les Chinois ont certainement beaucoup influencé la civilisation japonaise, de sa naissance jusqu'au VIe siècle de notre ère, où déjà les Japonais semblent posséder un système décimal de numération qui leur est propre, un système rudimentaire de mesures et un calendrier.

LA CIVILISATION DE L'INDE

Les fouilles archéologiques entreprises dans les ruines de l'antique cité de Mohenjo-Daro ont révélé l'existence d'une civilisation contemporaine des constructeurs de pyramides, dont la culture était probablement aussi riche et aussi diversifiée que celle des civilisations de la vallée du Nil et de la Mésopotamie. Cependant, la rareté des documents concernant cette vieille civilisation orientale nous oblige à la prudence lorsqu'il s'agit de déterminer la contribution mathématique du peuple hindou au temps où les ingénieurs égyptiens érigèrent les tombeaux majestueux des pharaons.

Vers le IIIe millénaire av. J.-C., les Aryens envahissent l'Inde et parviennent à dominer le peuple hindou en imposant le système des castes[1]. Graduellement une littérature savante se développe dans laquelle sont composés, en langue sanscrite, les textes sacrés de l'hindouisme. Au Ve siècle av. J.-C., Bouddha parcourt le territoire de l'Inde afin d'y enseigner les principes de sa religion. Mais le bouddhisme fut par la suite éliminé de l'Inde, parce qu'il ne respectait pas la structure rigoureuse du système des castes.

1. *Caste:* Classe formant une des divisions hiérarchiques de la société et dont l'institution, à l'origine, a permis d'établir, semble-t-il, une démarcation entre les conquérants aryens, venus des plaines de l'Asie centrale, et les populations aborigènes locales.

Au IVe siècle av. J.-C., l'Inde est tour à tour dominée par plusieurs peuples. Puis, à partir du IIIe siècle apr. J.-C., des empereurs d'origine hindoue règnent sur le pays (dynastie Gupta). Mais, dès le Ve siècle, l'Inde connaîtra de nouveau l'occupation étrangère jusqu'au début du XVe siècle.

La chute de l'Empire romain, généralement placée en 476 apr. J.-C., marque la naissance d'un des deux Āryabhata, auteur d'un ouvrage hindou sur les mathématiques. Par ailleurs, certains textes de l'Inde nous sont connus dont l'origine, quoique incertaine, remonte probablement avant l'ère chrétienne. De plus, la construction des temples et la détermination des autels religieux exigeaient des connaissances mathématiques telles qu'il est impensable d'imaginer que les premières activités hindoues en mathématiques ne commencent qu'au début de l'ère chrétienne.

LES SULVASŪTRAS

L'ensemble des connaissances requises pour ériger les temples et les autels se trouve dans les *Sulvasūtras*[1], ou règles des cordes. «Sulva» se réfère à des cordes utilisées pour effectuer des mesures, et «sūtra» signifie ensemble de règles. Le tout est écrit en vers; trois versions nous sont connues et qui datent probablement de l'époque de Pythagore. La version la plus connue est celle qui porte le nom d'Apastamba — les deux autres étant de Baudhayama et de Katyayana — où l'on trouve des règles de construction d'angles droits au moyen de triplets de cordes dont les longueurs forment des triplets pythagoriciens. Apastamba énonce aussi que «la diagonale d'un rectangle produit la somme de ce que le plus grand et le plus petit côté produisent chacun séparément», ce qui correspond à l'énoncé général du théorème de Pythagore. Il sait aussi construire un carré dont l'aire égale celle d'un rectangle donné et ce type de problème ressemble à ceux que nous rencontrons dans la géométrie algébrique du livre II des *Éléments* d'Euclide.

Les problèmes qui traitent de l'équivalence de carrés et de rectangles ont trait évidemment à la construction d'autels dont la taille était déterminée à l'avance. Ainsi, au moyen du théorème de Pythago-

1. Le terme Sulvasūtras fut donné à titre de complément aux *Kalpasūtras* qui portaient sur la construction des autels destinés aux sacrifices religieux.

re, les Hindous pouvaient construire un carré égal à la somme de deux carrés, un rectangle égal à un carré donné, un carré égal à la différence de deux carrés. Dans certaines constructions pratiques bien spécifiques, on devait nécessairement réaliser, quoique imparfaitement, la «quadrature du cercle» et, en conséquence, on constate, dans les *Sulvasūtras,* des tentatives pour solutionner le problème célèbre des oracles de Délos.

Selon l'opinion de Kaye[1], les Hindous à l'époque des *Sulvasūtras* s'intéressaient au théorème de Pythagore dans la mesure où il servait bien leurs besoins, mais leur compréhension du concept de nombre irrationnel demeurait à l'état embryonnaire. De toute évidence, les mathématiciens hindous qui ont vécu après les *Sulvasūtras* ne font aucune allusion au contenu mathématique de ces derniers et n'utilisent même pas les quelques résultats fragmentaires obtenus par les constructeurs d'autels et de temples sacrés de l'Inde antique. Il semble bien qu'un laps de temps considérable sépare la période des *Sulvasūtras* des premiers développements ultérieurs de la mathématique hindoue, influencée par les concepts astronomiques des peuples occidentaux.

Au moment où le roi Gupta, d'origine hindoue, fonde sa dynastie, on assiste à une renaissance de la culture sanscrite et l'Inde devient un foyer culturel où l'art, la médecine et la connaissance en général jouissent d'une popularité grandissante. Si les *Sulvasūtras* contiennent des mathématiques essentiellement appliquées au domaine religieux, les *Siddhāntas,* qui leur ont succédé, renferment des mathématiques assujetties surtout à l'astronomie.

LES SIDDHĀNTAS

Vers le IVe siècle apr. J.-C., les *Siddhāntas, ou Systèmes astronomiques,* apparaissent dans la littérature sanscrite comme, semble-t-il, un produit de la renaissance amorcée à la fin du IIe siècle, sous la dynastie des Gupta. Cinq versions différentes des Siddhāntas nous sont connues – Paulisha, Sūrya, Vasisishta, Paitamaha et Romanka – et, parmi elles, le *Sūrya Siddhānta,* ou *Système du soleil,* écrit vers 400, est le seul qui semble être complet. Le contenu astronomique des *Siddhāntas* est nettement d'origine grecque, mais il est présenté avec beaucoup d'anciennes croyances hindoues. Par ailleurs, les mathématiques contenues dans les *Siddhāntas,* qui sont essentiellement de la trigonométrie, ont une origine encore inconnue et la discussion est loin d'être close au sujet d'une influence extérieure exercée sur les mathématiques hindoues ou, au contraire, d'une origine proprement hindoue, sans influence importante des mathématiques grecques, babyloniennes et chinoises.

1. G.R. Kaye, «Indian Mathematics», *Isis, 2* (1914): 329.

Alors que la trigonométrie de Claude Ptolémée reposait essentiellement sur la relation fonctionnelle entre les cordes d'un cercle et l'angle au centre qui sous-tend chacune des cordes, la trigonométrie des *Siddhāntas* adopte un point de vue différent. En effet, la correspondance entre la corde et l'angle au centre est modifiée pour devenir une relation fonctionnelle entre une demi-corde et le demi-angle au centre qui sous-tend cette demi-corde. Ceci est de fait l'équivalent de la fonction sinus en tant que rapport et c'est la contribution majeure des *Siddhāntas* à l'histoire des mathématiques.

A partir du VIe siècle, on connaît les noms de mathématiciens hindous qui ont contribué à faire avancer la trigonométrie, l'algèbre et la théorie des équations par des travaux qui sont parvenus jusqu'à nous, alors que certains de leurs prédécesseurs ne nous sont connus que par un petit nombre de fragments très peu élaborés.

ĀRYABHATA

Le plus ancien et probablement le plus important fut **Āryabhata**[1] qui a écrit, en 499, un ouvrage consacré formellement aux mathématiques, intitulé *Āryabhatiya.* Il habitait, dit-on, la ville de Kusumaputra – la ville moderne de Patna – sur le Gange, et l'ouvrage en vers qu'il nous a laissé porte sur l'astronomie et les mathématiques et est écrit en sanscrit. Divisé en quatre parties: «Harmonies célestes», «Éléments de calcul», «Du temps et de sa mesure», «Les sphères», ce petit livre descriptif a pour but de fournir les règles de calcul usuelles en astronomie et dans les mathématiques de la mesure, le tout présenté sans aucune méthodologie préalable et constituant un sommaire des travaux antérieurs.

1. Certains auteurs, comme Eves, Struik et Boyer, affirment l'existence de deux mathématiciens portant le nom d'Āryabhata; toutefois, il semble difficile de distinguer entre les deux à partir des documents que nous avons actuellement.

Le contenu mathématique de cet ouvrage du VIe siècle peut se résumer comme suit: règles pour effectuer les racines carrées et les racines cubiques; règles de mesure (dont une bonne partie sont fausses); éléments de géométrie en termes de formules (lesquelles sont vraies pour l'aire du triangle, du cercle avec $\pi = 3.1416$, du trapèze et sont fausses pour le volume de la pyramide, de la sphère et l'aire de toute figure plane: produit de deux côtés); règles arbitraires en ce qui regarde les progressions arithmétiques, en termes de la somme, du nombre de termes et de la différence entre les termes; problèmes d'intérêts composés en termes de progressions géométriques; identités algébriques simples.

Voici la deuxième règle sur les progressions arithmétiques telle que la présente l'*Āryabhatiya:*

> «*Multiplier la somme de la progression par huit fois la différence commune, additionner le carré de la différence entre deux fois le premier terme et la différence commune, effectuer la racine carrée de ceci, soustraire deux fois le premier terme, diviser par la différence commune, ajouter un, diviser par deux. Le résultat sera le nombre de termes*[1].»

La deuxième partie du livre d'Āryabhata porte sur la mesure du temps et la trigonométrie sphérique. C'est dans cette partie que nous rencontrons la phrase: «De place en place, chacun est 10 fois le précédent», qui nous incite à croire que l'auteur pensait en termes de la «valeur en place», composante essentielle de notre système positionnel. Le développement de notre système positionnel semble avoir épousé un processus similaire à celui que nous retrouvons en Grèce. Au début, on trouve des inscriptions sous la forme de traits verticaux disposés par groupes – dans les ruines de l'antique cité de Mohenjo-Daro – puis à l'époque du grand roi bouddhiste Asoka (IIIe siècle av. J.-C.) un système de numération répétitif est utilisé incluant de nouveaux symboles pour les nombres 4, 10, 20, 100. Les deux principales notations utilisées durant cette période sont la Karoshtî et la Brahmî, cette dernière offrant des formes susceptibles d'orienter vers notre système actuel, alors que l'autre fut remplacée graduellement par la notation brahmî. Ainsi, on peut raisonnablement affirmer que la notation brahmî contient les germes d'un développement ultérieur dont le résultat final correspond à notre notation actuelle. Cependant, certaines lacunes demeurent encore en ce qui a trait au passage de la notation brahmî à notre notation actuelle. Quand et comment la réduction à neuf symboles a-t-elle été effectuée?, c'est une question qui soulève de nombreuses hypothèses. De même, l'apparition du symbole pour le zéro, vers 876 apr. J.-C., est-elle reliée à la réduction à neuf symboles (vers le VIIe siècle) ou demeure-t-elle un résultat marginal dont l'origine est incertaine?[1] Les réponses à ces questions sont loin d'être satisfaisantes et demanderaient à être davantage élaborées. Il en est de même pour le rôle que les neuf premiers symboles peuvent jouer dans l'expression des multiples correspondants.

1. Traduction d'un texte cité dans *The Āryabhativa of Āryabhata,* W.E. Clark ed., 1930, p. 28.

Chez Āryabhata, on ne trouve pas de symbole pour le zéro et sa notation est déficiente à plusieurs points de vue. Cependant, il faut admettre que les astronomes hindous écrivaient en vers et que la nature rythmique de l'écriture occasionnait beaucoup d'ennuis à ceux qui exprimaient les nombres par des noms susceptibles de remplir le rôle de rimes. Ainsi, les astronomes hindous ont substitué, vers le IXe siècle, des noms aux nombres – 1 devient «lune», 2 devient «yeux», 3 devient «feu» ou «frère», etc. – afin que ces noms puissent être intégrés à l'intérieur des vers. Par exemple, le nombre 212 devient «yeux-lune-ailes» et, lorsque le zéro est utilisé, on lui substitue le terme «trou». Avec cette substitution de nature rythmique, l'astronome parvenait à mémoriser une table complète du sinus exprimée en vers, comme celle qu'on retrouve dans l'*Āryabhatiya* où les sinus d'angle (cordes) sont donnés de 0° à 90° à chaque intervalle de $3\frac{3}{4}°$. Le rayon utilisé par Āryabhata est 3 438 et la circonférence correspond à $60 \cdot 360 = 21\,600$. On recontre aussi la valeur $\sqrt{10}$ pour l'estimation de π dans la trigonométrie d'Āryabhata.

Pour le sinus de $3\frac{3}{4}°$, on trouve dans les *Siddhāntas et l'Āryabhatiya* la valeur 225, c'est-à-dire $60 \times 3\frac{3}{4}$. Les autres valeurs, multiples de $3\frac{3}{4}°$, sont obtenues par une formule de récurrence: soit le n^e

1. L'histoire du zéro se complique d'autant qu'il apparaît, de façon indépendante, dans la civilisation des Mayas à l'intérieur d'un système de numération mixte positionnel, à bases vingt et cinq, où l'unité est le point, où cinq est représenté par un trait horizontal et où le symbole « ⊖ » représente zéro, le tout noté verticalement.

Généalogie de notre système de numération

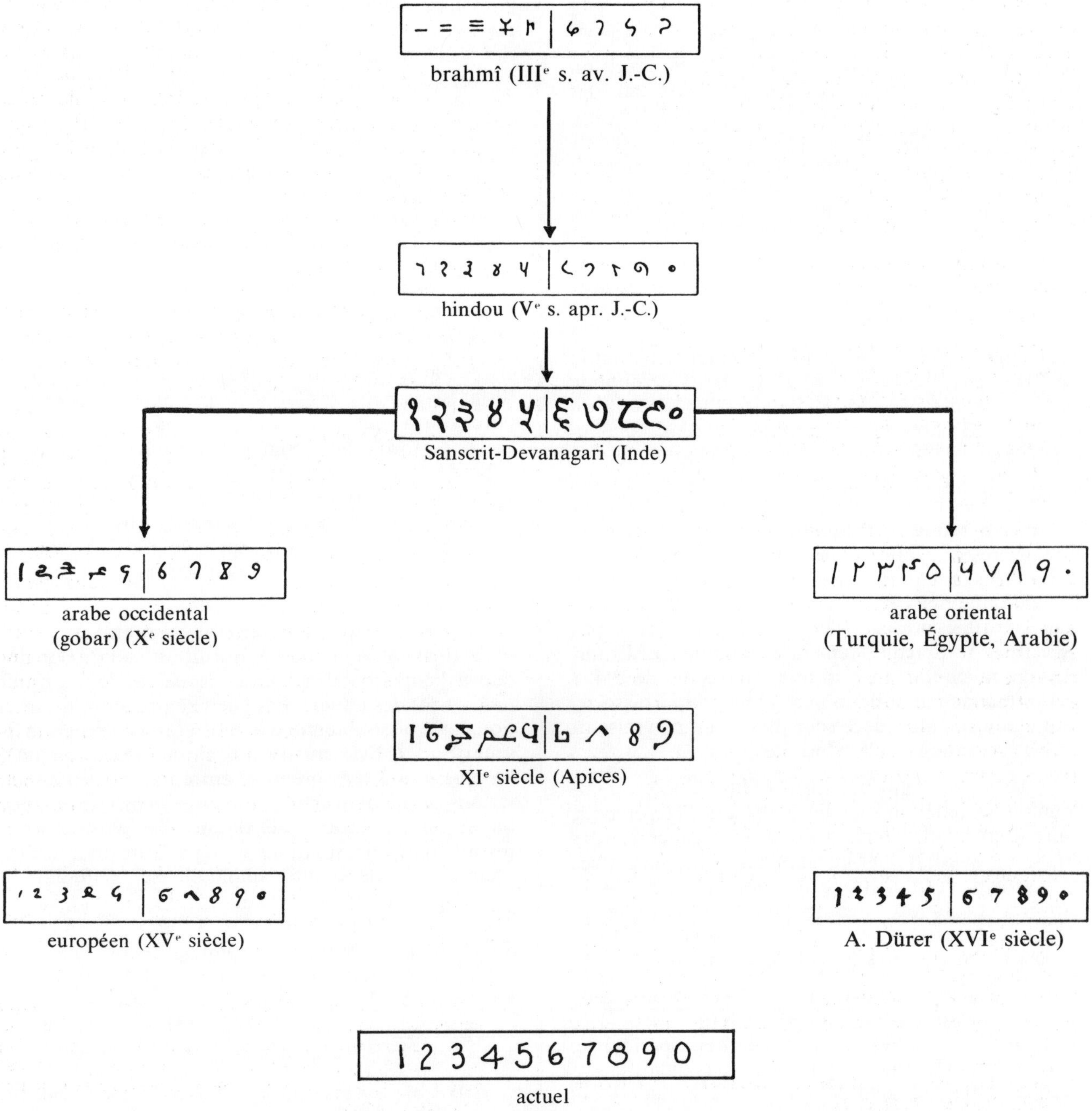

sinus «s_n» pour $1 \leq n \leq 24$ et S_n la somme des n premiers sinus, alors,

$$s_{n+1} = s_n + s_1 - \frac{S_n}{s_1}.$$

On trouve aussi dans cette table les valeurs équivalentes à $1 - \cos\theta$, de $\theta = 3\frac{3}{4}°$ à $\theta = 90°$. Il est difficile de minimiser l'utilité et la précision des outils trigonométriques des Hindous dans les calculs astronomiques, même si l'on a de la difficulté à percevoir comment ils ont pu arriver à ces résultats et comment ils ont développé cette formule de récurrence. Cependant, un fait demeure, leur trigonométrie possède une précision suffisante pour leurs besoins pratiques en astronomie.

BRAHMAGUPTA

Brahmagupta fut le plus grand mathématicien hindou du VIIe siècle; il a vécu à Ujjain, centre d'astronomie situé au milieu de l'Inde. Vers 628, il a écrit un ouvrage d'astronomie intitulé *Brahma-sphuta-sidd'hānta*, ou *Le système révisé de Brahma*, contenant 21 chapitres dont quelques-uns portent essentiellement sur les mathématiques. On peut être surpris de constater que le contenu mathématique de ses ouvrages est très différent de celui de son prédécesseur qui a vécu à Patna, dans l'est de l'Inde. En effet, il mentionne deux valeurs de π — la valeur pratique 3 et la valeur précise $\sqrt{10}$ — mais il ne parle pas de celle d'Āryabhata. Dans sa trigonométrie, il utilisait un rayon de 3 270 plutôt que celui de 3 438 d'Āryabhata. Par ailleurs, en géométrie, il associe, tout comme son prédécesseur, des résultats vraisemblables avec des résultats erronés.

Parmi ses contributions les plus valables, mentionnons sa généralisation de la formule d'Héron pour l'aire d'un quadrilatère, des solutions générales des équations quadratiques incluant des racines négatives et positives, l'arithmétique des nombres négatifs et du zéro, la solution générale d'une équation linéaire diophantienne $ax + by = c$, où a, b et c sont des entiers incluant toutes les solutions entières.

La généralisation de la formule d'Héron, exprimée comme suit: $A = \sqrt{(s-a)(s-b)(s-c)(s-d)}$, ou a, b, c, d sont les côtés et s le demi-périmètre, n'est valide seulement que pour un quadrilatère cyclique, mais il semble que les commentateurs postérieurs à Brahmagupta n'ont pas saisi cette limitation[1].

Dans la géométrie algébrique grecque, on retrouve l'équivalent de certaines relations numériques englobant des nombres négatifs comme $(a + b)(a - b)$, $(-b) \times (+b)$, etc., mais la contribution importante des Hindous fut de convertir ces règles géométriques en règles numériques où la quantité négative est considérée comme un nombre et où zéro est aussi un nombre. Cependant, Brahmagupta, dans son arithmétique, rencontre des difficultés qu'il ne parvient pas à élucider clairement lorsqu'il affirme:

> «*Positif divisé par positif, ou négatif divisé par négatif, est positif. Zéro divisé par zéro est rien. Positif divisé par négatif est négatif. Négatif divisé par positif est négatif. Positif ou négatif divisé par zéro est une fraction en rapport avec le dénominateur.*»

L'algèbre de Brahmagupta est écrite sous une forme syncopée dans laquelle les opérations élémentaires ainsi que les termes «inconnue», «entier», «seconde inconnue», pour ne citer que ceux-là, sont exprimés par des abréviations généralement obtenues à partir des premières syllabes de certains mots comme produit, irrationnel, nombre absolu, etc. En particulier, l'inconnue est exprimée par l'abréviation «yā» provenant du mot «yāvattāvat» qui signifie «autant que».

Dans l'analyse indéterminée, Brahmagupta fut probablement le premier à fournir une solution générale à l'équation diophantienne $ax + by = c$, où a, b, c sont des entiers. Pour cette équation, une solution entière est obtenue si le plus grand commun diviseur de a et b divise aussi c et Brahmagupta savait que, lorsque a et b sont premiers entre eux, toutes les solutions sont données par $x = r + mb$, $y = s - ma$, où m est un entier quelconque. De plus, il fournissait toutes les solutions entières à l'équation diophantienne, alors que Diophante se contentait le plus souvent d'une seule solution. Enfin, il étudia aussi l'équation de Pell, $y^2 = ax^2 + 1$, où a est un entier dont la racine carrée est irrationnelle et dont la théorie complète ne sera achevée qu'avec les travaux de Lagrange, au XVIIIe siècle.

1. La formule pour un quadrilatère quelconque est $A^2 = [(s-a)(s-b)(s-c)(s-d)] - abcd\cos^2\alpha$ où α est la demi-somme de deux angles opposés dans le quadrilatère.

BHĀSKARA

Après Brahmagupta, l'Inde a connu quelques mathématiciens dont **Mahāvīra** (IXe siècle)[1], qui a surtout écrit sur les mathématiques élémentaires, mais le plus fameux d'entre eux fut un mathématicien de talent, **Bhāskara,** dont les activités mathématiques se situent durant le XIIe siècle. Dernier de la série des mathématiciens hindous de la période médiévale, Bhāskara dépasse, dans ses travaux, les contributions mathématiques antérieures; il comblera certaines lacunes qu'on y trouve, en particulier dans les contributions de Brahmagupta.

Dans son principal traité, *Lilāvati* — nom de sa fille qui, suivant la légende a perdu l'occasion de se marier à cause d'une prédiction astrologique de son père —, il a compilé des problèmes de Brahmagupta ainsi que d'autres tout en ajoutant un contenu original et personnel. Dans un autre ouvrage, intitulé *Vijaganita,* on trouve en particulier le premier énoncé qu'un nombre différent de zéro divisé par zéro donne un quotient infini[2], mais un peu plus tard Bhāskara admet que $\frac{a}{o} \bullet 0 = a$, indiquant par cette assertion que sa compréhension de l'arithmétique du zéro n'est pas tout à fait au point.

1. Cet auteur a écrit un ouvrage intitulé *Ganita-Fara-Sangraha,* qui contient cet énoncé: «Un nombre multiplié par zéro est zéro; ce nombre reste inchangé si on le divise, l'additionne ou lui soustrait zéro.»
2. Une étude des mobiles a conduit Aristote à conclure que, pour une force donnée, la vitesse, dans tous les cas, était inversement proportionnelle à la densité du milieu ambiant. Puis il s'est posé la question: «Quelle serait la vitesse d'un corps dans le vide?» Il répond en montrant qu'il n'existe aucun rapport de 0 à un nombre. Mais l'arithmétique grecque ne contient pas de règles sur le zéro et ce passage d'Aristote semble avoir été omis par les historiens des mathématiques jusqu'au moment où Boyer a écrit un commentaire sur ce passage. Cf. Carl B. Boyer, *A History of Mathematics,* New York, John Wiley & Sons, 1968, p. 244. (Voir le renvoi au bas de cette page.)

Nous retrouvons, traités dans ses deux ouvrages, les sujets mathématiques préférés des Hindous: les équations linéaires et quadratiques, les deux déterminées ou indéterminées, les mesures, les progressions arithmétiques et géométriques, les irrationnels, les triades pythagoriciennes et de nombreux problèmes de nature géométrique et algébrique.

L'analyse indéterminée occupe une place importante dans les problèmes traités par Bhāskara; en particulier il fournit des solutions particulières à l'équation $x^2 = 1 + py^2$ (étudiée par Brahmagupta) pour $p = 8$, 11, 32, 61 et 67. Par exemple, lorsque $x^2 = 1 + 61\,y^2$, il trouve la solution $x = 1\,776\,319\,049$ et $y = 22\,615\,390$, résultats qui exigent des calculs longs et qui seraient facilités d'autant par une calculatrice électronique.

En général, Bhāskara ne distingue pas entre des résultats exacts et des résultats estimés et cet état de fait nous empêche de nous prononcer objectivement à propos de l'exactitude des mathématiques hindoues. Par ailleurs, Bhāskara a condamné vivement ses prédécesseurs d'avoir utilisé les formules fausses de Brahmagupta sur l'aire et les diagonales d'un quadrilatère général. Cependant, il n'a pas vu que ces formules étaient de fait exactes pour tous les quadrilatères cycliques.

EN BREF

Les sources historiques sont peu nombreuses en ce qui a trait aux mathématiques chinoises. Les Chinois possédaient deux systèmes de numération dont l'un est apparenté à un système positionnel. Les opérations arithmétiques sont effectuées avec des barres numériques; le «suanpan» — machine à calculer à boules — constitua une invention fort importante dès le XIIe siècle de notre ère. Les mathématiques chinoises renferment des résultats intéressants et innovateurs: une bonne approximation de π, l'utilisation pratique des nombres négatifs, l'étude des carrés magiques, le développement d'une méthode efficace des matrices pour résoudre des systèmes d'équations, la première approche de la méthode de Horner, le développement du binôme illustré par le triangle de Pascal, l'utilisation de certaines séries.

Les mathématiques hindoues, cultivées surtout par les prêtres, sont caractérisées par un développement du calcul numérique et algébrique, une trigonométrie basée sur la fonction sinus, une alternance de bons et de faux énoncés pour ce qui regarde l'algèbre et surtout la géométrie, une géométrie pauvre, sauf probablement dans l'étude des quadrilatères et de leurs propriétés, une analyse indéterminée qui surpasse nettement celle de Diophante et d'Hypatie en difficultés et en généralités, et un système de numération – notation brahmî – source d'où jaillira, avec les contributions des Arabes, notre système décimal.

BIBLIOGRAPHIE

BECKER, O. et J.E. HOFMANN. *Histoire des mathématiques*. Trad. de R. Jouan, Paris, Lamarre, 1956, p. 131-140, 148-152.

BOYER, Carl B. *A History of Mathematics*. New York, John Wiley & Sons, 1968, p. 217-248.

BOYER, Carl B. «An Early Reference to Division by Zero». *The American Mathematical Monthly, 50* (1943): 487-491.

BOYER, Carl B. «Fundamental Steps in the Development of Numeration». *Isis, 35* (1944): 153-168.

CAJORI, Florian. «Absurdities Due to Division by Zero». *The Mathematics Teacher, 23* (1930): 366-368.

EVES, Howard. *An Introduction to the History of Mathematics*, 3rd ed., New York, Holt, Rinehart and Winston, 1969, p. 13, 46, 180-189.

HOFMANN, Joseph E. *The History of Mathematics*. New York, The Philosophical Library, 1957, p. 37-40.

KAYE, G.R. «Indian Mathematics». *Isis, 2* (1914): 326-356.

LATTIN, Harriet P. «The Origin of Our Present System of Notation According to the Theories of Nicholas Bubnov». *Isis, 19* (1928): 181-194.

NEWMAN, J.R., ed. «Srinivasa Ramanujan» in *The World of Mathematics*. Vol. I, New York, Simon and Schuster, 1956, p. 368-376.

RAJAGOPAL, C.T. and T.V. VEDAMURTHI AIYAR. «On the Hindu Proof of Gregory's Series». *Scripta Mathematica, 17* (1954): 65-74.

ROMIG, H.G. «Early History of Division by Zero». *The American Mathematical Monthly, 31* (1924): 387-389.

SINGH, A.N. «On the Use of Series in Hindu Mathematics». *Osiris, 1* (1936): 606-628.

SMITH, David E. *History of Mathematics*. New York, Dover, 1958. Vol. I: p. 96-101, 138-164; Vol. II: p. 65-71.

SMITH, David E. *Number Stories of Long Ago*. Washington, D.C., N.C.T.M. 1919, p. 33-40.

STRUIK, Dirk J. *A concise History of Mathematics*. 3rd ed., New York, Dover, 1967, p. 69-72.

STRUIK, Dirk J. «On Ancient Chinese Mathematics». *The Mathematics Teacher*, *56* (1963): 424-432.

UVANOVIC, D. «The Indian Prelude to European Mathematics». *Osiris*, *1* (1936): 652-657.

VAN DER WAERDEN, B.L. *Science Awakening*. New York, John Wiley & Sons, 1963, p. 51-57.

EXERCICES

1. Élucider la règle chinoise qui permet de transformer le système

$$\begin{aligned} 3x + 2y + z &= 39 \\ 2x + 3y + z &= 34 \\ x + 2y + 3z &= 26 \end{aligned} \quad \text{en équations simplifiées} \quad \begin{aligned} 36z &= 99 \\ 5y + z &= 24 \\ 3x + 2y + z &= 39 \end{aligned}$$

2. Résoudre par la méthode chinoise, les systèmes suivants:

a) $$\begin{aligned} 4x + y + z &= 40 \\ x + y + 2z &= 20 \\ 2x + 3y + z &= 30 \end{aligned}$$

b) $$\begin{aligned} 2x - 3y - z &= 4 \\ 3x + y + 5z &= 20 \\ x + 2y + 2z &= 6 \end{aligned}$$

3. Quels sont les grands classiques des mathématiques de la Chine antique? Caractériser le contenu de chacun.

4. Quelles ont été les contributions marquantes des mathématiques chinoises?

5. Quels sont les classiques mathématiques de l'Inde antique? Caractériser le contenu et l'origine de chacun.

6. Caractériser la trigonométrie hindoue en regard de celle de Claude Ptolémée.

7. Justifier la deuxième règle d'Āryabhata sur les progressions arithmétiques, étant donné le premier terme, la différence (raison) et la somme des termes pour trouver le nombre de termes.

8. Comment les Hindous perçoivent-ils le nombre zéro dans les opérations arithmétiques?

9. Peut-on affirmer que les Hindous nous ont légué notre système de numération? Justifier votre réponse.

10. Quelle fut la modification importante apportée par les Hindous à la géométrie algébrique des Grecs.

11. Les travaux de Diophante sur l'analyse indéterminée furent-ils poursuivis par les Hindous? Justifier en apportant des exemples à l'appui de votre réponse.

12. Quels sont les principaux inconvénients rencontrés dans la présentation des énoncés mathématiques des Hindous?

13. Quelles ont été les contributions marquantes des mathématiques hindoues?

CHAPITRE 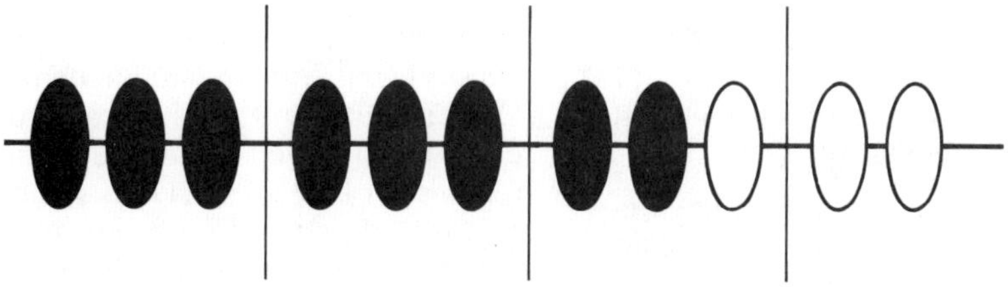

les mathématiques de l'islam

INTRODUCTION

De temps immémorial, l'Arabie a été, en grande partie, une terre de nomades, un territoire sur lequel les peuples sémitiques s'étaient établis. Avant le VIIe siècle apr. J.-C., vivaient dans le désert d'Arabie des peuples héritiers d'une longue tradition, et seules La Mecque et Médine étaient des villes florissantes situées sur les routes des caravanes.

La Mecque, en plus d'être un centre de commerce, était aussi une ville de pèlerinage. Les pèlerins, venus des confins de l'Indus et de toute la côte méridionale de la Méditerranée, visitaient ses sanctuaires dont le plus célèbre était la «Ka'aba», petit temple carré construit en pierres noires, dont la pierre angulaire était un météorite considéré comme le dieu protecteur de toutes les tribus de l'Arabie. C'est dans cette ville de pèlerinage, protégée des assaillants par une tribu nomade illettrée, les Bédouins, que vint au monde Mahomet, le fondateur de l'islam[1], vers 570 apr. J.-C. La première partie de sa vie est celle d'un citoyen moyen vivant dans une ville de près de 25 000 habitants. C'est à 40 ans qu'il commença sa prédication, d'abord à un petit groupe de fidèles, puis à la population en général, jetant ainsi les bases de la religion islamique. Mais, devant l'hostilité des riches marchands de La Mecque, il dut fuir à Médine, et cette fuite (hégire), en 622, marque le début de l'ère musulmane. L'accueil enthousiaste des citoyens de Médine contribua au succès de la nouvelle religion et la puissance militaire des Arabes, sous la bannière du prophète Mahomet, allait conquérir des territoires qui s'étendaient vers l'est jusqu'à l'Inde, à travers la Perse et la Mésopotamie, et vers l'ouest jusqu'à l'Afrique du Nord et l'Espagne. En 629, Mahomet rentra triomphalement à La Mecque et décida d'en faire sa capitale, où les citoyens juifs et chrétiens, à cause de leur affinité religieuse avec la religion musulmane, vivraient désormais sous sa protection. En 632, au moment où se prépare l'envahissement de l'Empire byzantin, il meurt à l'âge de 62 ans des suites d'une fièvre. Sa mort n'affecte pas les conquêtes des Arabes et, tour à tour, Damas, Jérusalem, la Mésopotamie, Alexandrie, etc., tombent aux mains des conquérants musulmans. Cependant, vers 750, l'empire subit une déchirure et les Arabes du Maroc se séparent politiquement des Arabes de l'Est, dirigés par le calife al-Mansur qui établit sa capitale à Bagdad.

L'unité de la civilisation de l'islam reposait ainsi beaucoup plus sur la religion de Mahomet et les activités économiques que sur une hégémonie politique réelle. Cependant, il semble bien que cette faiblesse politique n'a pas empêché les Arabes de domi-

---

1. *Islam:* Religion fondée au VIIe siècle par Mahomet et qui se répandit en peu de temps dans toute l'Arabie. Les principaux dogmes de l'islam, brièvement exposés dans le Coran, sont: la croyance en un Dieu unique et à la vie future, à la résurrection et au jugement dernier. Les obligations du culte sont: la profession de foi, la prière, l'aumône légale ou impôt religieux, le jeûne du ramadan, le pèlerinage à La Mecque.

ner de grands territoires pendant plusieurs siècles et d'assumer la relève de l'École d'Alexandrie pendant que l'Occident connaissait des siècles obscurs et peu propices à l'évolution des mathématiques.

A l'origine des conquêtes musulmanes, le vainqueur imposait tout au plus sa domination politique, puisqu'il n'avait qu'une culture rudimentaire, nettement inférieure à celle des pays conquis[1]. Au cours du premier siècle des conquêtes musulmanes, les Arabes, d'abord peu intéressés aux choses intellectuelles, vont graduellement, sous l'égide des premiers califes, s'éveiller à la culture et devenir davantage avides de connaissances. Durant la première période, de 650 à 750, on attire les savants à Bagdad et la traduction des textes grecs débute vers le VIIIe siècle sous le patronage des califes. Parmi les premiers textes traduits en arabe, on trouve une version des *Siddhāntas*, provenant de l'Inde, l'ouvrage d'astrologie *Tetrabiblos* de Ptolémée et des fragments des *Éléments* d'Euclide[2]. Durant le califat d'al-Mâmûn, au début du IXe siècle, les Arabes ont poursuivi de façon passionnée la traduction des célèbres textes grecs et hindous, parmi lesquels on compte l'*Almageste* de Ptolémée et les *Éléments* d'Euclide. Il faut souligner ici que les textes grecs étaient obtenus directement de l'Empire byzantin à la suite de traités conclus entre les deux puissances et que la traduction de ces manuscrits grecs était généralement faite par des savants syriens chrétiens invités à la cour de Bagdad.

Parmi les savants, membres de la «Maison de la Sagesse», fondée par al-Mâmûn, figurait l'astronome et mathématicien al-Huwarizmi[3], dont la célébrité provient avant tout d'un ouvrage sur l'algèbre et de son arithmétique.

AL-HUWARIZMI

Al-Huwarizmi était originaire de Huwarizm, la ville moderne de Khiva, qui fait actuellement partie de la république socialiste soviétique d'Uzbekistan. On n'a sur la vie de ce savant aucun renseignement précis. On sait seulement qu'il travailla dans la bibliothèque d'al-Mâmûn, peu après l'époque où Charlemagne régnait sur l'Occident. Dans son ouvrage d'arithmétique intitulé en latin *De numero Indorum* (l'original arabe ne nous est pas parvenu), al-Huwarizmi présente diverses règles pour le calcul numérique, modelées sur les algorithmes hindous en plus d'étayer en détail le système de numération utilisé par les Hindous. Selon Boyer[1], l'arithmétique d'al-Huwarizmi a été écrite à partir de la traduction arabe des textes de Brahmagupta et les auteurs de traductions subséquentes qui apparaissent en Europe à la fin du Moyen Age ont, non seulement omis de tenir compte des contributions hindoues, mais aussi attribué à l'auteur arabe la paternité de la numération utilisée. Cette nouvelle notation devint celle d'al-Huwarizmi dont le nom, à la suite de diverses modifications, devint «algorithme», terme qui désigne aujourd'hui une règle particulière ou un procédé systématique de calcul.

Souvent, dans les arithmétiques d'auteurs arabes, on rencontre certains procédés comme la «règle par neuf», la «règle de la fausse position» (utilisée déjà par les Égyptiens), la «règle de la double fausse position»[2] et la «règle de trois» dont l'origine remonte aux mathématiciens hindous, en particulier Brahmagupta et Bhāskara.

Le principal ouvrage d'al-Huwarizmi est *Hisâb al-jabr wa'l-muqqâbala*, qui signifie «science de la transposition et de la réduction», où le terme «al-jabr» est devenu «algèbre», synonyme de la science des équations. On n'en connaît de nos jours que deux versions, latine et arabe, mais la traduction latine intitulée *Liber algebrœ et almuchabala* omet une partie considérable du texte arabe, en particulier la

1. Cette conquête musulmane correspond, toutes proportions gardées, à celle de Rome sur la Grèce où le peuple conquis a imposé sa culture au peuple romain.
2. Durant le califat d'al-Mansur, la version des *Siddhāntas* due à Brahmagupta est traduite en arabe alors que, sous le patronage du calife suivant, Harun al-Rachid (Aaron le Juste), entre 786 et 808, de nombreux textes grecs seront traduits.
3. Plus exactement Abu Abd Allah Muhammad ben Musa al-Huwarizmi.

1. C.B. Boyer, *A History of Mathematics*, New York, Wiley, 1968, p. 251.
2. Historiquement, la double fausse position peut être représentée symboliquement par

$$r = \frac{x_2 f(x_1) - x_1 f(x_2)}{f(x_1) - f(x_2)},$$

où r est la racine cherchée, mais l'origine ne peut être précisée avec certitude. Cette règle est équivalente à notre règle d'approximation qui consiste à estimer la racine d'un polynôme lorsque x_1 et x_2 sont des valeurs approchées de la racine r.

préface arabe où l'auteur loue à grands traits le prophète Mahomet et le «commandeur des croyants», le calife al-Mâmûn. Al-Huwarizmi écrit, dans les premières pages de son algèbre, qu'il a été encouragé par son calife à composer un court traité sur le calcul utilisant les règles de complétion et de réduction, le tout confiné à ce qui est le plus facile et le plus utilisé dans l'arithmétique.

On ne peut donner avec certitude la signification exacte des mots «al-jabr» et «al-muqqâbala», mais, suivant la nature des opérations effectuées dans le texte d'al-Huwarizmi, on peut tenter d'en fournir une interprétation vraisemblable. Le terme «al-jabr» correspondrait à l'opération algébrique qui consiste à faire passer un terme négatif, dans une équation, d'un membre à l'autre, de telle manière qu'il n'en résulte de part et d'autre que des termes positifs. Par ailleurs, le mot «muqqâbala» se réfère plutôt à la réduction ou au balancement des équations, c'est-à-dire à l'annulation des termes semblables dans les membres de l'équation. Par exemple, l'équation $6x^2 - 6x + 4 = 4x^2 - 2x + 8$ devient:

$6x^2 + 4 + 2x = 4x^2 + 6x + 8$, par al-jabr
$3x^2 + 2 + x = 2x^2 + 3x + 4$, par al-hatt[1]
$x^2 = 2x + 2$, par al-muqqâbala.

La traduction de l'*Algèbre* d'al-Huwarizmi débute par une courte introduction sur le principe de la valeur des nombres, puis procède à la solution de six sortes d'équations: $ax^2 = bx$, $ax^2 = c$, $bx = c$, $ax^2 + bx = c$, $ax^2 + c = bx$, $ax^2 = bx + c$, constituées de trois quantités, à savoir des racines (x), des carrés (x^2) et des nombres (a, b, c). Abû Kâmil[2] (vers 900) considérait que ces trois quantités étaient la première chose que les étudiants devaient comprendre en algèbre, en se référant à al-Huwarizmi et à son ouvrage d'algèbre.

Dans la première moitié de son *Algèbre*, al-Huwarizmi expose, en six chapitres, les six types d'équations. Dans le chapitre I, il traite du cas de carrés égaux à des racines, ce qui correspond, en notation moderne, à l'équation $ax^2 = bx$. Dans tous les cas traités, la racine nulle ($x = 0$) est écartée. Le chapitre II couvre le cas des carrés égaux à des nombres du type $ax^2 = c$ et le chapitre III couvre les équations englobant l'égalité de racines avec des nombres, le cas $bx = c$, chaque chapitre contenant trois illustrations qui correspondent au fait que le coefficient du terme variable peut prendre une valeur plus petite, égale et plus grande que l'unité. Les trois autres chapitres traitent successivement des équations du type $ax^2 + bx = c$, $ax^2 + c = bx$, et $bx + c = ax^2$. Dans le chapitre IV, nous retrouvons les trois illustration suivantes: $x^2 + 10x = 39$, $2x^2 + 10x = 48$, et $\frac{x^2}{2} + 5x = 28$. Nous constatons l'inexistence de la racine négative pour chacun des cas présentés dans ce chapitre.

Le chapitre V offre un intérêt particulier, bien qu'il ne présente qu'un seul exemple, $x^2 + 21 = 10x$, car, en plus de fournir les deux racines positives, 3 et 7, obtenues par la formule $x = 5 \pm \sqrt{25 - 21}$, l'auteur attire l'attention sur la quantité sous le radical — ce que nous appelons discriminant — qui doit être positive. Enfin, dans le chapitre VI, le seul exemple utilisé, $3x - 4 = x^2$, est solutionné méticuleusement par la complétion du carré[1], afin d'obtenir la solution $x = 3 + \sqrt{(\frac{3}{2})^2 + 4}$, délaissant encore une fois la racine négative.

Le contenu de ces six premiers chapitres couvre de façon systématique la théorie des équations linéaires et quadratiques en ce qui a trait aux racines positives seulement. Dépourvu de justifications logiques, le contenu algébrique de cet ouvrage ressemble beaucoup à l'algèbre babylonienne et à celle des Hindous médiévaux, si l'on fait abstraction, pour ces derniers, de la reconnaissance de deux racines réelles pour l'équation quadratique et de l'utilisation d'une notation syncopée, alors que l'algèbre d'al-Huwarizmi admet à l'occasion l'existence de deux racines et utilise seulement une algèbre rhétorique. On serait enclin plutôt à voir dans les mathématiques babyloniennes une source déterminante où l'algèbre d'al-Huwarizmi aurait puisé largement. Cependant, cette influence n'est certainement pas unique, puisqu'on rencontre aussi, dans le texte qui fait suite à ces six chapitres, une phrase où l'auteur juge nécessaire de démontrer géométriquement la véracité des problèmes traités antérieurement à l'aide des nombres. Faut-il penser

1. Al-hatt représente l'opération qui consiste à diviser les deux membres d'une équation par un même nombre.

2. Abû Kâmil (le calculateur égyptien) perfectionna l'algèbre d'al-Huwarizmi en écrivant un ouvrage plus complet que son prédécesseur et influença grandement al-Karhi (successeur d'Aboûl-Wafâ) et Léonard de Pise.

1. Lorsque le coefficient de x^2 n'est pas égal à un, l'auteur indique alors qu'il faut diviser ce coefficient par lui-même pour le rendre égal à un, avant d'effectuer la complétion du carré.

alors que l'influence grecque s'est aussi imposée dans l'algèbre des Arabes, tout au moins en rapport avec l'aspect géométrique de l'algèbre? Le moins que l'on puisse dire c'est que les démonstrations géométriques de problèmes traités par des opérations arithmétiques trahissent l'influence hellénique, tout en conservant un caractère propre à l'esprit pratique et terre à terre des mathématiciens arabes.

Lorsque nous analysons la démarche de la géométrie algébrique des Grecs, deux faits apparaissent vraisemblables: en premier lieu, il ne s'agit pas de résoudre une équation algébrique, mais bien de satisfaire une condition géométrique; en second lieu, la solution grecque est applicable à des lignes et à des aires seulement et non à toute quantité numérique. Au contraire, les mathématiciens arabes traitent directement le problème algébrique — utilisation des opérations arithmétiques et des algorithmes algébriques — et la géométrie vient clarifier et concrétiser surtout les processus algébriques.

Exemple 1: Considérons, à titre d'exemple, la solution géométrique d'al-Huwarizmi à l'équation $x^2 + 10x = 39$. Tracer un carré de côté x et compléter par quatre rectangles de dimension $2\frac{1}{2}$ et x et quatre carrés dont l'aire de chacun est égal à $6\frac{1}{4}$.

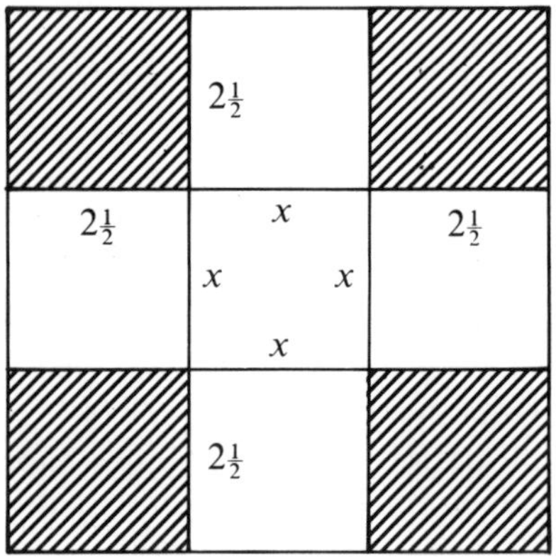

La largeur $2\frac{1}{2}$ des quatre rectangles correspond au $\frac{1}{4}$ du coefficient de x. En groupant l'aire des quatre carrés hachurés (25) et l'aire des quatre rectangles avec l'aire du carré central (39) on obtient $25 + 39 = 64$. Par conséquent, le côté du grand carré est $8(\sqrt{64} = 8)$, d'où $8-[2\frac{1}{2} + 2\frac{1}{2}] = 3$. Alors $x = 3$.

Exemple 2: Considérons un autre exemple, $x^2 + 21 = 10x$ — celui précisément du chapitre V —, qui demande une démonstration géométrique plus élaborée que celle de l'exemple précédent.

On forme un rectangle de largeur x, de longueur 10, d'aire $10x$, comprenant le carré x^2 et une aire $IKBD$ égale à 21.

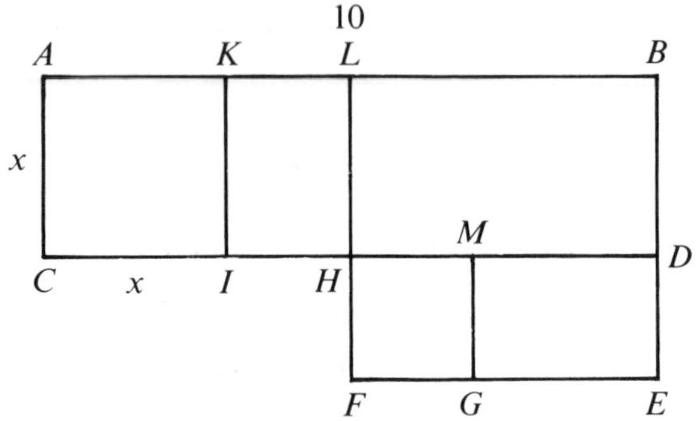

Prolongeons LH jusqu'en F, de façon que $LF = LB$. Puis formons le carré $HMGF$.

Par conséquent, l'aire de $IKLH$ égale l'aire de $GMDE$ et le carré $LBEF$ est égal à 25. Puisque le gnomon $LHMGED$ est égal à $KBDI$, sa valeur sera 21. Alors le carré $HMGF$ est égal à 4 et HF est 2. D'où LH égale $5 - 2 = 3$. Une figure modifiée correspond à la solution $x = 5 + 2 = 7$.

Une comparaison entre les démonstrations géométriques des Arabes et celles qu'on retrouve dans les *Éléments* d'Euclide montre que l'algèbre arabe partage des traits communs avec la géométrie grecque. Il semble bien que cet éclectisme observé dans les mathématiques arabes est le fruit d'influences diverses auxquelles les Arabes ont emprunté au gré de leurs intérêts et de leurs goûts.

L'*Algèbre* d'al-Huwarizmi comprend, en seconde partie, divers éléments; citons entre autres des règles d'opération concernant des expressions binomiales de la forme $(a + b)(a - b)$, $(a + b)(a - c)$, etc., des preuves géométriques supplémentaires à certaines équations algébriques traitées dans les premiers chapitres, une variété de problèmes qui illustrent des applications des différentes sortes d'équations et quelques problèmes qui sont empruntés directement à des auteurs grecs ou autres.

L'*Algèbre* d'al-Huwarizmi est traditionnellement considérée comme le premier ouvrage d'algèbre

— l'*Arithmétique* de Diophante traite davantage de l'analyse indéterminée — mais on a publié récemment un manuscrit d'Abd-al-Hamid ibn-Turk, intitulé en français *Nécessités logiques dans les équations mixtes*, fragment d'un ouvrage d'algèbre publié durant la même période, qui possède suffisamment de ressemblances pour remettre en question la paternité du premier texte d'algèbre. Cette découverte récente offre l'avantage de mettre en lumière l'idée que l'algèbre arabe du début du IXe siècle est moins récente que l'on ne le croyait auparavant. Si les Arabes pouvaient se permettre d'écrire des ouvrages conventionnels d'algèbre dont le contenu respecte un ordre d'exposition bien structuré, on doit forcément admettre que l'algèbre traitée à cette époque avait dépassé le stage embryonnaire de formation.

De toute évidence, le traité d'algèbre d'al-Huwarizmi — sans préjudice du manuscrit d'Hamid ibn-Turk — peut être considéré comme le meilleur exposé élémentaire de l'algèbre jusqu'à l'avènement des temps modernes et, de ce fait, il a joui d'un privilège analogue à celui des *Éléments* d'Euclide. En revanche, l'absence d'une notation symbolique adéquate l'a empêché de jouer un rôle vraiment efficace dans l'évolution de l'algèbre et il faudra attendre le XVIe siècle pour voir surgir ce complément indispensable qui, dans les mains de Descartes et de Fermat, permettra de réaliser la fusion de la géométrie et de l'algèbre.

TÂBIT BEN QURRA

La seconde partie du IXe siècle a également connu un savant de premier plan en la personne de **Tâbit ben Qurra**[1] (vers 826-901), dont la réputation repose sur ses talents de traducteur. Il fonda une école de traducteurs. On lui doit une grande reconnaissance pour avoir ainsi préservé bon nombre de textes grecs, parmi lesquels des ouvrages d'Euclide, d'Archimède, d'Appollonius: les livres V, VI, et VII des *Coniques* ne nous sont connus que par ses traductions de Ptolémée et d'Eutoche[2]. Il a aussi soumis à une révision soigneuse la traduction arabe des *Éléments* d'Euclide, afin de présenter une traduction aussi fidèle que possible[1]. Ayant assimilé à fond le contenu mathématique des classiques qu'il traduisait, il suggéra des modifications et même des généralisations.

Reconnu comme médecin, philosophe, linguiste et mathématicien, il a aussi écrit sur l'astronomie, les coniques, l'algèbre, les carrés magiques et les nombres amicaux. En géométrie, il nous a légué une généralisation du théorème de Pythagore:

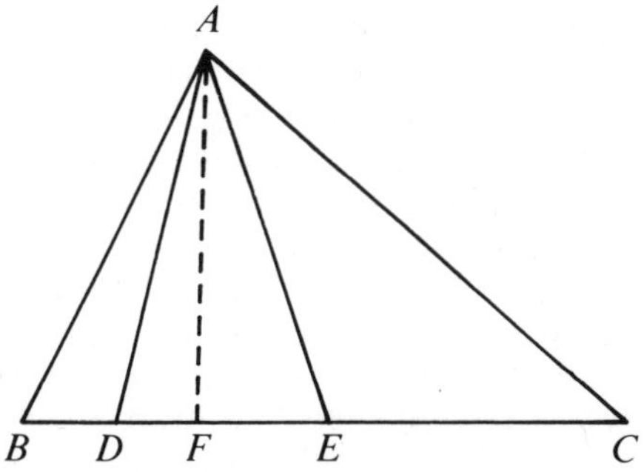

Si d'un sommet A d'un triangle ABC, on trace deux droites AD et AE formant avec la base BC les angles respectifs ADB et AED, les deux étant égaux à l'angle BAC, alors la somme des carrés sur les côtés AB et AC est égale au rectangle $(BE + CD)$ multiplié par BC. Si l'angle BAC est obtus, alors E et D seront permutés. En somme, il suffit de prouver $(AB)^2 + (AC)^2 = BC(BD + CE)$.

Tâbit ne fait qu'énoncer le théorème sans le démontrer, mais on peut y suppléer une démonstration basée sur des triangles semblables.

Ses travaux sur les nombres amicaux sont originaux, et il nous a laissé entre autres une formule remarquable: «Si a, b et c sont des nombres premiers et si $a = 3 \cdot 2^n - 1$, $b = 3 \cdot 2^{n-1} - 1$, et $c = 3^2 \cdot 2^{2n-1} - 1$, alors $2^n ab$ et $2^n c$ sont des nombres amicaux», car chacun est égal à la somme des diviseurs propres de l'autre.

En plus de réaliser la quadrature de certaines paraboles aussi bien que de paraboloïdes, il prouva la loi des leviers et il travailla sur un théorème des transversales en trigonométrie sphérique. Il aurait écrit plus de 150 ouvrages en arabe et portant sur

1. Plus exactement Abû al-Hasan Tâbit ben Qurra ben Marwân al-Harrâni.
2. Les livres de Diophante et de Pappus ne seront connus en Arabie que durant la deuxième moitié du Xe siècle.

1. C'est sur cette traduction de Tâbit ben Qurra que Gérard de Crémone aurait traduit en latin les *Éléments* d'Euclide.

la logique, les mathématiques, l'astronomie et la médecine, alors que 15 autres ouvrages ont été écrits en syriaque, en plus de mener à bien 15 traductions des classiques grecs.

Si l'unité arabe reposait essentiellement sur une croyance commune (l'islam), divers peuples d'origines ethniques différentes se côtoyaient dans l'empire musulman et la rencontre de ces cultures diverses pouvait difficilement favoriser l'uniformité de la science. Il n'est donc pas surprenant de constater que, surtout à partir du Xe siècle, certains savants arabes utilisaient des symboles hindous de numération alors que d'autres favorisaient plutôt une traduction arabe de l'alphabet grec. A la fin, le système de numération hindou prévalut, sans toutefois assurer l'uniformité des caractères utilisés et de nombreuses variantes apparaissent çà et là, surtout en ce qui a trait aux formes utilisées par les Arabes de l'Est et les Arabes de l'Ouest. Graduellement, les diverses variantes se modifient peu à peu et probablement la forme utilisée par les musulmans de la partie ouest de l'empire prend le dessus une fois pour toutes. C'est de ces symboles modernisés indo-arabes que provient notre système actuel.

La divergence de vues au sujet du système de numération utilisé parmi les savants de l'islam se retrouve, par analogie, lorsqu'il s'agit de la trigonométrie. On sait, d'une part, que les Grecs utilisaient une géométrie des cordes comme celle qui est contenue dans l'*Almageste* et que, d'autre part, les Hindous avaient construit des tables de sinus. Encore une fois les Arabes ont préféré adopter les tables de sinus provenant des mathématiques hindoues et généralement la trigonométrie arabe fut construite sur la fonction sinus. Déjà au IXe siècle, al-Huwarizmi utilisait des tables de sinus et de cotangentes, et Tâbit ben-Qurra employait aussi des tables de sinus. Dans un ouvrage intitulé *Sur le mouvement des étoiles*, **al-Battâni** (vers 850-929), connu en Europe sous le nom d'Albategnius, fait un grand usage du sinus et donne une table des tangentes et des contangentes pour chaque degré de 0° à 90°, des formules trigonométriques telles que $b = \frac{a|\sin(90°-A)|}{\sin A}$, dans laquelle les fonctions sinus et sinus de l'angle complémentaire apparaissent et où la loi des cosinus appliquée au triangle sphérique est présentée.

ABOÛL-WAFÂ

Dans la deuxième moitié du Xe siècle, **Aboûl-Wafâ**[1] (940-998), originaire d'une province du nord-est de l'Iran (Perse) et appartenant à une famille de savants, se rendit célèbre en astronomie et en mathématiques. A son époque la fonction tangente devient bien connue, ce qui permet en particulier d'exprimer plus simplement la formule trigonométrique ci-dessus par $a = b \operatorname{tg} A$. Il systématisa toute la trigonométrie connue en un système déductif dans lequel, par exemple, les théorèmes sur les formules d'angle double et de demi-angle sont clairement démontrés. Il dériva la loi des sinus pour les triangles sphériques. Il introduisit l'équivalent de la sécante et de la cosécante et utilisa les six fonctions trigonométriques ainsi que les relations entre elles, mais cette utilisation des six fonctions ne semble pas avoir été propagée durant la période médiévale. Il construisit aussi une nouvelle table des sinus pour des angles différents de 15′ chacun et avec une approximation équivalente à huit décimales. Il compléta les tables de Ptolémée en y ajoutant une table des tangentes.

Aboûl-Wafâ fut aussi intéressé par l'algèbre, car il commenta l'*Algèbre* d'al-Huwarizmi et traduisit du grec le grand classique de Diophante, l'*Arithmétique*. Il aurait aussi commenté Euclide, Diophante, mais ses commentaires sont perdus. Son successeur utilisa sa traduction de Diophante et devint un disciple arabe de Diophante, sans toutefois traiter de l'analyse diophantienne de façon systématique.

AL-KARHI

Al-Karhi[2] (vers 1020), successeur d'Aboûl-Wafâ, fut fortement influencé par Abû Kâmil, le deuxième grand algébriste arabe. Bien qu'il ait suivi la tradition arabe en donnant des preuves géométriques pour ce qui regarde les équations quadratiques, il suit cependant Diophante, sans se limiter — comme al-Huwarizmi — aux équations du second degré. En particulier, on attribue à ce savant les premières solutions numériques aux équations de la forme $ax^{2n} + bx^n = c$ en termes de racines positives seulement. Dans son approche à la résolution de ce type d'équations,

1. Plus exactement Abû al-Wafâ Muhammad ben Muhammad ben Yahyâ ben Ismaîl ben al-Abbâs al-Buzgânî.
2. Plus exactement Abû Bakr Muhammad ben al-Hasan al-Hâsib al-Karhi.

il abandonna la restriction de Diophante qui ne considérait que des nombres rationnels. On considère aussi qu'il a été le premier Arabe à donner et prouver des théorèmes de la théorie des nombres portant sur la somme de carrés et de cubes pour les n premiers nombres naturels. Enfin, il fut un des rares mathématiciens arabes à utiliser une algèbre syncopée rudimentaire.

AUTRES SAVANTS DE L'ISLAM

Si l'on s'en rapporte à certains historiens des mathématiques, près de 500 savants de l'islam ont contribué à l'évolution de l'astronomie et de la science mathématique. On ne peut évidemment passer en revue les contributions de chacun, mais le moins que l'on puisse faire, c'est de s'arrêter sur quelques noms, avec l'espoir de ne pas passer sous silence ceux qui auraient fait avancer davantage les mathématiques. A partir du XIe siècle, la science musulmane connaît un essor remarquable et bon nombre de savants arabes méritent tout au moins d'être cités pour leurs travaux.

Ibn Sînâ (980-1037), connu en Occident sous le nom d'Avicenne, fut un savant d'avant-garde dont les connaissances encyclopédiques s'étendaient à toutes les sciences; toutefois les mathématiques n'ont joué qu'un rôle secondaire dans sa vie. Il traduisit Euclide et expliqua la preuve par neuf en plus d'appliquer les mathématiques à la physique et à l'astronomie. Il influença beaucoup la philosophie occidentale du Moyen Age.

Al-Birûni[1] (973-1048) est un savant universel, né à Khiva, tout comme al-Huwarizmi. Il fit un séjour en Inde et profita de ce voyage pour écrire un ouvrage considérable intitulé *Ta rîh al-Hind.* Dans ce livre, il donne une ample description géographique de l'Inde ainsi que des croyances religieuses et des connaissances scientifiques du peuple hindou. Il y décrit aussi en détail les *Siddhāntas* et le principe positionnel de numération en plus de rapporter textuellement des passages de plusieurs auteurs, entre autres Brahmagupta et Āryabhata. En géométrie, il démontre d'une façon originale la formule d'Héron concernant l'aire d'un triangle et nous rapporte qu'Archimède connaissait cette formule. Il démontre de plus la formule de Brahmagupta, $S = \sqrt{(p-a)(p-b)(p-c)(p-d)}$, relative à l'aire du quadrilatère inscriptible et insiste sur le fait qu'elle n'est applicable qu'au quadrilatère cyclique. Pour inscrire un nonagone régulier, al-Birûni ramène le problème, par l'usage de la formule trigonométrique relative à cos 3θ, à la résolution de l'équation $x^3 = 1 + 3x$, dont il donne la solution estimée en fractions sexagésimales, comme 11, 52, 15, 17, 13 — équivalente à 1,8798352468 — avec une précision d'au moins six chiffres significatifs. Enfin, il a construit une table de cordes pour tous les multiples de 3° en basant sa construction sur le théorème de la corde brisée — la première démonstration est due à Archimède — et sur un second théorème de la corde brisée, ces deux théorèmes lui permettant alors d'évaluer les cordes 72°, 6°, 3°.

Al-Birûni a écrit aussi un traité complet sur la connaissance des ombres projetées par un gnomon. Dans cet ouvrage, il affirme que, parmi les Orientaux, il est de coutume d'utiliser un gnomon dont la longueur équivaut à celle d'une main, ceci étant la dimension de nombreux objets courants tels que piquet, règle, couteau ordinaire, etc. Une corde équivaut à la largeur de trois mains de quatre doigts. Aussi, ces unités conventionnelles étaient-elles accessibles à tous et il rapporte que, pour ces peuples, la longueur du gnomon était 12. Il arrive aussi qu'un homme utilise son propre corps comme un gnomon et mesure son ombre avec ses pieds, considérés comme étant le septième de sa hauteur (le gnomon est alors égal à 7). Bien d'autres exemples sont présentés dans son traité et il mentionne que peu de gens ont reconnu l'inconvénient d'utiliser un rayon différent de un. Cependant, Aboûl-Wafâ et al-Birûni ont mis un terme aux valeurs différentes attribuées à la longueur du rayon en posant que ce rayon devait être égal à un. Par contre, cette mesure adoptée a très peu influencé leurs contemporains et leurs successeurs et elle fut ignorée pendant tout le Moyen Age.

Ibn al-Haitam[1] (vers 965-1039), l'Alhazen des Occidentaux, fut un des grands médecins et mathématiciens arabes. On connaît de lui près de 92 titres d'ouvrages dont 25 portent sur les mathématiques[2]. Dans son plus important traité, intitulé *Les trésors*

1. Plus exactement Abû Rayhân Muhammad ben Ahmad al-Birûni.

1. Plus exactement Abû Alî al-Hasan Ibn al-Haytam.

2. Pierre Dedron et Jean Itard, *Mathématiques et mathématiciens*, Paris, Magnard, 1959, p. 123-125.

de l'optique, il ne s'est pas contenté de commenter Ptolémée et Euclide mais, inspiré par les travaux de Ptolémée sur la réflexion et la réfraction des rayons lumineux, il a apporté une contribution originale en substituant aux rayons visuels des opticiens grecs, issus de l'œil, les rayons lumineux allant de l'objet vers l'œil. Parmi les questions traitées, on trouve la structure et le fonctionnement de l'œil, l'augmentation apparente de la dimension de la lune près de l'horizon, l'estimation de la hauteur de l'atmosphère à partir de l'observation que les rayons du soleil demeurent visibles jusqu'au moment où le soleil est situé à 19° sous l'horizon, etc. Un problème d'optique géométrique porte encore son nom: «Étant donné un miroir circulaire, trouver un point sur le miroir qui a la propriété de réfléchir vers un observateur un rayon lumineux issu d'une source distincte.» Ses travaux ont particulièrement influencé les savants du monde médiéval, surtout en Europe.

OMAR KHAYYAM

Omar Khayyam[1] (vers 1050-vers 1122) est à la fois un grand poète iranien – reconnu par les Occidentaux – un algébriste et le réformateur de l'ancien calendrier persan. Né à Nîsâbûr (Iran), d'un fabricant de tentes, il abandonna très tôt le métier de son père pour s'adonner aux mathématiques et à la poésie. Il est l'auteur des célèbres quatrains réunis dans un livre intitulé *Rubaiyat*. Il a écrit une *Algèbre* qui dépasse celle d'al-Huwarizmi car elle inclut des équations du troisième degré. Pour les équations quadratiques, il a endossé la tradition arabe en fournissant des démonstrations arithmétiques et géométriques; il refuse aussi les solutions négatives. En ce qui a trait aux équations cubiques, il croyait faussement que seules des solutions géométriques étaient possibles (Cardan fournira au XVIe siècle une solution algébrique à l'équation cubique).

Le processus impliquant l'utilisation de coniques ayant des intersections communes dans la résolution d'équations cubiques fut mis de l'avant par Menechme, Archimède et Alhazen. Cependant, le mérite d'Omar Khayyam est d'avoir généralisé la méthode pour qu'elle s'applique à toutes les équations du troisième degré (racines positives seulement). Ayant constaté l'impossibilité géométrique de résoudre l'équation cubique à l'aide de la règle et du compas, il affirma alors que la solution exigeait l'emploi des sections coniques. Le procédé d'Omar Khayyam pour solutionner l'équation cubique est difficile d'application et exige une manipulation pour le moins tortueuse et encombrante. On peut cependant résumer sa méthode comme suit: «Étant donné une équation cubique, subsituer à x^2 l'expression $2my$ pour obtenir une nouvelle équation représentant une hyperbole, puis tracer l'hyperbole et la parabole $x^2 = 2my$ dans un même système d'axes; on obtient par intersections les racines de l'équation cubique.» Évidemment, plusieurs paires de coniques peuvent être utilisées pour résoudre l'équation cubique.

Cette méthode d'Omar Khayyam était rendue difficile à cause des nombreux éléments qu'il n'avait pas encore bien assimilés, entre autres la racine négative, l'expression générale d'une conique en termes de paramètre, les coefficients négatifs, la connaissance de toutes les intersections de coniques, etc. Cependant, malgré ces difficultés énormes pour la résolution de l'équation cubique, Omar Khayyam parvient à faire un pas en avant dans la direction de la fusion éventuelle de la géométrie et de l'algèbre. De plus, il a écrit[1] que l'algèbre correspondait à des faits géométriques qui sont prouvés par les propositions 5 et 6 du livre II des *Éléments*, même si la géométrie et l'algèbre diffèrent en apparence, et que l'algèbre ne devait pas être pensée comme un «truc» pour obtenir des inconnues.

Il dit aussi dans son *Algèbre* qu'il est parvenu à trouver une règle capable d'exprimer les puissances entières d'un binôme, mais on n'a pu trouver trace de cette découverte jusqu'à maintenant. Si tel est le cas, il aurait tout au moins devancé Pascal dans le développement du binôme $(a + b)^n$ pour des puissances entières jusqu'à n.

Omar Khayyam s'est aussi intéressé au problème soulevé par le postulat des parallèles d'Euclide, tout comme un bon nombre de mathématiciens arabes. Ces tentatives des Arabes pour prouver le cinquième postulat d'Euclide ont débuté avec al-Haitam, dont l'exposé fut critiqué par Omar Khayyam, car il contenait l'idée du mouvement, laquelle avait été rejetée par Aristote. En substance, la preuve

1. Plus exactement Abû al-Fath Umar ben Ibrâhîm al-Hayyâmi, Giyat al-dîn.

1. Ali R. Amir-Moez, «A Paper of Omar Khayyam», *Scripta Mathematica*, *26* (1960): 329.

Le tombeau d'Omar Khayyam à Nîsâbûr (Iran).

d'al-Haitam suppose que le lieu d'un point mobile équidistant d'une ligne donnée est nécessairement une ligne parallèle à cette ligne donnée. Aujourd'hui, cette affirmation est souvent prise comme définition intuitive de deux parallèles. Dans ses *Commentaires sur les difficultés des postulats des Éléments d'Euclide*, Omar Khayyam commence son argumentation avec un quadrilatère dont les deux côtés sont congrus et perpendiculaires à la base (ce type de quadrilatère est généralement appelé «quadrilatère de Saccheri»[1]). Il s'est demandé quelle devait être la nature des deux angles supérieurs du quadrilatère qui sont nécessairement égaux. Il élimina la possibilité que ces angles supérieurs soient aigus ou obtus en vertu de la convergence de deux lignes qui implique une intersection commune pour ne conserver que la possibilité d'angles droits.

Ainsi, en tentant de relier le postulat des parallèles au quatrième postulat d'Euclide (tous les angles droits sont égaux) au moyen de 4 principes et de 8 propositions, Omar Khayyam développa une argumentation qui conduisit, pour la première fois dans l'histoire des mathématiques, aux hypothèses de l'angle aigu, de l'angle obtus, et de l'angle droit. Ces trois hypothèses, longuement étudiées par Sacheri, conduisent respectivement à la géométrie non euclidienne de Bolyai-Lobatchevski, à la géométrie de Riemann et à la géométrie euclidienne.

On trouve aussi dans ses *Commentaires* un exposé critique sur la théorie des proportions des *Éléments* d'Euclide, où, plus ou moins satisfait de la formulation d'Euclide sur l'égalité de deux rapports, il lui substitue une égalité qui fait appel à une sorte de procédé limite. Ainsi, suivant le grand poète de Perse, «deux rapports sont égaux lorsqu'ils peuvent être exprimés par le rapport de nombres entiers avec un degré de précision aussi grand que désiré». En d'autres termes, un rapport peut être exprimé par des nombres avec une précision aussi grande que l'on désire. Ce point de vue spécifique préconisé par Omar Khayyam montre, à n'en pas douter, une telle ouverture d'esprit, vis-à-vis du concept de nombre, qu'on peut raisonnablement affirmer qu'il était sur la voie conduisant au concept de nombre réel, défini de façon rigoureuse par les travaux de Dedekind et de Cantor, au XIXe siècle seulement.

A la mort d'Omar Khayyam, survenue vers 1122, la science arabe est dans un état de décadence, probablement à cause des discordances excessives sur les plans politique et religieux. Du XIIIe au XVe siècle, quelques mathématiciens arabes réussirent toutefois à se mettre en évidence; parmi eux, on peut mentionner Nasir al-dîn al-Tusi et al-Kâsi.

NASIR AL-DÎN

Nasir al-dîn al-Tusi (1201-1274), astronome pour le compte du petit-fils de Gengis Khan, le grand conquérant, contribua à la trigonométrie et à l'astronomie de façon particulière. Il fut responsable du premier exposé systématique sur la trigonométrie plane et sphérique en un corps de doctrine indépendant de l'astronomie. Par ce traité, il transforma la trigonométrie de servante de l'astronomie en une branche particulière des mathématiques. Dans ce livre, on trouve les six fonctions trigonométriques et les diverses règles utiles pour résoudre les problèmes sur les triangles plans et sphériques. Cependant, ce travail original et systématique a eu peu d'influence et fut très peu connu par les savants européens.

Nasir al-dîn a poursuivi les efforts d'Omar Khayyam dans la démonstration du postulat des parallèles et ses contributions, reliées à l'étude du problème posé par la véracité de ce postulat, furent traduites et publiées par John Wallis durant le XVIIe siècle. Les ressemblances observées dans l'approche de Saccheri et celle de Nasir al-dîn nous permettent de conjecturer que le premier a pu partir des travaux du deuxième pour élaborer sa défense d'Euclide.

AL-KÂSI

Au début du XVe siècle, **al-Kâsi** se joint au groupe d'astronomes qui travaillaient dans un observatoire à Samarkand, sous la direction du prince Ulugh Beg. Très fécond, al-Kâsi écrit de nombreux ouvrages sur les mathématiques et l'astronomie, certains en persan, les autres en arabe. Il se considérait comme l'inventeur des fractions décimales — bien qu'il eût des précurseurs en ce domaine — mais sa contribution importante en ce qui a trait à l'histoire des fractions décimales fut d'être probablement le premier utilisa-

1. Girolamo Saccheri (1667-1733), est un jésuite italien qui enseignait les mathématiques à l'Université de Pavie. Dans un ouvrage écrit pour défendre Euclide et démontrer que le postulat des parallèles peut être démontré, il introduisit un quadrilatère spécifique pour lui permettre d'assurer cette démonstration.

teur des fractions sexagésimales à suggérer que les décimales sont aussi adéquates pour des problèmes exigeant une très bonne estimation. Par sa méthode, il réussit le tour de force d'extraire la sixième racine du nombre sexagésimal 34.59.1.7.14.54.23.3.47.37.40, en utilisant les étapes que nous effectuons par la méthode de Horner. Son estimation de π ne fut dépassée qu'à la fin du XVIe siècle. Enfin, on rencontre aussi dans les travaux d'al-Kâsi la forme du triangle de Pascal relative au développement binômial en puissances entières.

A la mort d'al-Kâsi, survenue vers 1436, la cohésion culturelle de l'empire musulman est nettement en régression et sa désintégration politique s'accentue progressivement, comme si l'on sentait venir la prise de Constantinople, en 1453, par les Turcs. Heureusement, la fin de la civilisation islamique, pour ce qui regarde les mathématiques, arrive au moment où l'Occident, et plus précisément l'Italie, possède les hommes capables d'accepter et de comprendre le legs intellectuel que l'Arabie s'apprête à transmettre. Si les Arabes ont pu véhiculer les contributions mathématiques grecques et hindoues à travers les siècles pour les transmettre aux mathématiciens occidentaux à partir des XIe et XIIe siècles, ils ont aussi participé activement, par leurs contributions mathématiques, à enrichir les héritages grec et hindou.

EN BREF

Les mathématiques de l'islam ont asimilé les découvertes grecques et hindoues, laissant de côté certains aspects trop théoriques pour développer davantage des sujets plus conformes à leur approche pratique. Les Arabes se sont acquis un mérite impérissable pour avoir su conserver à l'humanité de précieux documents. Ils ont ainsi recueilli avec beaucoup de soin les ouvrages mathématiques d'origine grecque et hindoue qui leur parvinrent. La traduction arabe de nombreux textes grecs et hindous a probablement sauvegardé une bonne partie de l'héritage mathématique de ces deux grandes civilisations.

Les contributions des Arabes au domaine des mathématiques comprennent de nombreux sujets qui gravitent autour de la trigonométrie et de l'algèbre. Ils ont contribué de façon originale à la théorie des équations, au développement de la trigonométrie plane et sphérique, à l'étude du postulat des parallèles, au développement de notre système décimal et à la généralisation du binôme.

BIBLIOGRAPHIE

AMIR-MOEZ, Ali R. «A Paper of Omar Khayyam». *Scripta Mathematica, 26* (1960): 323-337.

BECKER, O. et J.E. HOFMANN. *Histoire des mathématiques.* Trad. de R. Jouan, Paris, Lamarre, 1956, p. 140-146.

BOYER, Carl B. *A History of Mathematics.* New York, John Wiley & Sons, 1968, p. 249-270.

BRADLEY, A. Day. «Al-Biruni's Table of Chords». *The Mathematics Teacher, 63* (1970): 615-616.

CARNAHAN, Walter H. «Geometric Solutions of Quadratic Equations». *School Science and Mathematics, 47* (1947): 687-692.

CARNAHAN, Walter H. «History of Algebra». *School Science and Mathematics, 46* (1946): 7-12, 125-130.

COOLIDGE, Julian Lowell. *The Mathematics of Great Amateurs.* New York, Dover, 1963, p. 19-29.

DEDRON, Pierre et Jean ITARD. *Mathématiques et mathématiciens.* Paris, Magnard, 1959, p. 121-128.

EASTON, Joy B. «The Rule of Double False Position». *The Mathematics Teacher, 60* (1967): 56-58.

EVES, Howard. *An Introduction to the History of Mathematics.* 3rd ed., New York, Holt, Rinehart and Winston, 1969, p. 190-205.

GANDZ, Solomon. «The Algebra of Inheritance. A Rehabilitation of al-Khowârizmi». *Osiris, 5,* (1938): 319-391.

GANDZ, Solomon. «The Origin and Development of the Quadratic Equations in Babylonian, Greek and Early Arabic Algebra». *Osiris, 3* (1938): 405-557.

GANDZ, Solomon. «The Sources of al-Khowârizmi's Algebra». *Osiris, 1* (1936): 263-277.

KARPINSKI, Louis C. «The Algebra of Abu Kamil». *The American Mathematical Monthly, 21* (1914): 37-48.

KARPINSKI, Louis C. «The Origin and Development of Algebra». *School Science and Mathematics, 23* (1923): 54-64.

NATIONAL COUNCIL OF TEACHERS OF MATHEMATICS (The). *Historical Topics for the Mathematics Classroom.* 31st Yearbook, Washington, D.C., N.C.T.M., 1969, p. 46-49, 103, 137-138, 207-210, 241-242, 305-308, 353-355, 368-375.

SAIDAN, A.S. «The Earliest Extant Arabic Arithmetic». *Isis, 57* (1966): 475-490.

SCHOY, Carl. «Al-Biruni's Method of Approximation of Chord 40°». *The American Mathematical Monthly, 33* (1926): 95-96.

SCHREIBER, Edwin W. «Two Representative Problems and their Historic Setting». *School Science and Mathematics, 29* (1929): 818-824.

SHLOMING, Robert. «Thâbit ibn Qurra and the Phythagorean Theorem». *The Mathematics Teacher, 63* (1970): 519-528.

STRUIK, Dirk J. *A Concise History of Mathematics.* 3rd ed., New York, Dover, 1967, p. 72-78.

STRUIK, Dirk J. «Omar Khayyam, Mathematician». *The Mathematics Teacher, 51* (1958): 280-286.

WINTER, H.J.J. «Formation Influences in Islamic Science». *Archives internationales d'histoire des sciences, 6* (1953): 171-192.

EXERCICES

1. Quelle est la signification plausible que l'on peut attribuer aux termes «al-jabr» et «al-muqqâbala»?

2. En quoi l'algèbre arabe a-t-elle subi l'influence des civilisations antérieures?
3. Quelle est la principale carence de l'algèbre d'al-Huwarizmi?
4. Quel a été le rôle important joué par Tâbit ben Qurra dans la préservation des textes grecs et hindous?
5. Résoudre à la manière d'al-Huwarizmi l'équation $x^2 + 12x = 64$.
6. Vérifier la formule de Tâbit ben Qurra pour trouver des nombres amicaux lorsque $n = 2$ et $n = 4$.
7. Quelle a été la contribution arabe à la formation de notre système de numération?
8. Calculer, par la règle de la double fausse position, la racine de $x^3 - 36x + 72 = 0$ qui se trouve entre 2 et 3. On demande une précision de trois décimales.
9. Nasir al-dîn a montré que la somme de deux carrés impairs ne peut être un carré. Démontrer ce résultat au moyen des propriétés des carrés de nombres pairs et impairs.
10. Quelle fut la contribution majeure de Nasir al-dîn au domaine de la trigonométrie arabe?
11. En quoi Omar Khayyam mérite-t-il d'être considéré parmi les grands mathématiciens arabes du monde médiéval?
12. Quelles ont été les contributions marquantes de la civilisation de l'islam au domaine des mathématiques? Préciser au moyen d'exemples.

CHAPITRE 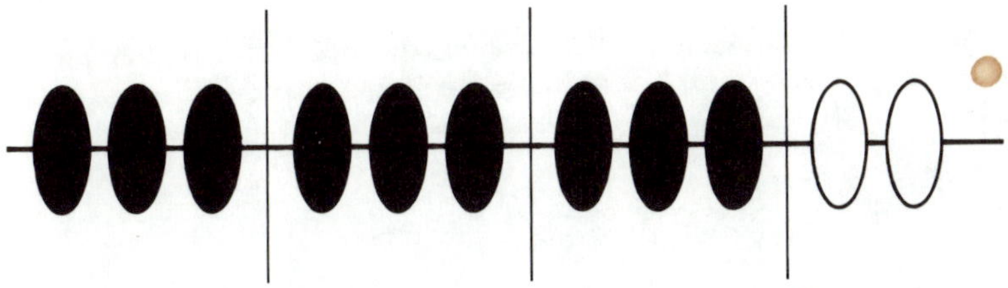

les mathématiques de l'europe du moyen âge : 500-1400

LES MATHÉMATIQUES BYZANTINES

L'histoire politique de l'Europe fait coïncider le début du Moyen Age avec la chute de l'Empire romain d'Occident, en 476, et marque sa fin au moment où Constantinople tombe aux mains des Turcs, en 1453. Cependant cette division chronologique, basée sur deux faits politiques importants, ne saurait rendre compte pleinement du caractère propre à cette période de l'histoire des mathématiques, qui marque la transition entre la civilisation grecque et la renaissance des mathématiques de l'Occident.

Nous avons vu précédemment les différentes phases qui ont conduit les mathématiques grecques à un stade de développement supérieur à tout ce qui avait été réalisé antérieurement ou parallèlement et à partir duquel elles se sont orientées vers le domaine des applications pratiques. Puis, sous la pression des dominations étrangères, les principales écoles grecques, l'école d'Athènes et l'Université d'Alexandrie, périclitent et seul un mince filet scientifique traversera la période creuse de l'Empire byzantin, pour aboutir, au XIVe siècle, à un nouveau départ des mathématiques européennes.

C'est en 324 que l'empereur Constantin décida de faire de Byzance la capitale de l'Empire romain d'Orient. Cette ville grecque, fondée sur le Bosphore au VIIe siècle av. J.-C., prit alors le nom de Constantinople et demeura la capitale de l'Empire byzantin jusqu'à la fin du Moyen Age. L'unité de l'Empire byzantin reposait sur l'hellénisme, qui avait marqué d'une empreinte ineffaçable ses diverses provinces dès l'époque romaine. Ainsi l'Empire byzantin préservera en quelque sorte les trésors de l'antiquité grecque jusqu'au moment où l'Europe de l'Ouest sera en mesure d'assurer la relève. Les principales contributions mathématiques byzantines se situent surtout au niveau élémentaire et consistent plus en commentaires sur les anciens classiques qu'en un apport original et inventif à la science mathématique.

Parmi les principaux mathématiciens byzantins, mentionnons Eutoche, Simplicius, Isidore de Milet, Anthémius de Tralles, Jean Philoponus, Michel Psellus, Georges Pachymère, Maxime Planude et Manuel Moschopoulos.

Isidore de Milet fut un des derniers directeurs de l'Académie de Platon à Athènes. A l'époque de Proclus, l'Académie devint un centre de culture néoplatonicienne et, en 529, elle dut fermer ses portes, à la suite du décret de Justinien qui ne pouvait accepter la présence d'un foyer culturel du paganisme au sein de l'orthodoxie chrétienne. Cependant, les savants de l'Académie, contraints de se disperser, réussirent à se regrouper partiellement en Perse et parvinrent à reconstituer une sorte d'Académie en exil. Isidore fit connaître les commentaires d'Eutoche et, par ses écrits, il suscita un intérêt nouveau pour les travaux mathématiques d'Archimède et d'Apollonius.

Albrecht Dürer: *La mélancolie* et son carré magique.

Anthémius de Tralles, un peu plus âgé qu'Eutoche, puisque ce dernier lui a dédié ses commentaires sur les *Coniques* d'Apollonius, fut l'architecte de Sainte-Sophie de Constantinople. Il est resté célèbre tant pour son œuvre d'architecte (qui sera poursuivie par Isidore de Milet) que pour son ouvrage sur les *Miroirs ardents* dans lequel sont décrites les propriétés du foyer de la parabole.

Jean Philoponus, qui vivait à Alexandrie au début du VIe siècle, était un physicien de talent dont certains travaux peuvent être classés sous l'étiquette «mathématiques appliquées». Il a écrit un commentaire sur l'*Introduction arithmétique* de Nicomaque.

Cinq cents ans après Philoponus, **Michel Psellus,** philosophe à Athènes et à Constantinople, entretient la popularité du traité de Nicomaque en écrivant, lui aussi, un commentaire sur cet ouvrage d'arithmétique. On lui attribue un traité élémentaire sur le *quadrivium*: arithmétique, musique, géométrie et astronomie, dont la traduction latine fut plusieurs fois éditée durant le XVIe siècle. Une lettre de Psellus apporte, dit-on, quelques remarques sur l'*Arithmétique* de Diophante. Dans le domaine de la logique, il reprend l'étude des syllogismes d'Aristote et examine soigneusement les diverses formes possibles. Son attention se porte aussi sur la substitution des termes dans les propositions et sur le symbolisme logique.

Georges Pachymère (1242-1310) a écrit, deux siècles après Psellus, un sommaire du *quadrivium* en plus d'un commentaire sur l'*Arithmétique* de Diophante.

Maxime Planude, contemporain de Pachymère, fut ambassadeur de l'empereur Andronic II à Venise, vers 1297. Il a écrit un ouvrage sur la numération hindoue qui a pénétré dans l'Empire byzantin vers le XIIIe siècle, à peu près à l'époque où elle s'imposait en Occident. Il a aussi, tout comme Pachymère, fait un commentaire sur l'*Arithmétique* de Diophante.

Manuel Moschopoulos fut un disciple et un ami de Planude. Il a exposé une méthode de formation des carrés magiques dédiée au géomètre **Nicholas Rhabdas.** Ce dernier commenta l'exposé de Planude sur la numération et fournit une exposition du système numérique basée sur l'utilisation des doigts de la main.

L'OCCIDENT APRÈS L'EMPIRE ROMAIN

Lorsque les grandes invasions disloquèrent l'Empire romain d'Occident et installèrent un roi ostrogoth à la place de l'empereur, l'Occident fut pratiquement sans contacts avec l'Empire romain d'Orient et, par le fait même, coupé de la science hellénique. Seules subsistèrent des traditions transmises en latin par des auteurs qui vécurent aux Ve et VIe siècles.

Ces auteurs latins ont écrit des textes de nature mathématique basés sur quelques classiques grecs, en particulier sur les ouvrages de Nicomaque de Gerasa et ses commentateurs, tout en mettant l'accent sur le mysticisme des nombres et l'art de compter. Le contenu de ces premiers textes mathématiques latins faisait partie du *quadrivium*, partie essentielle de la formation donnée dans les écoles. Issus de l'éducation grecque, les sept arts libéraux — le *trivium* comprenant la grammaire, la logique et la rhétorique, et le *quadrivium* — furent enseignés dans le système d'éducation médiévale avec des variantes adaptées à l'idéal chrétien.

Empruntant librement à Euclide, Nicomaque et Ptolémée, ces premiers auteurs latins, parmi lesquels on peut mentionner Boèce, Cassiodore, Isidore de Séville, Bède le Vénérable et Alcuin, ont influencé grandement l'enseignement mathématique dans les écoles médiévales jusqu'à la fin du Xe siècle.

Boèce (vers 480-524)
par Juste de Gand (XVe siècle).

BOÈCE

Anitius Manlius Severinus Boetius (vers 480-524) est né à Rome vers 480 d'un père qui fut consul en 487. Consul lui-même en 510, il eut deux fils qui accédèrent ensemble au consulat en 522. Il fut, semble-t-il, un homme d'État remarquable, dont l'intégrité ne souffrit d'aucun reproche. Il reçut du roi Théodoric plusieurs charges importantes dans l'État, mais, tombé en disgrâce pour des raisons d'ordre politique ou religieux, le philosophe chrétien Boèce fut mis à mort en 524, après une longue détention. Durant son séjour en prison, il a écrit son célèbre essai philosophique intitulé *De consolatione philosophiæ*, dans lequel il discute de la responsabilité morale à la lumière de la philosophie d'Aristote et de Platon.

Il avait la nostalgie de la science hellénique et il traduisit en latin plusieurs ouvrages anciens, auxquels il ajouta des commentaires ou des compilations[1].

1. Il traduisit en latin l'*Organon* (textes de logique) d'Aristote, l'*Introduction aux Catégories* de Porphyre, en y ajoutant des commentaires, et commenta des ouvrages de Cicéron, le célèbre avocat romain.

Tetragona. Longitudo. Secūda vnitas.

Prima vnitas.

1	2	3	4	5	6	7	8	9	10
2	4	6	8	10	12	14	16	18	20
3	6	9	12	15	18	21	24	27	30
4	8	12	16	20	24	28	32	36	40
5	10	15	20	25	30	35	40	45	50
6	12	18	24	30	36	42	48	54	60
7	14	21	28	35	42	49	56	63	70
8	16	24	32	40	48	56	64	72	80
9	18	27	36	45	54	63	72	81	90
10	20	30	40	50	60	70	80	90	100

Latitudo. Latitudo. Tertia vnitas.

Secūda vnitas. Longitudo. Tetragona.

Ratio atq; expositio digestę formu le. Cap. 27.

Si igit̃ duo pma latera ppositę formulę q̃ faciũt ãgulũ: ab vno ad. 10. et. 10. pcedentia respiciãt: et his sub teriores ordies cõparent: qui scilicet a. 4. angulum incipientes: in vigenos terminũ ponunt: duplex id est prima species multiplicitatis ostenditur: ita vt primus primũ sola superet vnitate: vt duo vnũ secũd' sc[illegible] binario supuadat: vt q̃ternari' binariũ. terti' tertiũ tribus: vt senari' ternariũ. q̃rtus q̃rtũ q̃ternarij numerositate transcendat: vt 8 q̃ternariũ: et p eãdẽ cũcti sequẽtiã sese minoris pluralitate pretereant. Si vero terti' angulus aspiciat: q ab 9. inchoãs lõgitudinẽ latitudinẽq; tricenis altrinsecus numer[illegible] extẽdit: et hic cũ pma latitudine et lõgitudine cõparetur: triplex species multi-

L'*Arithmétique* de Boèce:
une page de la première édition (Augsbourg, 1488).

Auteur d'ouvrages pour chacune des branches du *quadrivium*, il a écrit aussi sur la philosophie, la théologie et la musique. Ses deux livres *De institutione arithmetica libri duo* sont un remaniement de l'*Introduction arithmétique* de Nicomaque. Dans la préface de cet ouvrage, il informe le lecteur qu'il s'est senti libre de condenser l'original de Nicomaque et de le développer à certains moments. Cependant les développements présentés correspondent davantage à des explications de certains passages, à des exemples additionnels pour illustrer un point particulier ou à des tables, qu'à des extensions ou à des enrichissements du traité original de Nicomaque.

Le contenu mathématique de son *Arithmétique* porte sur les diverses méthodes de classification des nombres, les propriétés numériques de ces différentes classifications obtenues, ainsi que sur une interprétation mystique des nombres scripturaux. En particulier, on y trouve décrits divers rapports numériques, tels que les rapports multiples, surparticuliers, surpatients, des nombres figurés plans et solides et des moyennes: arithmétique, géométrique, harmonique et autres. Comme Nicomaque, il ne fournit pas les règles d'opération, seules les opérations sont exposées et en aucun endroit on ne trouve des applications pratiques des nombres à la vie courante; en cela son exposé montre bien ses antécédents grecs. Son *Arithmétique* fut, sans contredit, la seule source véritable à laquelle tout l'enseignement mathématique du monde médiéval a puisé pendant plus de mille ans. Écrit au début du VIe siècle — Boèce devait être âgé de vingt ans — cet ouvrage fut copié, condensé, récrit, recopié et a servi de texte de références pour les travaux d'arithmétique de nombreux auteurs latins des siècles suivants. On connaît même une édition complète de l'*Arithmétique* de Boèce, parue en 1521 à Paris.

Son *De institutione musicæ*, en cinq livres, qui traite de la musique théorique basée sur des rapports et des moyennes, est une compilation des travaux antérieurs d'Euclide, de Nicomaque, et de Ptolémée. Son *Astronomie* est dérivée de l'*Almageste* de Ptolémée alors que sa *Géométrie* est une traduction de quelques passages des quatre premiers livres des *Éléments* d'Euclide. Son manuel de géométrie contient exclusivement des énoncés (définitions, postulats, axiomes, propositions), sans aucune référence à des démonstrations. Il semble que les ouvrages mathématiques de Boèce, largement utilisés dans les écoles monastiques médiévales, furent altérés par des modifications ultérieures consistant en insertions d'éléments nouveaux, ce qui rend aujourd'hui difficile de reconnaître ce qui doit être attribué à cet auteur latin qui influença le plus les mathématiques du monde médiéval. On peut raisonnablement situer le contenu mathématique des traités de Boèce à un niveau élémentaire, bien qu'il soit supérieur à celui que l'on rencontre chez les autres auteurs latins des Ve et VIe siècles.

CASSIODORE

Cassiodore ou **Cassiodorus Senator,** un disciple de Boèce, est probablement né vers 490 dans la ville de Squillace, en Calabre, et fut tour à tour questeur et consul. Il mourut très âgé dans un couvent qu'il avait fondé. Son ouvrage intitulé *De Arithmetica* est en somme un condensé très élémentaire de l'*Arithmétique* de Boèce qui a servi de manuel dans les écoles au début du Moyen Age et comme source de référence pour d'autres ouvrages de niveau inférieur.

Dans son œuvre, il fait intervenir les saintes écritures pour montrer que Dieu a créé l'univers sur les concepts de nombre, de mesure et de poids, et il met de l'avant ce point comme raison suffisante pour étudier l'arithmétique. A la fin de son traité, il rend hommage à Nicomaque et à Boèce, puis il termine en donnant une interprétation à la fois naïve et pieuse des sept premiers nombres naturels. C'est aussi un polygraphe qui a écrit une *Historia Gothorum*, et une encyclopédie des sept arts libéraux. Ayant fondé son monastère, il imposa à ses moines la copie des manuscrits, usage qui persistera longtemps dans les couvents de la période médiévale, et il eut ainsi une influence importante sur les traditions scientifiques.

ISIDORE DE SÉVILLE

Isidorus Hispalensis ou **Isidore de Séville,** évêque de Séville vers 600, fut un érudit considéré par ses contemporains comme le plus éminent savant de son temps. Il a compilé une encyclopédie en vingt livres, sans grande originalité, mais qui a connu une grande vogue par suite de ses nombreuses éditions et qui fut citée jusqu'au XIIIe siècle.

Dans ses *Étymologies*, un des vingt livres de son encyclopédie, il fait un condensé de l'*Arithmétique* de Boèce, mettant en relief une mystique du nombre qui frise le ridicule pour un lecteur moderne. Il trouva ainsi une signification mystique pour tous les nombres de 1 à 20, sauf pour le nombre 17, ainsi que pour les nombres 24, 30, 40, 46, 50 et 60. Par exemple, il considère que la livre est un poids parfait – sa livre correspond à 12 onces – car elle possède le même nombre d'onces que le nombre de mois dans l'année. Parce que Dieu a effectué 22 actions dans la création du monde, il considère cela comme une raison adéquate pour expliquer qu'il y a 22 générations à partir du premier homme Adam jusqu'à Jacob, qu'on compte 22 livres de l'Ancien Testament jusqu'à Esther, etc. On aura une idée de l'importance vitale qu'il attachait au nombre lorsqu'il affirme que, si l'on supprime le nombre de tout ce qui existe, toutes les choses périront. Par ailleurs ces considérations mystiques font partie des croyances du temps et il ne faut pas s'en étonner outre mesure. Cependant cette période particulièrement sombre de la science médiévale ne doit pas être prise comme une constante commune de tout le Moyen Age et heureusement des siècles plus éclairés vont compenser cette étape grise de l'histoire des mathématiques.

BÈDE LE VÉNÉRABLE

Le moine bénédictin **Bède le Vénérable** (vers 673-735) a passé presque toute sa vie dans son comté natal du Northumberland (Angleterre); il devint un des plus grands savants de son temps. Constamment cité comme une autorité par les écrivains des siècles suivants, il connaissait le grec, chose alors très rare pour un Occidental – Boèce était aussi familier avec le grec – et ses nombreux travaux scientifiques englobent, en particulier, un traité sur le calendrier ecclésiastique et un ouvrage au sujet de la représentation des nombres au moyen des doigts. On retrouve dans son *De temporis ratione*, sur le calcul pratique, une méthode pour déterminer la date de la fête de Pâques. En Allemagne, au IXe siècle, **Raban Maur** (784-856) continua les travaux d'astronomie et de mathématiques du bénédictin anglais et écrivit un manuel plus complet sur le calcul pratique, dans lequel on trouve une méthode pour calculer la date de Pâques, des directives pour le calcul numérique avec les doigts, ainsi que des instructions pour l'utilisation des chiffres romains et des données astronomiques.

ALCUIN

Alcuin d'York (vers 735-804) est probablement né l'année de la mort de Bède, dans le comté d'York (Angleterre). Il succéda à son maître, Ecbert, à la tête de l'école d'York. Il parle lui-même de l'enseignement de son maître à York dans les termes suivants:

> «*Le savant Ecbert abreuvait à toutes les sources de la science les esprits altérés. Aux uns, il enseignait les règles de la grammaire; il faisait couler pour les autres les flots de la rhétorique. Il formait ceux-ci aux luttes de barreau, et ceux-là aux chants d'Aonie. Il leur apprenait encore à faire résonner la flûte de Castalie, à frapper d'un pied lyrique les cimes du Parnasse. Il expliquait encore l'harmonie du ciel, les pénibles éclipses du soleil et de la lune, les cinq zones du pôle, les septs étoiles errantes, les lois des astres, leur lever et leur coucher, les mouvements violents de la mer, les tremblements de terre, la nature de l'homme, des troupeaux, des oiseaux et des bêtes féroces, les diverses combinaisons des nombres et leurs formes variées. Il enseignait à calculer de manière certaine le retour solennel de Pâques, et surtout il découvrait les mystères des Saintes Écriture: il avait su ouvrir l'abîme de l'ancienne loi*[1].»

Nous avons dans ce court passage le résumé de l'enseignement médiéval donné dans les cloîtres aux futurs prêtres, durant le VIIIe siècle. Lors d'un voyage en Italie, Alcuin fut présenté à Charlemagne, empereur d'Occident; il joua par la suite un rôle important dans la réorganisation de l'enseignement tentée par Charlemagne. Il est demeuré célèbre en histoire des mathématiques à cause de son ouvrage pour la jeunesse, intitulé *Propositiones ad acuendos juvenes*, dont l'authenticité n'est d'ailleurs pas assurée. C'est un ensemble de propositions les unes d'arithmétique, les autres de géométrie et d'arpentage, qui constituent un des plus anciens exemples de «récréations mathématiques». Alcuin explique le rôle du nombre 6 dans la création du monde par le fait que ce nombre 6 est un nombre parfait et il en fait de même pour la seconde origine de la race humaine, à partir de l'arche de Noé, et montre ainsi que l'on naît du nombre déficient 8!

---

1. Pierre Dedron et Jean Itard, *Mathématiques et mathématiciens*, Paris, Magnard, 1959, p. 132-133.

Un cours d'Alcuin à l'abbaye de Saint-Martin à Tours en 800.

Le climat mathématique de l'Europe de l'Ouest change avec les contributions de celui qui deviendra le pape Sylvestre II. En effet, Gerbert, le futur pape Sylvestre II, inaugure une deuxième période médiévale dans laquelle les mathématiciens de l'Europe vont prendre contact avec les textes arabes, et où les universités deviendront des foyers culturels susceptibles d'entretenir et de promouvoir l'intérêt pour la science mathématique.

GERBERT

Gerbert (vers 940-1003) est né en France et fut probablement un des premiers chrétiens à étudier dans les écoles arabes de l'Espagne vers les années 967-970. Il fut tour à tour précepteur, puis conseiller de l'empereur allemand Otton III. Archevêque de Reims, puis de Ravenne, il fut élevé à la papauté en 999 et mourut en 1003. De 972 à 982, il fut directeur de l'école diocésaine de Reims, ce qui lui permit d'enseigner le *quadrivium* et, en particulier, d'introduire l'usage des chiffres indo-arabes en Europe. Cependant, il est difficile d'expliquer comment il entra en contact avec le système de numération indo-arabe et quelle est la relation entre ce système de numération et le calcul par jetons marqués, ou *apices,* qui présente à peu près les mêmes facilités opératoires que l'arithmétique de position et qui fut utilisé par les «abacistes» durant les XIe et XIIe siècles[1]. De fait, l'introduction du système de numération indo-arabe en Europe est aussi obscure que l'invention de ce système, survenue près de six siècles auparavant. De plus, l'adoption de ce nouveau système par les «algoristes» — en opposition aux «abacistes» qui utilisaient la méthode des apices — ne fut pas nécessairement réalisée immédiatement et il faudra attendre le XIIIe siècle avant que le système indo-arabe ne soit définitivement introduit en Europe.

L'Europe, avant et durant la vie de Gerbert, ne possédait pas les éléments essentiels pour bien développer les mathématiques. L'attitude chrétienne devant cet amas de connaissances des peuples antiques demeurait sceptique et ressemblait étrangement au comportement des Arabes vis-à-vis du contenu scientifique de la bibliothèque d'Alexandrie. «La recherche scientifique devient superflue, écrit Tertullien, puisque l'évangile de Jésus-Christ a été reçu.» De plus, les savants latins pouvaient difficilement apprécier à leur juste valeur les contributions mathématiques des Arabes, même au temps de Gerbert qui correspond à une période très fertile pour les savants de l'islam. Par ailleurs, il faudra attendre le début du XIIe siècle pour assister, heureusement, à un changement d'attitude des savants européens, un peu à la manière des Arabes au IXe siècle.

1. Gerbert aurait construit un abaque dans lequel il remplaça dans chaque colonne le nombre de jetons par un seul apice portant au dos l'indication du nombre de jetons substitués. C'est ainsi qu'il introduisit, pour la première fois en Europe, les chiffres arabes et la numération indo-arabe apprises lors de son séjour dans les écoles arabes. Il a écrit, vers 980, un traité sur l'abaque — qui servit de modèle aux «abacistes» — qui nous apprend quelque chose sur la manière dont on effectuait les opérations de multiplication et de division à cette époque.

VOIES CULTURELLES DE TRADUCTION OUVERTES À L'EUROPE

Si les Arabes ont pu franchir la barrière linguistique de la civilisation grecque au IXe siècle, les savants européens se devaient, par ailleurs, de percer les mystères de la langue arabe s'ils voulaient apprécier et absorber la culture scientifique de l'islam. Au XIIe siècle, on admet la nécessité de bien connaître la langue arabe et le savant européen ne pouvait espérer beaucoup de choses s'il ne parvenait pas à franchir cette barrière linguistique, obstacle qui l'empêchait d'être véritablement à la hauteur de la situation et qui le plaçait à la merci de traducteurs peu versés dans la science mathématique.

Au XIIe siècle, les savants de l'Europe occidentale ont compris la nécessité de prendre contact directement avec la civilisation islamique afin de développer leurs connaissances mathématiques et scientifiques. Ce contact direct fut facilité d'autant par des traductions latines (obtenues d'auteurs chrétiens qui circulaient dans les centres de culture arabe situés en Italie, en Sicile et en Espagne). Ainsi, les travaux compilés à Bagdad circulaient dans les écoles arabes de Grenade, de Cordoue et d'autres villes de l'Espagne, et ces ouvrages en langue arabe étaient traduits par des savants chrétiens qui voyageaient dans ces centres culturels.

Par ailleurs, ce pont naturel qu'était l'Espagne à l'époque des Croisades entre l'Est et l'Ouest, a contribué, dans une large mesure, à faire connaître les textes mathématiques des savants de l'islam, sans être toutefois le seul corridor intellectuel accessible aux savants européens. En effet, la position géographique privilégiée de la Sicile et l'histoire politique de cette île en ont fait un point de convergence des cultures de l'Est et de l'Ouest.

Colonie grecque à l'origine, la Sicile devint très tôt possession romaine, puis, elle entretint des relations étroites avec Constantinople après la chute de l'Empire romain d'Occident. Dominée par les Arabes pendant une cinquantaine d'années durant le IXe siècle, la Sicile fut reprise par les Grecs et tomba enfin sous la domination tolérante des Normands. Lorsque Messine, leur première capitale, fut conquise en 1060, les Normands trouvèrent en Sicile une population profondément marquée par les cultures grecque, latine et arabe. Les nouveaux conquérants se montrèrent pour le moins tolérants et acceptèrent cette population cosmopolite et polyglotte où les cultures grecque, latine et arabe faisaient bon ménage.

Cette diversité de races et de langues rencontrée dans la population sicilienne durant l'occupation normande ouvrait un autre corridor favorable à la pénétration en Europe de la science antique. De plus, la Sicile offrait l'occasion de traduire, à partir d'originaux grecs, des textes de sciences et de mathématiques que les Grecs et les Romains avaient introduits dans cette île au cours des siècles. Enfin les travaux des Arabes étaient aussi disponibles à la cour des Normands et il est raisonnable de penser que des traductions latines provenant de textes arabes furent réalisées sur place. Ainsi l'Espagne et la Sicile furent les deux principales voies de traduction au XIIe siècle.

LES TRADUCTEURS LATINS

Adélard de Bath (vers 1075-1160) semble avoir eu des contacts plus étroits que les autres traducteurs latins avec la culture arabe. D'origine anglaise, il voyagea beaucoup dans les foyers culturels de l'époque et, contrairement aux autres, il ne faisait pas partie du groupe de traducteurs qui travaillaient en Espagne. On ne sait pas exactement comment Adélard de Bath a pris contact avec la culture arabe, mais il semble bien qu'il ait utilisé le corridor intellectuel de l'Espagne pour ses diverses traductions. On compte trois principales traductions latines d'Adélard de Bath: une traduction des tables d'astronomie d'al-Huwarizmi, une traduction des quinze livres — Euclide en a écrit 13 seulement — des *Éléments* d'Euclide et une traduction du grec en latin de l'*Almageste* de Ptolémée. C'est de cette traduction latine des *Éléments* d'Euclide que s'inspirera, au siècle suivant, Campano da Novara. Par cette traduction des *Éléments,* l'Occident était confronté pour la première fois avec un exposé mathématique comportant une structure logique bien déterminée.

Le problème soulevé par la présence de nombreuses versions des *Éléments* d'Euclide a été étudié par plusieurs historiens afin d'éclaircir deux points principaux: Que reste-t-il de toutes les traductions du texte grec jusqu'au XIIe siècle? Quel est le nombre de traductions de la version arabe des *Éléments* et lesquelles sont complètes? Selon M. Clagett[1], on n'a pu découvrir de traduction complète faite à partir du texte original grec, mais il existe de toute évidence au moins quatre fragments partiels de traductions latines provenant du texte grec. La traduction d'Adélard de Bath existe, selon Clagett, sous trois versions principales: la version I est une traduction littérale, la première traduction complète des *Éléments* en latin; la version II diffère presque entièrement de la version I et est un abrégé, tandis que la version III est une paraphrase dans laquelle les propositions ont été empruntées à la version II, mais où les preuves ont été données d'une façon complète et formelle suivant le mode d'exposition de la version I. On peut noter que le texte du XIIIe siècle de Campano da Novara est une paraphrase et un commentaire bien plus qu'une nouvelle traduction latine du texte arabe des *Éléments.*

L'école de traducteurs fondée à Tolède au XIIe siècle joua un rôle de premier plan dans la transmission des connaissances arabes aux savants européens. La ville de Tolède, dominée par les Arabes pendant plusieurs siècles, avant de tomber aux mains des chrétiens, était un lieu propice à la communication des connaissances. En effet, les bibliothèques de cette ville contenaient une riche collection de manuscrits islamiques et la population cosmopolite, formée principalement d'Arabes, de chrétiens, et de juifs, dont plusieurs parlaient l'arabe, constituait un milieu favorable aux échanges d'informations parmi ces gens d'origine ethnique différente. Citons quelques noms de traducteurs dont le caractère cosmopolite est évident: Gérard de Crémone, Robert de Chester, Platon de Tivoli, Juan de Séville.

1. Marshall Clagett, «The Medieval Latin Translations from the Arabic of the Elements of Euclid, with Special Emphasis on the Versions of Adelard of Bath», *Isis, 44* (1956): 17.

Gérard de Crémone (1114-1187), le traducteur le plus fécond du XIIe siècle, séjourna en Espagne afin d'apprendre la langue arabe pour lui permettre de comprendre les travaux de Claude Ptolémée, mais, rendu sur place, il consacra le reste de sa vie à traduire des textes arabes. On connaît de lui 87 traductions. Parmi celles-ci, on peut mentionner la traduction latine d'une version révisée de Tâbit ben Qurra des *Éléments* d'Euclide, ouvrage de beaucoup supérieur à celui d'Adélard de Bath. En 1175, il aurait traduit l'*Almageste,* version à partir de laquelle les travaux de Ptolémée seront, en bonne partie, connus en Europe. Il a aussi traduit des traités d'Archimède, d'Apollonius, et d'al-Huwarizmi (l'*Algèbre*), pour ne citer que les principaux.

Robert de Chester vécut en Espagne où on le trouve, en 1143, archidiacre à Pampelune. Sa traduction populaire de l'*Algèbre* d'al-Huwarizmi, la première traduction du traité du célèbre algébriste arabe, datée de 1145, marque le début de l'algèbre européenne. D'autres traductions latines de l'*Algèbre* d'al-Huwarizmi seront faites, en particulier par **Platon de Tivoli,** qui traduisit aussi de nombreux ouvrages d'astronomie, et **Juan de Séville,** juif converti au christianisme, auteur de traductions d'ouvrages d'astronomie, de philosophie et d'un ouvrage d'arithmétique et de médecine.

D'après le choix des ouvrages traduits, on ne peut s'empêcher de remarquer l'intérêt des traducteurs pour l'algèbre et la trigonométrie arabes. Par ailleurs, la géometrie grecque, d'un niveau supérieur aux mathématiques de l'islam, ne semble pas attirer l'attention des savants européens et peu d'ouvrages mathématiques de cette époque portent sur l'étude de la géométrie, sauf quelques rares traités dont l'un fut écrit, semble-t-il, par un juif originaire de Catalogne qui portait le titre hébraïque de Nasi, prince, et le titre arabe de Sâbib al-Surta, chef de la garde.

Sâhib al-Surta[1], connu généralement sous le nom de **Savasorda,** est un bon polyglotte qui s'est formé dans le milieu scientifique de l'Espagne arabe, mais qui a composé tous ses ouvrages scientifiques en hébreu. Ceux-ci comprennent des textes d'astronomie et un ouvrage de géométrie. Ce dernier, traduit en latin par Platon de Tivoli, présente de nombreux traits communs avec les *Métriques* d'Héron. Il est divisé en quatre chapitres et on y trouve exposé le contenu des définitions, postulats et axiomes du livre I des *Éléments,* des exemples numériques de l'algèbre géométrique grecque, des énoncés de théorèmes sur l'égalité des figures planes, le calcul d'aires, la résolution d'équations du second degré à la manière d'al-Huwarizmi, la division des surfaces traitée suivant un esprit analogue à celui des *Métriques* et la mesure des solides.

Durant le XIIe siècle, un juif nommé **Abraham ibn Ezra** (vers 1090-1167) a écrit deux traités originaux d'arithmétique dans lesquels il étudie les particularités des nombres de 1 à 9. Dans la préface de sa traduction hébraïque d'un commentaire d'al-Birûni sur les tables d'al-Huwarizmi, il donne un aperçu intéressant sur l'introduction des chiffres hindous dans le monde arabe et utilise de fait les neuf premiers symboles alphabétiques numériques des Hébreux avec un cercle pour représenter le zéro. L'introduction des chiffres indo-arabes en Europe dans la pratique courante s'est réalisée très lentement et la popularité de ce nouveau système a grandi surtout grâce aux efforts des auteurs du XIIIe siècle. Ces écrivains scientifiques, provenant de toutes les classes sociales, ont contribué à répandre l'usage du système de numération que nous utilisons aujourd'hui.

Ces «algoristes» — nom donné à ceux qui adoptèrent ce système — utilisaient dans les calculs écrits, les chiffres indo-arabes, le zéro, les fractions décimales et la méthode arabe pour l'extraction des racines carrées. Par opposition, les «abacistes» employaient l'abaque, la vieille notation romaine sans aucun symbole pour le zéro, les fractions duodécimales romaines et ne connaissaient aucune méthode pour extraire la racine carrée d'un nombre. En pratique, les opérations élémentaires étaient comparables dans les deux systèmes, sauf pour le cas de la division qui devenait très compliquée suivant la méthode des «abacistes». Parmi les auteurs du XIIIe siècle qui ont le plus contribué à répandre l'usage du système indo-arabe, mentionnons Alexandre de Villedieu, John d'Halifax, et Léonard de Pise.

Alexandre de Villedieu, franciscain français, décrit, dans un poème intitulé *Carmen de algorismo,* les opérations élémentaires sur les entiers, utilisant les chiffres indo-arabes et traitant du zéro comme d'un nombre.

John d'Halifax (vers 1200-1256), connu aussi sous le nom de **Sacrobosco,** était un professeur an-

1. Plus exactement Rabi Abraham Bar-Iliyya ha-Nasi.

glais. Dans un ouvrage intitulé *Algorismus vulgaris*, il traite de façon pratique du calcul en utilisant lui aussi le système indo-arabe.

FIBONACCI

Léonard de Pise (vers 1180-1250), mieux connu sous le nom de **Fibonacci,** ou «fils de Bonaccio», un marchand italien, est né à Pise, centre commercial, où son père exerçait des fonctions directement reliées aux affaires de commerce. Son père, envoyé en mission à Bougie à titre de gérant d'affaire, l'appela auprès de lui vers 1192, afin de l'initier aux affaires et aux méthodes commerciales, en particulier aux calculs. La nature des occupations du père éveilla chez le fils un intérêt appelé à se développer pour les mathématiques. Il étudia sous la direction d'un maître arabe et parcourut l'Égypte, la Syrie, la Grèce et la Sicile. Il se persuada, au cours de ses voyages, que les méthodes hindoues de calcul – notre arithmétique de position – étaient de loin les meilleures. Ainsi, il composa en 1202, quelque temps après son retour chez lui, son ouvrage demeuré célèbre, *Liber abaci.*

Ce titre est trompeur. En effet, il signifie *Livre de l'abaque*, alors que son contenu porte essentiellement sur des méthodes algébriques et des problèmes dans lesquels l'usage des chiffres indo-arabes est fortement mis en relief.

Au début de l'ouvrage, Fibonacci émet l'idée que l'arithmétique et la géométrie sont liées étroitement et que chacune soutient l'autre. Cette optique correspond évidemment à celle qu'al-Huwarizmi énonçait déjà dans son *Algèbre* et que la tradition latine acceptait également. Cependant, l'objet du *Liber abaci* correspond davantage à l'étude des nombres qu'à celle de la géométrie.

Divisé en quinze chapitres, le *Liber abaci* met l'accent, dès les premières pages, sur les neuf symboles hindous de numération ainsi que sur le signe zéro, dont le nom vient de *zephirum*, forme latine de l'arabe *sifr*. Ainsi, tout au long de l'exposé, la notation de position indo-arabe est illustrée et fortement utilisée et la préférence de l'auteur pour le système de numération indo-arabe a certainement joué un rôle clé dans le processus de transmission. Cependant, cet exposé, comme nous l'avons vu précédemment, fut précédé par des descriptions analogues, quoique plus élémentaires, de Sacrobosco et d'Alexandre de Villedieu, descriptions qui ont connu une popularité plus grande que celle de Fibonacci.

Le chapitre I porte sur la numération de position, ainsi que sur le calcul digital exposé par Bède le Vénérable.

Les quatre chapitres suivants traitent des opérations élémentaires sur les entiers accompagnées de preuves par 9, 7 ou 11, ainsi que de la décomposition des nombres en facteurs premiers et de leur caractère de divisibilité par 2, 3, 4, ..., 13. On y expose aussi une arithmétique des monnaies courantes.

Les chapitres 6 et 7 concernent essentiellement les fractions. Fibonacci y utilise trois sortes de fractions: communes, sexagésimales et unitaires, mais il ignore complètement les fractions décimales, principal avantage de la notation positionnelle. Par surcroît, le texte abonde en exemples de toute sorte relatifs à l'usage des fractions communes et unitaires. Par exemple, au lieu d'écrire l'expression fractionnaire $24\frac{5}{12}$ comme nous, Fibonnacci écrit plutôt $\frac{5}{12}24$ et, à la place de $11\frac{5}{6}$, il préfère utiliser une juxtaposition de fractions unitaires et d'entier en écrivant $\frac{1}{3}\ \frac{1}{2}\ 11$. On y trouve même des tables de conversion de fractions communes en fractions unitaires. Ainsi la fraction $\frac{98}{100}$, par exemple, est exprimée par $\frac{1}{100}\ \frac{1}{50}\ \frac{1}{5}\ \frac{1}{4}\ \frac{1}{2}$ et $\frac{99}{100}$ apparaît comme $\frac{1}{25}\ \frac{1}{5}\ \frac{1}{4}\ \frac{1}{2}$. De plus, par une subtilité dans sa notation, il est amené à exprimer la somme de $\frac{1}{5}\ \frac{3}{4}$ et de $\frac{1}{10}\ \frac{2}{9}$ comme $\frac{1}{2}\ \frac{6}{9}\ \frac{2}{10}\ 1$, où la notation $\frac{1}{2}\ \frac{6}{9}\ \frac{2}{10}$ signifie dans ce cas

$$\frac{1}{2\cdot 9\cdot 10} + \frac{6}{9\cdot 10} + \frac{2}{10}\ !$$

Les chapitres 8 et 9, 10 et 11 traitent respectivement des applications commerciales, des problèmes de sociétés, des problèmes de change et d'analyse indéterminée du premier degré.

Les derniers chapitres portent sur les problèmes de fausse position, simple et double (chap. 12 et 13), les calculs à effectuer avec des radicaux carrés et cubiques (chap. 14), les problèmes numériques de géométrie et la résolution des équations du second degré, suivant les méthodes d'al-Huwarizmi.

Le problème du *Liber abaci* qui a sans aucun doute inspiré le plus les mathématiciens des siècles est celui-ci:

«Combien de couples de lapins obtiendrons-nous à la fin d'une année si, commençant avec un couple, chacun des couples produit chaque mois un nouveau couple lequel devient productif au second mois de son existence?»

Ce problème célèbre donne lieu à la «suite de Fibonacci» 1, 1, 2, 3, 5, 8, 13, ..., u_n ..., où $u_n = u_{n-1} + u_{n-2}$, c'est-à-dire que chacun des termes de la suite débutant avec 2 est la somme des deux termes successifs qui le précèdent. Cette suite particulière possède de nombreuses propriétés, entre autres:

u_n et u_{n+1} sont premiers entre eux,
$\lim_{n\to\infty} (u_n/u_{n+1}) = (\sqrt{5} - 1)/2$ (la section d'or),
$u_{n+1} \cdot u_{n-1} = u_n^2 + (-1)^n$, avec $n \geq 2$, etc.

Léonard de Pise fut sans aucun doute le mathématicien le plus original et le plus habile de toute l'époque médiévale chrétienne, mais une bonne part de ses travaux était trop difficile pour être bien comprise par ses contemporains. Ainsi, malgré une réédition en 1228, son *Liber abaci* fut très peu utilisé dans les écoles et ne sera imprimé qu'au XIXe siècle.

Paru en 1220, son ouvrage de géométrie intitulé *Practica geometriæ* est conçu dans le même esprit que les *Métriques* d'Héron et le contenu semble reposer sur une version arabe de la *Division des figures* d'Euclide, maintenant disparue. Il contient, entre autres choses, des définitions et un index des unités de mesure utilisées à Pise, la construction d'une moyenne proportionnelle à l'aide de la règle et du compas, la démonstration du théorème de Pythagore au moyen de triangles semblables, la division des figures, l'extraction des racines cubiques et des problèmes de duplication du cube, des problèmes géométriques résolus par l'algèbre suivant la tendance babylonienne et arabe.

Un autre ouvrage de Fibonacci a pour titre *Fleur de solutions de certaines questions relatives au nombre et à la géométrie.* L'auteur justifie ce titre parce que, dit-il, «plusieurs de ces questions, bien qu'épineuses, sont exposées d'une manière fleurie et, de même que les plantes, ayant leurs racines en terre, surgissent et montrent des fleurs, ainsi on déduit de ces questions une foule d'autres». Parmi les quinze problèmes traités dans cet ouvrage, treize se ramènent à des équations déterminées ou indéterminées du premier degré. Les deux autres ont été proposés à l'auteur par **Jean de Palerme,** philosophe et membre de la suite de l'empereur Frédéric II, lors d'un tournoi organisé par l'empereur et auquel Fibonacci fut invité.

Le premier problème comprend la solution estimée de l'équation cubique $x^3 + 2x^2 + 10x = 20$, présentée sans discussion. Pour résoudre cette équation, Fibonacci a dû prouver l'impossibilité d'obtenir des racines de la forme $a + \sqrt{b}$ ou $\sqrt{a + \sqrt{b}}$, où a et b sont des nombres rationnels. Puis il exprima approximativement sous la forme d'une fraction sexagésimale la racine positive valide pour neuf décimales. Cependant, nous ne savons pas comment il parvint à exprimer cette racine positive, puisqu'il n'indique aucune référence à la méthode utilisée. Le second problème concerne le partage d'une somme d'argent entre trois personnes suivant des règles bien définies.

En 1225, Léonard de Pise publia non seulement la *Fleur,* mais aussi le *Liber quadratorum* ou *Livre des nombres carrés,* un ouvrage brillant sur l'analyse indéterminée. En voici la préface dans la traduction Ver Eecke[1].

«*Lorsque, ô Seigneur Frédéric, prince très glorieux, maître Dominique m'amena à Pise, aux pieds de Votre Excellence, maître Jean de Palerme, m'ayant rencontré, me proposa la question, qui n'appartient pas moins à la géométrie qu'au nombre, de trouver un nombre carré qui, augmenté ou diminué de cinq, fait toujours naître un nombre carré. Après avoir réfléchi sur la solution de cette question que j'avais déjà trouvée, j'ai constaté que cette solution prenait sa source dans les choses multiples qui se présentent dans les nombres carrés et entre ces nombres... J'en ai pris le sujet, ai entrepris de composer le présent ouvrage, et ai voulu l'intituler* Le livre des nombres carrés. *Je viens donc réclamer votre indulgence au cas où il contiendrait quelque chose de plus ou moins exact ou nécessaire; car il appartient à la divinité plutôt qu'à l'humanité d'avoir la mémoire de tout et de ne se tromper en rien, et personne n'est exempt de défaut ni de toutes parts sur ses gardes.*»

La question principale, traitée dans cet ouvrage qui contient 20 propositions, se ramène à la résolution du système général d'équations

$$x^2 + a = y^2$$
$$x^2 - a = z^2$$

1. Léonard de Pise, le *Livre des nombres carrés,* traduit pour la première fois du latin médiéval au français... par Paul Ver Eecke, Bruges, 1952.

dans lequel les solutions doivent être des nombres rationnels. En particulier, le problème énoncé dans la préface est traité complètement et est accompagné d'une solution exprimée sous la forme $\frac{5}{12}3$. Enfin, Léonard de Pise utilise souvent dans son livre les identités

$$(a^2 + b^2)(c^2 + d^2) = (ac + bd)^2 + (bc - ad)^2 = (ad + bc)^2 + (ac - bd)^2$$

qui sont bien connues de Diophante et des Arabes.

On connaît encore de Fibonacci, une *Epistola Leonardi ad magistrum Theodorum Philosophum domini Imperatoris*, où se trouvent des problèmes d'analyse indéterminée du premier degré.

LA NAISSANCE DES UNIVERSITÉS EUROPÉENNES

L'avènement des universités, à la fin du XIIe siècle et durant le XIIIe siècle va favoriser, au moins en théorie, le développement des mathématiques et sa diffusion parmi un plus grand nombre de personnes. A l'origine, le programme des universités repose essentiellement sur les septs arts libéraux, le *quadrivium* délaissé en bonne partie au profit du *trivium*. Vers le XIIIe siècle, les institutions universitaires suivantes reçoivent leur charte: Paris (1200), Oxford (1214), Cambridge (1231), Padoue (1222), etc.

L'arithmétique enseignée au début à Oxford correspondait au contenu mathématique qu'on retrouve dans les textes de Boèce, Casiodore et Isidore de Séville. On étudiait en particulier les propriétés des nombres: rapports, proportions, fractions, et les nombres polygonaux. Aucune préoccupation n'est manifeste en ce qui a trait au calcul pratique. Une situation analogue existait à Cambridge et probablement dans les autres universités du continent européen. Avec la naissance des universités, nous pouvons constater une révolution intellectuelle dont les principales caractéristiques tendent à modifier le statut des arts libéraux. La dialectique ou logique devient si importante qu'elle tend à obscurcir les autres arts. Par ailleurs, on peut constater un intérêt nouveau pour les sciences, sans toutefois y remarquer le même intérêt chez les étudiants qui cherchaient avant tout à quitter l'université en possession du contenu offert dans le *trivium*.

Le milieu lettré des «philosophes de l'Empereur», qui se rattache aux universités, sera fécond, par ailleurs, pour ce qui regarde les mathématiciens suivants de l'époque médiévale. S'il est vrai que les universités consacraient aux mathématiques une bien faible part de leurs activités, il n'en demeure pas moins vrai que la plupart des mathématiciens des siècles suivants gravitent surtout dans les milieux universitaires, alors que leurs prédécesseurs latins vivaient plutôt dans des milieux axés presque exclusivement sur le négoce.

JORDANUS NEMORARIUS

D'après George Sarton, l'éminent historien des sciences, **Jordanus Nemorarius** serait né dans la seconde moitié du XIIe siècle, en Westphalie, aurait professé à Paris en 1220, fut élevé en 1222 à la dignité de général des Dominicains et mourut en 1237 en revenant de Terre Sainte. D'autres historiens, en particulier Joseph Hoffmann, refusent cette identification à Jordanus de Saxe, sans toutefois fournir une alternative intéressante. Jordanus Nemorarius peut être considéré comme le fondateur de l'école médiévale de mécanique, jouant ainsi un rôle capital dans l'histoire de cette science. Ses travaux sur les leviers et le plan incliné l'ont amené à énoncer en particulier la première formule exacte du plan incliné:

$$F/W = 1/\text{cosec}\,\theta,$$

où F est la force, W le poids, θ l'angle d'inclinaison.

Il a écrit de nombreux ouvrages sur l'arithmétique, la géométrie, l'astronomie et la mécanique. Son *Arithmetica decem libris demonstrata* est un traité d'arithmétique théorique, dans l'esprit des œuvres d'Euclide et des livres de Nicomaque et de Boèce. Cet ouvrage a servi de base à des commentaires à la mode à l'Université de Paris jusqu'au XVIe siècle et fut, de fait, édité par Jacques Lefèvre d'Étaples en 1496 et en 1503. On y trouve des propositions théoriques telles que «tout multiple d'un nombre parfait ou abondant est abondant», «tout diviseur d'un nombre parfait est déficient», «le produit de deux nombres consécutifs n'est ni un carré, ni un cube», la proposition fausse que «tous les nombres abondants sont pairs», etc.

L'usage de lettres à la place de chiffres est une des innovations importantes de l'*Arithmetica*, puisqu'il permettait dorénavant de rendre possible l'énoncé de théorèmes généraux d'algèbre, par l'introduction de la notion de «paramètre». Cette innovation venait suppléer les lacunes observées dans les textes d'Euclide et d'al-Huwarizmi en particulier.

Euclide représentait les nombres par des segments de droites dans ses théorèmes arithmétiques qu'on retrouve dans les livres VII à IX, et les lettres utilisées étaient attachées aux segments. Par ailleurs, les démonstrations géométriques de l'*Algèbre* d'al-Huwarizmi utilisent des diagrammes lettrés, mais tous les coefficients qui apparaissent dans les équations algébriques sont des nombres spécifiques représentés par des chiffres ou écrits littéralement. Cependant, l'idée de «paramètre», rencontrée probablement pour la première fois dans les œuvres médiévales, ne fut pas reprise immédiatement par les successeurs de Jordanus Nemorarius, qui ont préféré, semble-t-il, les points de vue algébriques exprimés dans un autre de ses livres, intitulé *De numeris datis.*

Le *De numeris datis* est une sorte de traité d'algèbre, plus précisément une collection de règles algébriques, inspirée des *Données* d'Euclide. Il est divisé en quatre livres et renferme 115 problèmes, les uns abstraits, les autres numériques, dont les équations sont généralement du premier et du second degré. Les nombres sont écrits en caractères communs. Quoique beaucoup de problèmes de Jordanus Nemorarius correspondent à ceux de Fibonacci, son traitement de l'algèbre s'en distingue par la méthode de solution des problèmes. Il fait tous ses raisonnements au moyen de symboles de lettres, mais il n'a pas développé un calcul algébrique.

La question principale consiste, étant donné un nombre, à trouver d'autres nombres satisfaisant à certaines conditions ou à montrer qu'un nombre qui satisfait à des restrictions précises est nécessairement déterminé. Un exemple typique est contenu dans la troisième proposition du livre I: «Si un nombre donné est divisé en deux tel que le produit de l'un par l'autre soit donné, chacun de ces deux nombres est nécessairement connu.»

La règle est exprimée comme suit par Jordanus Nemorarius: «Soit le nombre donné *abc* divisé en *ab* et *c*, et soit *d* le produit donné de *ab* par *c*. De même, que le produit de *abc* par lui-même soit *e*. Prenons le quadruple de *d*, ou *f*, qui retranché de *e* laisse *g*, ce sera le carré de la différence entre *ab* et *c*. Extrayons la racine de *g*, soit *h*, *h* sera la différence entre *ab* et *c*. Puisque *h* est donné, *c* et *ab* sont déterminés.»

Notons que Jordanus Nemorarius, dans l'usage des lettres, confond parfois, comme Euclide, l'usage de deux lettres pour la désignation d'un nombre avec l'usage d'une seule lettre en d'autres occasions. Ainsi, il suit Euclide lorsqu'il subdivise *ac* en deux parties *ab* et *bc*, mais il utilise à la fois *a* et *b*, points d'extrémités du segment *ab*, alors que *bc* est représenté seulement par la lettre *c*. Par ailleurs, on lui attribue le fait d'avoir été le premier à énoncer la règle équivalente à la solution générale de l'équation quadratique. Un peu plus tard, il fournira un exemple à l'appui de cette règle, exprimé avec des chiffres romains: diviser le nombre X en deux parties dont le produit des deux parties doit être XXI. Les solutions obtenues III et VII sont tirées de sa formule générale.

On lui attribue aussi un *Algorismus* (ou *Algorithmus*) *démonstratus* qui constitue un exposé de règles arithmétiques inspirées encore une fois d'Euclide, de Boèce et des caractéristiques algébriques qu'on retrouve dans les travaux des Arabes. En outre, ce livre fut à la mode pendant trois siècles au moins.

CAMPANUS DE NOVARE

Campano da Novara, ou **Campanus de Novare,** fut chapelain d'Urbain IV, pape de 1261 à 1264. Il est resté célèbre par sa traduction latine — un classique de l'époque — des *Éléments* d'Euclide à partir de plusieurs sources arabes et de la version latine d'Adélard de Bath. Sa traduction sera imprimée en 1482 et deviendra par le fait même le premier texte imprimé des *Éléments.* Jordanus Nemorarius et Campanus de Novare ont discuté de l'angle de contact (angle formé par un arc de cercle et la tangente en un point extrême), qui fut l'objet de discussions animées à la fin de la période médiévale. Campanus de Novare a de plus démontré l'inconsistance de la méthode d'exhaustion appliquée à la comparaison entre l'angle de contact et l'angle rectiligne entre deux demi-droites. Il conclut ainsi que cette proposition du livre X ne peut être appliquée qu'à des grandeurs de même nature et que, par conséquent, les angles de contact diffèrent des angles rectilignes. A la fin du livre IV de sa traduction des *Éléments,* Campanus de Novare décrit une trisection d'angle identique, sauf pour les lettres utilisées, à celle de Jordanus Nemorarius dans le *De triangulis*[1]. Jordanus utilisait des lettres gréco-

1. Le *De triangulis* est un ouvrage de géométrie qui porte sur le triangle plan, la division des aires, les arcs de cercle et les cordes, les polygones inscrits et circonscrits au cercle, la duplication du cube et la trisection d'un angle.

arabes alors que Campanus se servait de lettres latines. La trisection de Campanus et celle de Jordanus diffèrent de celles qui ont été réalisées dans l'Antiquité.

Le XIIe siècle fut, sans contredit, l'époque des traductions latines à partir de textes arabes. Cependant, au XIIIe siècle, ces traductions s'accompagnent de plusieurs traductions latines provenant le plus souvent de textes grecs. En particulier, la plupart des textes grecs d'Archimède ne sont pas connus au Moyen Age, jusqu'au moment où, en 1269, **Guillaume de Moerbeke** (vers 1215-1286) publia une traduction latine des principaux ouvrages scientifiques et mathématiques de l'éminent Syracusain. Guillaume de Moerbeke est un Flamand qui fut en relation avec Thomas d'Aquin, le célèbre philosophe scolastique du XIIIe siècle. C'est sur l'insistance de ce dernier, dit-on, qu'il traduisit la *Physique* d'Aristote. **Roger Bacon** (1214-1294), un savant qui s'est intéressé aux mathématiques par ricochet, l'aimait peu parce qu'il le considérait comme ignorant des sciences écrites en langue grecque.

Connaissant peu les mathématiques, cet ancien archevêque de Corinthe traduisait littéralement le grec en latin, ce qui est peu utile sur le plan mathématique mais essentiel pour reconstruire le texte original grec. Sa traduction comprenait des fragments de l'œuvre d'Archimède inconnus des Arabes, tels que les traités *Sur les spirales, Quadrature de la parabole, Sur les conoïdes et les sphéroïdes.* Cependant, cela n'a pas empêché les Arabes de progresser davantage que les Européens dans la compréhension des mathématiques d'Archimède. L'importance de la traduction de Moerbeke est d'autant plus grande que seuls les traités *Mesure du cercle* et *Sur la sphère et le cylindre* (partiellement) étaient connus des Européens avant 1269; par conséquent, il révélait au monde la majeure partie de l'œuvre d'Archimède. Bien que sa traduction ait connu peu de succès durant les deux siècles suivants, elle permettait tout au moins de révéler l'œuvre d'Archimède et fut d'ailleurs celle dans laquelle Léonard de Vinci et les savants de la Renaissance ont puisé pour étudier Archimède. Enfin, la version de Moerbeke fut éditée et imprimée pour la première fois au XVIe siècle.

LES PHILOSOPHES SCOLASTIQUES

Influencée du IXe au XIIe siècle par l'augustinisme[1] et par la pénétration de la pensée aristotélicienne dans l'enseignement catholique, la scolastique — méthode de spéculation théologique et philosophique visant, à l'aide des concepts philosophiques, à la pénétration rationnelle et à la systématisation des vérités révélées — vit au XIIIe siècle une véritable renaissance de la philosophie antique pénétrée d'un esprit chrétien. L'adaptation de l'aristotélisme à l'exposition du dogme dans les doctrines d'Averroès et d'Avicenne menaçait cependant la pureté de la foi. De grands philosophes dominicains, tels qu'**Albert le Grand** et **Thomas d'Aquin,** rétablirent l'équilibre non sans subir une attaque concertée de la part des docteurs des Franciscains, imbus d'augustinisme. A partir du XIVe siècle, l'abus de la dialectique et des vaines abstractions lança certains esprits vers le mysticisme, d'autres vers l'étude des sciences de la nature.

Les traductions latines de la *Physique* d'Aristote et des travaux sur la mécanique d'Archimède, associées à la tendance de certains philosophes à l'étude de la science en général, ont mis à la mode, au XIVe siècle, l'étude du changement en général et du mouvement, principalement dans les Universités. En particulier, les philosophes scolastiques d'Oxford ont déduit une formule littérale du taux uniforme de changement qui porte le nom de «règle de Merton». Appliquée au phénomène de la distance parcourue en un temps donné, la règle revient essentiellement à ceci:

> «*Si un corps se meut avec un mouvement uniformément accéléré, alors la distance parcourue sera la même que celle d'un mobile qui se meut, durant le même temps, uniformément avec une vitesse égale au premier corps lorsque celui-ci a écoulé la moitié du temps alloué.*»

Cette règle correspond de fait à calculer la vitesse moyenne de la vitesse initiale et de la vitesse finale. Cette loi, valide pour le mouvement uniformément accéléré, pouvait tout aussi bien être appliquée à d'autres phénomènes physiques.

Parmi les physiciens du XIVe siècle, on trouve un groupe de professeurs d'université et d'hommes d'Église qui se sont penchés, en particulier pour ce

1. Doctrine conforme à l'esprit de saint Augustin et à laquelle se rattachent les thèmes de connaissance et amour, mémoire et présence, et sagesse.

qui regarde l'aspect mathématique, sur l'étude quantitative de la variation et de sa représentation graphique. Malgré le fléau de la peste bubonique qui détruisit au-delà du tiers de la population européenne et les nombreuses difficultés d'ordre politique et économique occasionnées par la Guerre de Cent ans, le XIVe siècle a connu des noms prestigieux tels que Thomas Brawardine et Nicole Oresme.

BRAWARDINE

Thomas Brawardine (vers 1290-1349), philosophe, théologien et mathématicien, fut probablement le plus éminent mathématicien anglais du XIVe siècle. Surnommé «Doctor profundus» à cause de son érudition, il fut d'abord avoué du collège Merton, avant de devenir archevêque de Canterbury, poste qu'il occupa jusqu'à sa mort survenue en 1349.

Il a écrit de nombreux livres qui traitent de sujets mathématiques. Dans son *Tractatus de proportionibus* (1328), il développe la théorie des proportions double, triple, quadruple ou, plus généralement, ce que nous pouvons appeler *n*-uple[1] à partir de la théorie de Boèce. Bien que son argumentation ne contienne aucun symbolisme, elle revient cependant à dire que les «quantités» varient comme la deuxième, la troisième, ou la n^e puissance. Partant de cette théorie, Brawardine est en mesure de proposer une variante à la loi du mouvement d'Aristote – $v = k\,F/R$, où v est la vitesse, k une constante de proportionnalité, F la force et R la résistance du milieu – afin d'éliminer l'absurdité de cette loi lorsque la résistance est supérieure à la force, ce qui entraîne suivant la loi une vitesse non nulle. Ainsi pour doubler la vitesse, il suffit, selon Brawardine, de prendre le carré du rapport F/R, pour la tripler il faut prendre le cube, et ainsi de suite suivant la loi; d'où en notation moderne, $v_n = \log(F/R)^n$, où $v_0 = \log F/R$ est la vitesse initiale.

Brawardine a aussi écrit une *Arithmétique* et une *Géométrie*, influencé en celà par ses prédécesseurs, Boèce, Campanus de Novare, et même Aristote et Euclide. Il s'intéressa tout particulièrement à l'étude de l'angle de contact et des polygones étoilés[2].

1. Sa théorie des proportions comprend aussi une argumentation analogue pour le cas des quantités qui varient comme la deuxième, la troisième, ou la n^e racine.
2. Un polygone étoilé est formé en joignant par des segments de droites chaque point de rang m, d'une circonférence divisée également en n points, où $n>2$ et m est premier à n.

Les concepts mathématiques qui ont donné naissance au calcul différentiel et intégral furent aussi un objet de préoccupation de l'ancien avoué d'Oxford. En effet, il démontra, principalement dans sa *Geometrica speculativa* et son *Tractatus de continuo*, que les grandeurs continues sont composées d'un nombre infini d'éléments continus – non divisibles – de la même espèce. Au XIVe siècle, les partisans de la doctrine des indivisibles interprétaient la question suivant plusieurs points de vue: les uns admettaient l'existence d'atomes physiques, les autres interprétaient la question en termes de points géométriques; certains concevaient un nombre fini de points, d'autres un nombre infini; quelques-uns affirmaient l'existence d'indivisibles contigus, d'autres celle des indivisibles séparés. En outre, Brawardine affirmait qu'un rapport irrationnel ne devait pas être représenté par un nombre. Il exposa aussi ses vues sur la notion d'infini en spécifiant que l'infini actuel est une quantité sans limite, alors que l'infini potentiel est une quantité petite qui est susceptible d'être augmentée.

ORESME

Nicole Oresme (vers 1323-1382) est né en Normandie et séjourna durant près de quinze années au collège de Navarre (qui occupait l'emplacement actuel de l'École polytechnique de Paris), successivement comme étudiant, professeur, puis grand maître à partir de 1356. Évêque de Lisieux en 1377, il mourut le 11 juillet 1382.

Il est demeuré célèbre en mathématiques pour plusieurs raisons: on lui doit des règles équivalentes à nos lois sur les exposants, des notations particulières de puissances fractionnaires ou irrationnelles, la représentation graphique de variations, la première approche probable de la doctrine des indivisibles de Cavalieri, quelques règles pour la sommation de séries infinies, quelques lois particulières pour la détermination de la convergence et la divergence de certaines séries infinies.

Dans son *Algorismus proportionum*, imprimé à Berlin en 1868 seulement, il nous présente le premier exposé systématique connu de règles opérationnelles pour la multiplication et la division de rapports comportant des exposants entiers et fractionnaires. Cet ouvrage comprend trois parties, précédées d'un avant-propos dédié à Philippe de Vitry, évêque de

Meaux de 1351 à 1361, compositeur et ami de Pétrarque. La première partie contient une suite de règles d'opération sur les exposants sans aucun fondement théorique et les deux autres portent sur l'application de ces règles à divers problèmes physiques.

L'exposé de la première partie débute comme suit: «Une demie est écrite comme $\frac{1}{2}$, un tiers comme $\frac{1}{3}$ et deux tiers comme $\frac{2}{3}$, et ainsi de suite. Le nombre au-dessus de la barre se dit numérateur, celui au-dessous de la barre le dénominateur. Un rapport double est écrit comme 2^p, un rapport triple comme 3^p, et ainsi de suite. Un rapport sesquialtère – c'est-à-dire $\frac{3}{2}$ – est écrit comme $1^p \frac{1}{2}$ ...». L'expression $\sqrt[4]{2\frac{1}{2}}$ est notée dans son texte par $\frac{1}{4}\ ^{2p}\ \frac{1}{2}$, ou des variantes comme $\frac{1}{4}^{2}\ \frac{1}{2}$, $\frac{1}{4}^{p\,2/12}$, $\frac{1}{4}\,2^{p\,1\ a}\frac{1}{2}$, etc. Oresme suit souvent la coutume médiévale usuelle de verbaliser entièrement l'expression mathématique et il n'est pas rare de constater la présence de la forme verbale et de la forme arithmétique juxtaposées dans le même texte. Les règles étudiées par Oresme dans cette première partie portent sur la multiplication et la division de rapports rationnels, de rapports irrationnel et rationnel, illustrées par des exemples concrets pour chacune des règles. Puis, ces règles sont appliquées à des problèmes géométriques et physiques.

Le *De proportionibus proportionum,* composé vers 1360, de Nicole Oresme fait contraste avec son *Algorismus* en fournissant une solide base théorique au traitement des rapports et des proportions qui englobent des exposants. Dans le *De proportionibus,* Oresme applique et prolonge la théorie des proportions de Brawardine, dans le but de mettre sur pied un fondement mathématique pour le traitement des proportions utilisées par ce dernier. Il met en lumière trois sortes de rapports: rapports rationnels, rapports irrationnels mais commensurables à des rapports rationnels, rapports irrationnels et incommensurables à au moins un et éventuellement plusieurs rapports rationnels. Ce dernier type de rapport – ou proportion – est étudié par Oresme au moyen de propositions qui nient la ou les relations possibles entre la proportion $(\frac{2}{1})^{\sqrt{2}}$ et la proportion 2:1 par exemple. L'absence d'une terminologie, de symboles et de règles souples et adéquates l'a empêché de manipuler efficacement les exposants irrationnels. Toutefois, il semble bien, selon E. Grand[1], qu'Oresme soit parvenu au concept d'exposant irrationnel, tout en croyant fermement que des proportions irrationnelles pouvaient réellement exister sans qu'il puisse être en mesure d'en écrire une seule.

Exemple 1. Rapport rationnel qui est commensurable à un autre rapport rationnel. Les rapports $\frac{27}{1}$ et $\frac{3}{1}$ sont commensurables, car ils sont reliés numériquement comme 3 à 1, puisque $\frac{27}{1} = (\frac{3}{1})^{3/1}$.

Exemple 2. Rapport irrationnel commensurable à un rapport rationnel. Les rapports $(\frac{4}{1})^{1/3}$ et $(\frac{2}{1})^{2/1}$ sont reliés dans la proportion $\frac{1}{3}$ puisque $(\frac{4}{1})^{1/3} = [(\frac{2}{1})^{2/1}]^{1/3}$. On peut introduire ici une variante où les deux rapports sont irrationnels et commensurables comme $(\frac{4}{1})^{1/3}$ et $(\frac{2}{1})^{1/2}$, puisque $(\frac{4}{1})^{1/3} = [(\frac{2}{1})^{1/2}]^{4/3}$.

Exemple 3. Rapport irrationnel incommensurable à au moins un rapport rationnel. On peut ici se référer à des rapports comportant des exposants irrationnels. Ainsi $(\frac{9}{1})^{\sqrt{3}}$ et $(\frac{3}{1})^{\sqrt{3}}$ sont reliés par la proportion 2 à 1 puisque $(\frac{9}{1})^{\sqrt{3}} = [(\frac{3}{1})^{\sqrt{3}}]^{2/1}$.

Il est intéressant de mettre en relief, dans le *De proportionibus,* la dixième conclusion du chapitre 3, le dernier chapitre consacré aux mathématiques, où Oresme montre qu'il est improbable que, étant donné deux proportions, ces deux proportions soient commensurables entre elles et que la probabilité est beaucoup plus grande de constater plutôt l'incommensurabilité de ces deux proportions. Il utilisera par la suite ce résultat mathématique pour attaquer les arguments des astrologues qui proclamaient la possibilité de faire des prédictions astrologiques à partir de données célestes exactes et nombreuses. Utilisant deux argumentations, l'une de nature physique (mouvements célestes), l'autre de nature mathématique, il répondait aux astrologues que la probabilité était grande que deux proportions de vitesses, de temps ou de distances soient incommensurables, car il existe beaucoup plus de proportions irrationnelles que de proportions rationnelles.

L'influence exercée par le *De proportionibus proportionum* sur les activités des philosophes scolastiques des XVe et XVIe siècles n'est pas encore bien connue. Toutefois, on peut raisonnablement affirmer que le traitement exponentiel des proportions est étudié dans des travaux du XVIe siècle. En outre, l'argumentation d'Oresme pour contrer les prédictions astrologiques du temps contient une pensée probabiliste proche de celle qui prévaut durant le XIVe siècle et plus tard. De plus, son exposé sur les

1. Edward Grand, «Nicole Oresme and His De Proportionibus Proportionum», *Isis, 51* (1960): 303.

exposants irrationnels a probablement eu des conséquences sur les principaux courants de la pensée mathématique des siècles suivants. Enfin, cet ouvrage, produit par un des esprits les plus pénétrants du monde médiéval, soulève de nombreuses questions auxquelles il serait très utile de répondre pour mieux saisir la pensée mathématique de cette période et les conséquences qui en découlent.

L'étude de la quantification des «qualités» ou des formes variables entreprise principalement par les philosophes scolastiques d'Oxford a conduit ces derniers à énoncer la règle de Merton. Étendue à d'autres formes ou qualités, la quantification se développe progressivement à l'époque d'Oresme et touche tout aussi bien des phénomènes physiques, tels que la vitesse, la variation de température, la variation de l'intensité lumineuse, que d'autres phénomènes de nature diverse. De plus, l'étude quantitative de la variation amène les philosophes du XIVe siècle à la classer suivant que le taux de variation ou de changement est uniforme ou non uniforme, puis suivant que le taux de changement du taux de variation d'une qualité est uniforme ou non uniforme, et ainsi de suite. Partant de ces choses connues, Oresme a eu l'idée brillante de tracer le graphique des variations observées, pour faciliter ainsi la compréhension de la variation.

«Toute chose mesurable, écrit Oresme, peut être imaginée comme une quantité continue.» Dès lors il a tracé le diagramme de la vitesse en fonction du temps pour un mobile animé d'une accélération uniforme. Le graphique obtenu est à deux dimensions: la longitude à l'horizontale et la latitude à la verticale. L'intensité de la vitesse est indiquée par des segments de droites disposées à la verticale et placés suivant l'horizontale, aux points correspondant au temps enregistré. Si le mouvement accéléré uniformément part du repos (vitesse initiale nulle) le graphique obtenu sera un segment oblique à l'axe des longitudes et la hauteur maximale, par rapport à l'horizontale, de ce segment fournit la vitesse finale du mouvement.

Puis la somme totale des segments verticaux (vitesse) représentera, selon Oresme, la distance totale parcourue. Ainsi, l'aire du triangle ci-après est associée à la distance parcourue.

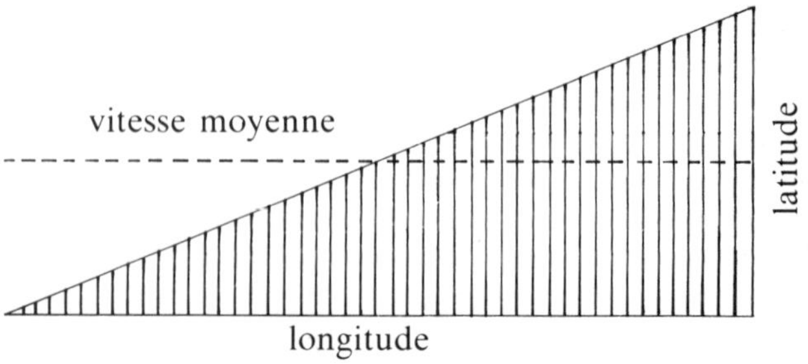

De plus, Oresme fournit par ce diagramme une vérification géométrique de la loi de Merton, car la vitesse mesurée au milieu de l'intervalle de temps est de fait la vitesse moyenne et l'espace parcouru est le même que celui d'un mobile qui aurait une vitesse uniforme, moyenne arithmétique entre les deux vitesses extrêmes.

L'utilisation graphique en termes de longitude et de latitude — l'une perpendiculaire à l'autre — d'un diagramme vitesse-temps est essentiellement une opération de géométrie analytique. L'usage qu'Oresme fait des coordonnées, bien que cela ait été réalisé bien avant par Apollonius et les géographes grecs, est important parce que ces coordonnées servent à représenter graphiquement une quantité variable ou une qualité. Oresme innove dans la représentation graphique d'une fonction, mais semble plutôt intéressé à l'aire sous la courbe tracée qu'à l'étude analytique de celle-ci. «Toute qualité uniformément difforme, écrit-il, qui se termine avec une intensité nulle est imaginée comme un triangle rectangle.» Les préoccupations d'Oresme se situent davantage dans l'aspect variation du phénomène, représentée par la courbe, et dans la variation de l'aire sous la courbe que dans la relation analytique entre le graphique et le phénomène étudié.

Oresme n'explique pas pourquoi l'aire sous la courbe vitesse-temps représente géométriquement l'espace parcouru par le mobile, mais on peut raisonnablement suggérer l'hypothèse suivante: l'aire sous la courbe serait constituée d'un grand nombre de segments verticaux — Cavalieri (XVIIe siècle) désignerait celà par des indivisibles —, chacun représentant une vitesse continue pour un temps très petit et dont la somme (l'intégrale en termes d'aires) correspond à l'aire sous la courbe.

Le traité *De latitudinibus formarum,* écrit en 1361 par un étudiant ou par Oresme lui-même, contient des notions relatives à l'étude de la variation ainsi qu'à la représentation graphique des qualités. Il apparaît sous plusieurs formes manuscrites et sera imprimé au moins quatre fois: en 1482, 1486, 1505, 1515. Il semble toutefois que cet ouvrage n'est qu'un extrait d'une œuvre plus volumineuse intitulée *Tractatus de figuratione potentiarum et mensurarum,* dans laquelle Oresme suggère d'étendre l'étude de la «latitude de forme» au problème de représenter graphiquement une qualité à deux variables par un volume.

Chez Oresme et ses contemporains, la représentation graphique est plutôt sommaire et son étude est plus qualitative que quantitative. Cependant, la notion de graphique, en tant qu'élément descriptif d'une qualité, vient faciliter la compréhension et l'étude de la variation des phénomènes constitue un sujet à la mode auquel les mathématiciens des deux siècles suivants porteront une attention particulière.

Les philosophes du XIVe siècle se sont aussi penchés sur l'utilisation des séries infinies dans la résolution de problèmes. En effet, les scolastiques étudièrent le concept d'infini, infini potentiel et infini actuel, souvent implicite dans les problèmes de latitude de formes. En particulier **Calculator** ou, plus précisément, **Richard Suiseth** (vers 1350) a résolu un problème de latitude de forme dont la solution verbale équivaut à dire que la somme de la série infinie

$$\frac{1}{2} + \frac{2}{4} + \frac{3}{8} + \ldots + \frac{n}{2^n} + \ldots$$

est 2. Oresme utilisa son procédé graphique pour démontrer plus facilement ce résultat alors que Calculator fournit une argumentation verbale longue et tortueuse. En outre, Oresme a réussi à démontrer d'autres résultats tels que la somme de

$$\frac{1 \cdot 3}{4} + \frac{2 \cdot 3}{16} + \frac{3 \cdot 3}{64} + \frac{n \cdot 3}{4^n} + \ldots$$

est $\frac{4}{3}$. En particulier, Oresme déclara que les séries suivantes sont convergentes et en donna leur somme:

1) $\frac{a}{n} + \frac{a}{n}(1 - \frac{1}{n}) + \frac{a}{n}(1 - \frac{1}{n})^2 + \ldots + \frac{a}{n}(1 - \frac{1}{n})^p + \ldots = a$

2) $\frac{1}{2} + \frac{1}{4} + \frac{1}{8} + \ldots + \frac{1}{2^n} + \ldots = 1$

3) $\frac{1}{1000} + \frac{1}{1000}(1 - \frac{1}{1000}) + \frac{1}{1000}(1 - \frac{1}{1000})^2 + \ldots + \frac{1}{1000}(1 - \frac{1}{1000})^p + \ldots = 1.$

De nombreux mathématiciens seront occupés, pendant les deux siècles suivants, à étudier ce type de problèmes qui fait surgir des séries infinies. Oresme fut le premier mathématicien à démontrer que la série harmonique[1] est divergente en groupant le premier terme $\frac{1}{2}$ dans le premier groupe, les deux termes suivant $\frac{1}{3}$ et $\frac{1}{4}$ dans le deuxième groupe, les quatre suivants dans le troisième, et ainsi de suite, le m^{e} groupe contenant 2^{m-1} termes. «Puis, il est évident, note-t-il, qu'il existe un nombre infini de groupes et que pour chacun des groupes, la somme des termes est au moins $\frac{1}{2}$.» Il fournit aussi une règle pour déterminer la convergence d'une série et en trouver la somme.

Oresme a écrit plusieurs autres ouvrages, parmi lesquels on peut mentionner un *Traité sur la sphère,* un *Traité du ciel et du monde,* des traductions françaises d'Aristote et de Pétrarque, les *Quæstiones* qui comprennent entre autres des séries infinies, des notions de commensurabilité et d'incommensurabilité, une géométrie des qualités, une étude des angles.

1. La série harmonique est constituée par la série des termes $\frac{1}{2} + \frac{1}{3} + \frac{1}{4} + \frac{1}{5} + \ldots + \frac{1}{n} + \ldots$

EN BREF

La contribution de l'Empire byzantin au domaine des mathématiques est d'avoir préservé les textes mathématiques écrits en grec et commenté les anciens classiques. Les premiers auteurs latins ont emprunté librement aux ouvrages d'Euclide, de Nicomaque et de Ptolémée et leurs œuvres ont grandement influencé l'enseignement mathématique des écoles médiévales jusqu'à la fin du Xe siècle. Parmi ces premiers auteurs latins, Boèce fut sans contredit celui qui influença le plus la pensée mathématique dans les premiers siècles du Moyen Age.

Au Xe siècle, les chiffres indo-arabes sont introduits en Europe par Gerbert qui fut le maître des «abacistes». Durant la même période, les mathématiciens européens prennent contact avec les textes arabes et l'on assiste à la fondation des premières universités. Aux XIe et XIIe siècles, les traducteurs latins se mettent à traduire de nombreux textes mathématiques écrits en langue arabe en employant les deux principales voies de traduction que représentaient l'Espagne et la Sicile.

Les principaux sujets mathématiques qui intéressent les traducteurs latins sont l'algèbre et la trigonométrie arabes. La géométrie grecque, d'un niveau supérieur aux mathématiques de l'islam, ne semble pas attirer l'attention des savants de l'Europe.

Le premier savant européen qui contribua grandement et de façon originale au domaine des mathématiques fut Léonard de Pise, connu sous le nom de Fibonacci. Son *Liber abaci* porte surtout sur des méthodes algébriques et des problèmes dans lesquels l'emploi des chiffres indo-arabes est fortement accentué. En particulier il énonça un problème célèbre qui donna lieu à la «suite de Fibonacci». Malgré l'originalité et la valeur évidente de ses travaux, il influença peu les mathématiques de son temps.

Jordanus Nemorarius peut être considéré comme le fondateur de l'école médiévale de mécanique et introduisit l'usage de lettres à la place des symboles numériques. Les philosophes scolastiques se penchent sur l'étude du mouvement et du changement en général et leurs travaux scientifiques, du XIIe au XIVe siècle, concernent l'étude quantitative de la variation et de sa représentation graphique.

Thomas Brawardine, l'éminent mathématicien anglais du XIVe siècle, développa une théorie des proportions qui englobe le concept de variation exprimé en termes de puissance n^e ou de racine n^e. Il ne fut pas étranger aux questions sur les concepts mathématiques de continuité et d'infini qui sont débattus durant le XIVe siècle.

Nicole Oresme est demeuré célèbre en mathématiques pour plusieurs raisons: il a fourni des règles équivalentes à nos lois sur les exposants, des notations spécifiques pour les puissances fractionnaires et irrationnelles, une représentation graphique de la variation, une première approche probable de la doctrine des indivisibles de Cavalieri, quelques règles sur la sommation de séries infinies et sur la détermination de la convergence et de la divergence de certaines séries.

BIBLIOGRAPHIE

BEAUJOUAN, J. Guy. *L'interdépendance entre la science scolastique et les techniques utilitaires.* D-46, Paris, Palais de la Découverte, 1957, 20 p.

BECKER, O. et J.E. HOFMANN. *Histoire des mathématiques.* Trad. de R. Jouan, Paris, Lamarre, 1956, p. 161-173.

BOYER, Carl B. *A History of Mathematics.* New York, John Wiley & Sons, 1968, p. 272-296.

BOYER, Carl B. *The History of the Calculus and its Conceptual Development.* New York, Dover, 1959, p. 66-88.

BRUCE, Robert E. «Sicily and the March of Ancient Mathematics and Science to the Modern World». *Scripta Mathematica, 5* (1939): 117-121, 181-185, 245-250.

BUSARD, H.L.L. *Quelques sujets de l'histoire des mathématiques au Moyen Age.* D-125, Paris, Palais de la Découverte, 1968, 32 p.

CLAGETT, Marshall. «The Medieval Latin Translations from the Arabic of the Elements of Euclid, with Special Emphasis on the Versions of Adelard of Bath». *Isis, 44* (1956): 16-42.

DEDRON, Pierre et Jean ITARD. *Mathématiques et mathématiciens.* Paris, Magnard, 1959, p. 128-155.

EVES, Howard. *An Introduction to the History of Mathematics.* 3rd ed., New York, Holt, Rinehart and Winston, 1969, p. 206-211.

GINZBURG, B. «Duhem and Jordanus Nemorarius». *Isis, 25* (1936): 341-362.

GRAND, Edward. «Brawardine and Galileo: Equality of Velocities in the Void». *Archive for History of Exact Science, 2* (1965): 345-364.

GRAND, Edward. «Nicole Oresme and His De proportionibus proportionum». *Isis, 51* (1960): 293-314.

GRAND, Edward. «Part I of Nicole Oresme's Algorismus proportionum». *Isis, 56* (1965): 327-341.

MURDOCH, John. «Oresme's Commentary on Euclid». *Scripta Mathematica, 27* (1964): 67-91.

SARTON, George. «La transmission au monde moderne de la science ancienne et médiévale». *Revue d'histoire des sciences et leurs applications, 2* (1948-49): 101-138.

SCHRADER, Doroty V. «De Arithmetica, Book I, of Boethius». *The Mathematics Teacher, 61* (1968): 615-628.

STEPHEN, Sister Marie. «Albert the Great – New Mathematician of the Middle Ages?». *The Mathematics Teacher, 53* (1960): 291-295.

STRUIK, Dirk J. *A Concise History of Mathematics.* 3rd ed., New York, Dover, 1967, p. 83-89.

VAN WIJK, W. E. *Origine et développement de la computistique médiévale.* D-29, Paris, Palais de la Découverte, 1954, 16 p.

EXERCICES

1. En quoi les savants de l'Empire byzantin contribuent-ils au domaine de l'histoire des mathématiques?

2. Caractériser l'enseignement des mathématiques en Europe avant la naissance des universités.

3. Les savants latins du XIIe siècle puisent leurs connaissances mathématiques à des sources diverses. Quelles sont ces sources et de quelle façon procèdent-ils?
4. Sur quels sujets mathématiques les traductions portent-elles vers les XIIe et XIIIe siècles? Peut-on expliquer l'absence quasi complète de la géométrie grecque dans ces traductions?
5. Distinguer entre «algoristes» et «abacistes».
6. Caractériser le contenu mathématique du *Liber abaci* de Léonard de Pise. Quelles en sont les principales carences?
7. Énumérer quelques propriétés des «suites de Fibonacci».
8. Quel est le contenu mathématique enseigné dans les universités au début du XIIIe siècle?
9. A partir du milieu du XIIIe siècle les principaux mathématiciens se recrutent différemment par comparaison aux siècles qui précèdent. Préciser cette affirmation.
10. Par qui et dans quel ouvrage trouve-t-on pour la première fois l'emploi de lettres à la place des chiffres? Cet emploi est-il toujours bien pertinent?
11. En quelle année les *Éléments* d'Euclide sont-ils imprimés pour la première fois et à partir de quelle traduction latine célèbre?
12. Qui fut le premier auteur latin à faire connaître les œuvres mathématiques d'Archimède aux mathématiciens européens et quelles étaient ces œuvres?
13. Que se passe-t-il dans les milieux universitaires du XIVe siècle à partir des traductions latines de la *Physique* d'Aristote?
14. Comment les partisans de la doctrine des indivisibles interprétaient-ils au XIVe siècle le problème des grandeurs continues divisibles en un nombre infini d'éléments?
15. Caractériser les contributions mathématiques de Brawardine.
16. Quelles ont été les contributions marquantes de Nicole Oresme au domaine des mathématiques?

CHAPITRE

la renaissance européenne

INTRODUCTION

Le milieu du XIVᵉ siècle est l'époque dévastatrice de la Peste noire qui détruisit au-delà du tiers de la population européenne. Cette catastrophe internationale a inévitablement perturbé les habitants de l'Europe en plus d'être la source d'un affaiblissement tant sur le plan moral que sur le plan intellectuel. En outre, les pays — France et Angleterre — où l'on trouve les plus grands noms des mathématiciens du XIVᵉ siècle, n'ont pu reprendre l'avance qu'ils détenaient sur les autres pays européens avant ce cataclysme, à cause des grandes guerres qu'ils ont connues: la Guerre de Cent ans et la Guerre des Deux-Roses. Heureusement, la relève, durant le XVᵉ siècle, sera assurée par les universités italiennes, germaniques et polonaises et ainsi les débuts fort prometteurs enregistrés par les philosophes scolastiques d'Oxford et de Paris ne risqueront pas de sombrer dans l'oubli.

L'effondrement de l'Empire byzantin est consommé par la chute de Constantinople, prise par les Turcs musulmans en 1453. Cette date, mémorable pour l'histoire politique, marque aussi de son empreinte les événements historiques qui ont trait à l'histoire des mathématiques. La prise de Constantinople par les Turcs provoqua l'émigration vers l'Italie d'un bon nombre de réfugiés byzantins, emportant avec eux des manuscrits originaux de la civilisation grecque pratiquement inconnus des savants européens. Par ailleurs, certains historiens font état de cet événement politique en termes de rupture définitive avec un milieu riche de documents classiques de la grande époque grecque, qui constituait une source féconde et, semble-t-il, intarissable. A partir de cet événement, au milieu du XVᵉ siècle, l'activité mathématique de l'Europe reprend sa montée vers des sommets jusque-là encore inconnus. Profondément affaiblie en potentiel humain à cause de la peste meurtrière, l'Europe renaît à la vie et se remet du choc physique et moral occasionné par cette hécatombe.

INVENTION DE L'IMPRIMERIE

La tradition écrite, durant le Moyen Age et pendant les premiers siècles de l'époque moderne, était répandue au moyen de manuscrits. La production de manuscrits constituait une véritable industrie et le métier de copiste était pratiqué à une échelle dépassant nettement le stade de simple artisan. L'invention de l'imprimerie, durant le XVᵉ siècle, par Gutenberg et ses associés, souleva bien sûr un enthousiasme certain, mais provoqua aussi une résistance opiniâtre, allant même jusqu'à de l'hostilité, de la part de certains milieux rattachés de très près à la fabrication commerciale des manuscrits.

Il ne faut pas s'étonner, contrairement à certaines idées répandues, de constater que l'invention de l'imprimerie ne fut pas aussi soudaine que certains veulent bien le croire et que l'efficacité de ce nouveau procédé s'est révélée graduellement. Pendant près

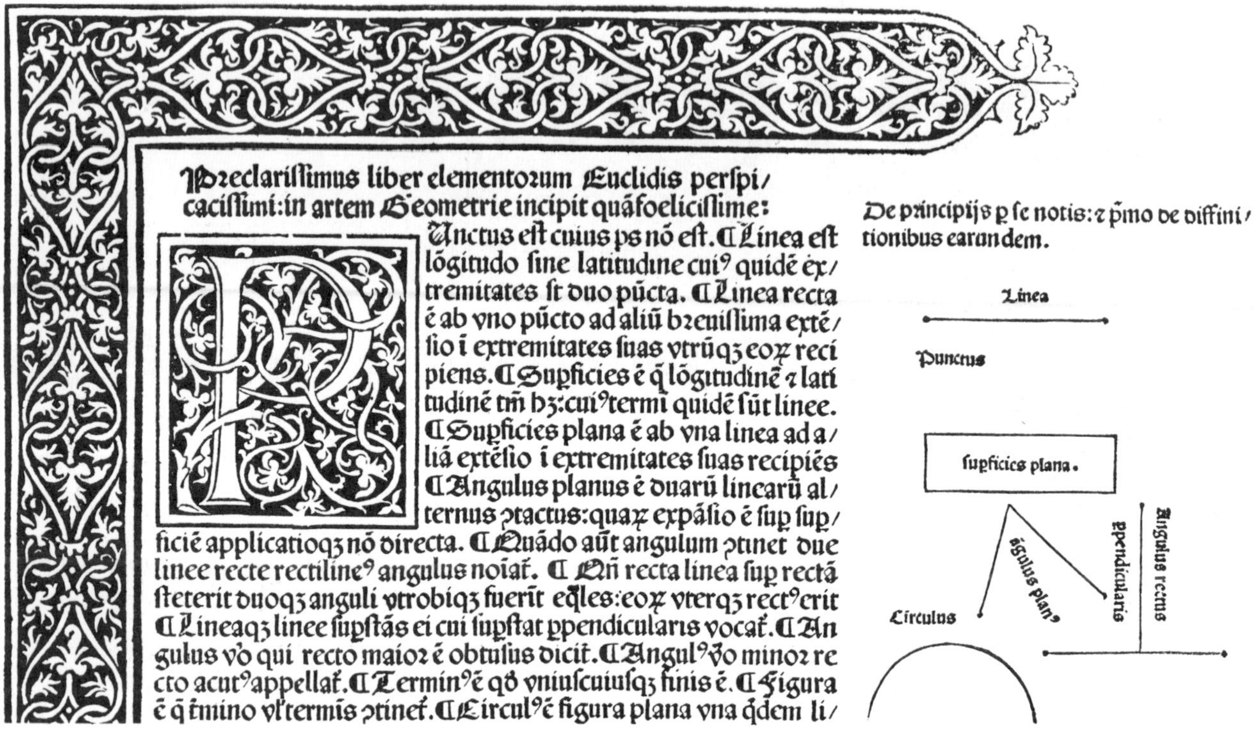
Preclarissimus liber elementorum Euclidis perspi/
cacissimi: in artem Geometrie incipit quãfoelicissime:
Punctus est cuius ps nõ est. ¶ Linea est
lõgitudo sine latitudine cui⁹ quidẽ ex/
tremitates st duo pũcta. ¶ Linea recta
ẽ ab vno pũcto ad aliũ breuissima extẽ/
sio i extremitates suas vtrũqʒ eoꝝ reci
piens. ¶ Supficies ẽ q̃ lõgitudinẽ ꝛ lati
tudinẽ tm̃ hʒ: cui⁹ termi quidẽ sũt linee.
¶ Supficies plana ẽ ab vna linea ad a/
liã extẽsio i extremitates suas recipiẽs
¶ Angulus planus ẽ duarũ linearũ al/
ternus ꝯtactus: quaꝝ expãsio ẽ sup sup/
ficiẽ applicatioqʒ nõ directa. ¶ Quãdo aũt angulum ꝯtinet due
linee recte rectiline⁹ angulus noiat. ¶ Qñ recta linea sup rectã
steterit duoqʒ anguli vtrobiqʒ fuerĩt eq̃les: eoꝝ vterqʒ rect⁹ erit
¶ Lineaqʒ linee supstãs ei cui supstat ppendicularis vocat. ¶ An
gulus v'o qui recto maior ẽ obtusus dicit. ¶ Angul⁹ vo minor re
cto acut⁹ appellat. ¶ Termin⁹ ẽ qd vniuscuiusqʒ finis ẽ. ¶ Figura
ẽ q̃ tmino vl' termis ꝯtinet. ¶ Circul⁹ ẽ figura plana vna q̃dem li/

De principijs p se notis: ꝛ pmo de diffini/
tionibus earundem.

Les *Éléments* d'Euclide:
une page de la première édition (1482).

d'un siècle, les imprimeurs ont lutté farouchement afin de s'assurer le marché du livre, sans pour autant nuire aux copistes qui ont continué longtemps à pratiquer leur métier. Au début de l'imprimerie, on assista à une pratique rétrograde qui consistait à copier à la main des livres fraîchement imprimés, activité que l'on retrouve encore aujourd'hui dans certains pays. Toutefois, les presses d'imprimerie pénètrent peu à peu dans les principaux centres culturels de l'Europe et les imprimeurs tentent de satisfaire un public de plus en plus nombreux en publiant des livres qui répondaient avant tout à l'intérêt général.

L'imprimeur est un homme d'affaires qui cherche à gagner de l'argent et son principal souci consiste à répondre à la demande du public. Les premiers livres imprimés sur ses presses répondent davantage aux idées répandues à cette époque et aux préférences populaires qu'aux besoins d'une minorité d'intellectuels et de savants.

La création des universités, à partir du XIIIe siècle, provoqua une demande pressante de copies d'un même manuscrit que les industries de copistes s'empressèrent de satisfaire en mettant au point de nouvelles méthodes pour accélérer la production de nombreux exemplaires. Sarton[1] mentionne qu'un certain Vespasiano engagea, vers 1464, quarante-cinq copistes pour produire deux cents manuscrits en moins de deux ans afin de garnir la bibliothèque de San Lorenzo. Toutefois, l'industrie de l'imprimerie pouvait, en moins de temps, fournir un plus grand nombre d'exemplaires et cette concurrence inégale devait finalement écarter la production massive de manuscrits. A la fin du XVe siècle, la diffusion de livres imprimés augmente considérablement et les presses de Venise à elles seules produisent plus de livres que tous les copistes de l'Europe réunis.

1. George Sarton, «The Scientific Literature Transmitted through the Incunabula», *Osiris, 5* (1938): 57

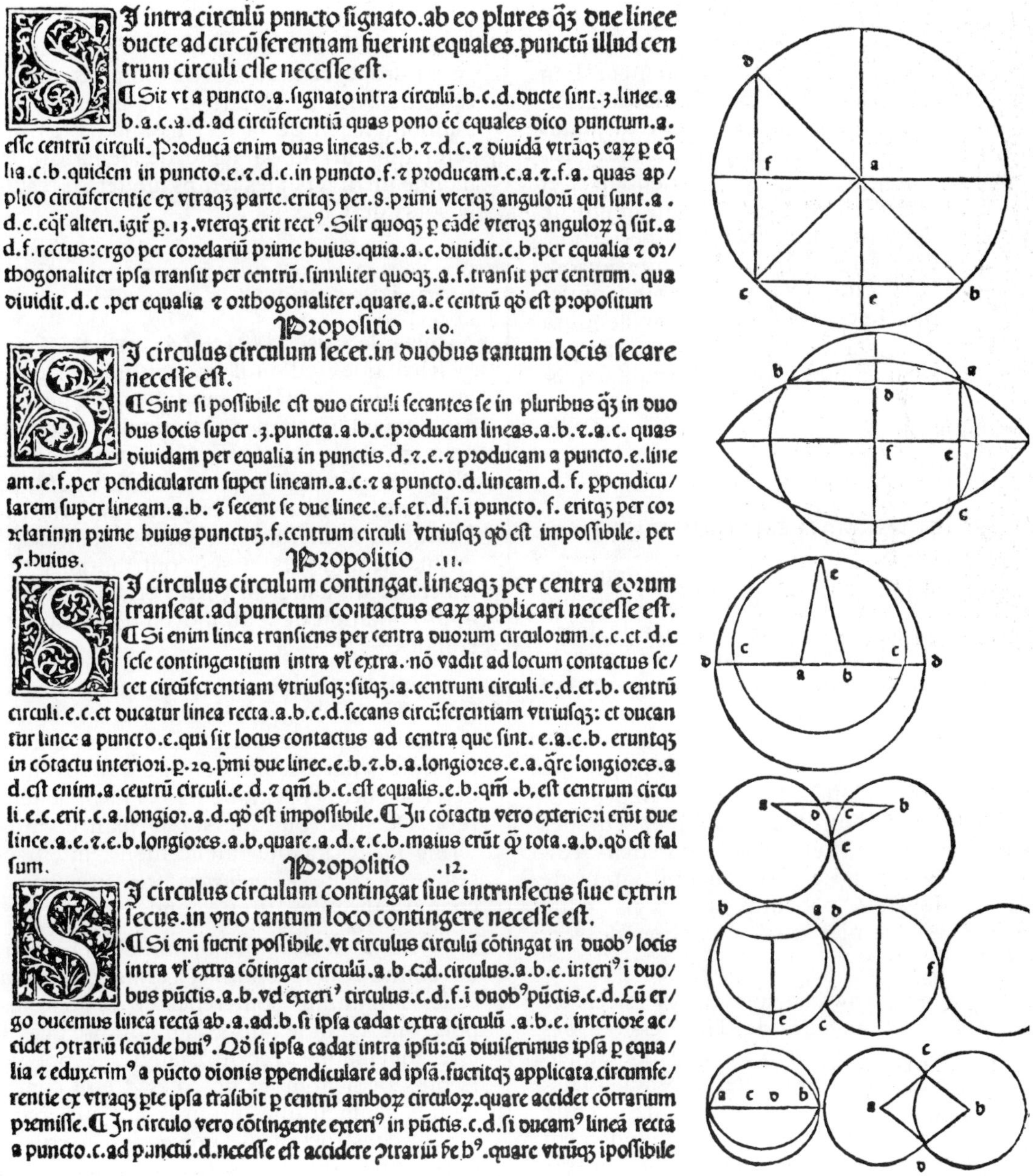

SI intra circulū puncto signato. ab eo plures q̄z due linee ducte ad circū ferentiam fuerint equales. punctū illud centrum circuli esse necesse est.

¶ Sit vt a puncto. a. signato intra circulū. b. c. d. ducte sint. 3. linee. a b. a. c. a. d. ad circūferentiā quas pono ēe equales dico punctum. a. esse centrū circuli. Producā enim duas lineas. c. b. & d. c. & diuidā vtrāq; eaꝝ p eq̄lia. c. b. quidem in puncto. e. & d. c. in puncto. f. & producam. e. a. & f. a. quas applico circūferentie ex vtraq; parte. eritq; per. 8. primi vterq; angulorū qui sunt. a. d. c. eq̄l alteri. igiť p. 13. vterq; erit rect⁹. Siliť quoq; p eādē vterq; anguloꝝ q̄ sūt. a. d. f. rectus: ergo per corelariū prime huius. quia. a. e. diuidit. c. b. per equalia & orthogonaliter ipsa transit per centrū. similiter quoq; a. f. transit per centrum. qua diuidit. d. c. per equalia & orthogonaliter. quare. a. ē centrū qd̄ est propositum

Propositio .10.

SI circulus circulum secet. in duobus tantum locis secare necesse est.

¶ Sint si possibile est duo circuli secantes se in pluribus q̄z in duobus locis super. 3. puncta. a. b. c. producam lineas. a. b. & a. c. quas diuidam per equalia in punctis. d. & e. & producam a puncto. e. lineam. e. f. per pendicularem super lineam. a. c. & a puncto. d. lineam. d. f. ppendicularem super lineam. a. b. & secent se due linee. e. f. et. d. f. i puncto. f. eritq; per corelarium prime huius punctū. f. centrum circuli vtriusq; qd̄ est impossibile. per 5. huius.

Propositio .11.

SI circulus circulum contingat. lineaq; per centra eorum transeat. ad punctum contactus eaꝝ applicari necesse est.

¶ Si enim linea transiens per centra duorum circulorum. e. c. et. d. c sese contingentium intra vł extra. nō vadit ad locum contactus secet circūferentiam vtriusq;: sitq;. a. centrum circuli. e. d. et. b. centrū circuli. e. c. et ducatur linea recta. a. b. c. d. secans circūferentiam vtriusq;: et ducantur linee a puncto. e. qui sit locus contactus ad centra que sint. e. a. e. b. eruntq; in cōtactu interiori. p. 20. pmi due linee. e. b. & b. a. longiores. e. a. q̄re longiores. a. d. est enim. a. centrū circuli. e. d. & qm̄. b. c. est equalis. e. b. qm̄. b. est centrum circuli. e. c. erit. c. a. longior. a. d. qd̄ est impossibile. ¶ In cōtactu vero exteriori erūt due linee. a. e. & e. b. longiores. a. b. quare. a. d. & c. b. maius erūt q̄ tota. a. b. qd̄ est falsum.

Propositio .12.

SI circulus circulum contingat siue intrinsecus siue extrinsecus. in vno tantum loco contingere necesse est.

¶ Si eni fuerit possibile. vt circulus circulū cōtingat in duob⁹ locis intra vł extra cōtingat circulū. a. b. c. d. circulus. a. b. e. interi⁹ i duobus pūctis. a. b. vel exteri⁹ circulus. c. d. f. i duob⁹ pūctis. c. d. Lū ergo ducemus lineā rectā ab. a. ad. b. si ipsa cadat extra circulū. a. b. e. interiorē accidet ꝯtrariū secūde hui⁹. Qd̄ si ipsa cadat intra ipsū: cū diuiserimus ipsā p equalia & eduxerim⁹ a pūcto diuisionis ppendicularē ad ipsā. fueritq; applicata circumferentie ex vtraq; pte ipsa trāsibit p centrū amboꝝ circuloꝝ. quare accidet cōtrarium premisse. ¶ In circulo vero cōtingente exteri⁹ in pūctis. c. d. si ducam⁹ lineā rectā a puncto. c. ad punctū. d. necesse est accidere ꝯtrariū he b⁹. quare vtrūq; impossibile

Une autre page des *Éléments* (Venise, 1482).

L'invention de l'imprimerie contribua à uniformiser les connaissances en éliminant l'inconvénient majeur des divergences entre copistes, lors de la reproduction d'un manuscrit. Ainsi, le détenteur d'un manuscrit était généralement incapable de déterminer l'authenticité de sa copie à cause des variantes introduites par le copiste. Le nouveau procédé rendait possible la publication de copies identiques et conformes au texte original. Toutefois, au début de l'imprimerie, les imprimeurs, par souci de perfection, se permettaient d'introduire en cours d'impression des variantes ou des ajouts qui font la joie des bibliophiles et le désespoir des savants. Cette anomalie dura jusqu'au XIXe siècle; heureusement, à notre époque, l'uniformisation des connaissances est un fait acquis, tout au moins pour ce qui regarde la reproduction d'un texte original.

L'IMPRIMERIE ET LES MATHÉMATIQUES

La redécouverte des classiques grecs inconnus des savants occidentaux ne fit pas immédiatement impression sur ces derniers qui préférèrent, dès le début de l'imprimerie, demander des traductions latines de textes arabes dont le contenu algébrique les intéressait davantage et correspondait mieux à leur formation mathématique. En effet, la littérature scientifique ancienne, sauf les travaux de médecine d'Hippocrate et de Galien, offre peu d'intérêt, tant pour l'imprimeur que pour l'intellectuel européen. La splendeur des mathématiques grecques fut illustrée par deux éditions d'Euclide à partir de la traduction latine de Campanus de Novare; Apollonius ne sera pas édité avant 1537 et un premier traité d'Archimède sera édité en 1543.

Les mathématiciens créateurs du XVe siècle ne pouvaient espérer beaucoup de l'impression des grands classiques grecs, car ceux-ci, sauf pour quelques passages des *Éléments* d'Euclide, présentaient des difficultés telles que seuls les mieux entraînés d'entre eux pouvaient espérer défricher l'aspect grandement ésotérique qu'on retrouve chez Euclide, Archimède, Apollonius, etc. On préférait plutôt étudier les traductions latines de l'algèbre et de l'arithmétique arabes, dont la nature et la forme répondaient mieux aux préoccupations des savants occidentaux, alors que la lecture d'un traité d'Archimède était pour le moins difficile et peu habituelle.

L'activité mathématique du XVe siècle est largement centralisée dans les principales villes de l'Italie, dans les villes de Nuremberg, Vienne et Prague en l'Europe centrale, avec toutefois une exception, celle de Nicolas Chuquet, un Parisien. Le premier mathématicien de la Renaissance, plus précisément celui qui fut sur la ligne de démarcation entre le monde médival et les temps modernes, est le cardinal Nicolas de Cuse.

NICOLAS DE CUSE

Nicolas de Cuse (1401-1464) est né à Cues, ville de la Rhénanie — d'où il tira son nom — d'un père qui vivait pauvrement des produits de la pêche. Il accéda rapidement au chapeau cardinalice et devint gouverneur de Rome en 1448. Il s'illustra comme homme d'Église tout en consacrant, par goût semble-t-il, quelques moments de sa vie au domaine des mathématiques. Toutefois, il n'eut pas beaucoup de succès en mathématiques et ses contributions se ramènent à l'étude de l'aire du cercle et à la recherche d'une approximation de π au moyen de constructions polygonales.

Nicole Oresme soutenait que toute chose mesurable pouvait être représentée par une latitude (droite verticale ou horizontale). Des vues semblables sont exprimées par Nicolas de Cuse qui voyait la faiblesse de la science scolastique dans l'incapacité de «mesurer». De plus, puisque sur le plan étymologique le terme *mens* (faculté intellectuelle, intelligence) était selon lui relié à *mensura* (mesure, mesurage), la connaissance devait être fondée sur la mesure.

Sa doctrine philosophique de la «concordance des contraires» le conduisit à croire que les maximums et les minimums sont reliés et qu'ainsi le cercle, le polygone ayant le plus grand nombre de côtés, devait être conciliable avec le triangle, le polygone ayant le plus petit nombre de côtés. Cette conciliation de figures géométriques lui fit croire que, par une ingénieuse construction de polygones inscrits et circonscrits respectant une sorte de moyenne, il pouvait arriver à déterminer la quadrature du cercle. Il parvint à déterminer pour π une valeur estimée à 3,142337... Cette quadrature du cercle aura des répercussions, non pas en tant que contribution mathématique valable, mais bien au niveau des efforts que firent ses contemporains pour en critiquer les erreurs.

REGIOMONTANUS

Johann Müller (1436-1476), mieux connu sous le nom de Regiomontanus, du nom latin de sa ville natale de Franconie (Königsberg: montagne du roi), fut probablement le mathématicien le plus influent du XVe siècle. Il étudia aux Universités de Leipzig et de Vienne, où Georg Peurbach fut un de ses maîtres, et il y prit goût pour les mathématiques et l'astronomie. Puis, il accompagna à Rome le cardinal Bessarion; il y acquit une grande compétence dans la langue grecque et s'initia aux diverses tendances de la pensée scientifique et philosophique de l'époque. Son association avec le cardinal Bessarion, un Byzantin qui reçut le chapeau cardinalice en récompense de ses efforts pour l'union des églises grecque et latine, l'a probablement déterminé à acquérir, traduire et publier de nombreux classiques grecs.

Après avoir voyagé et étudié en Italie, Regiomontanus retourna en Allemagne où il mit sur pied, vers 1471, une imprimerie et un observatoire dans la ville de Nuremberg. Il espérait ainsi imprimer des traductions d'Archimède, d'Apollonius, d'Héron, de Claude Ptolémée et de bien d'autres auteurs grecs, mais il interrompit son travail d'impression pour répondre à l'invitation du pape Sixte IV à se rendre à Rome pour participer à la réforme du calendrier. Quelque temps après son arrivée à Rome, en 1475, il mourut, de façon pour le moins mystérieuse, à l'âge de quarante ans, retardant ainsi le développement des mathématiques qui aurait pu être accéléré par les nombreux livres qu'il avait l'intention d'imprimer.

En effet, sa mort prématurée l'a empêché de livrer à ses contemporains des traductions latines de l'*Almageste*, de la *Musique*, de l'*Optique* et de la *Géographie* de Claude Ptolémée, de *Sphœrica* de Menelaüs et de Théodose, des *Sections coniques* d'Apollonius, des *Pneumatiques* d'Héron, des *Questions mécaniques* d'Aristote, etc.

Regiomontanus ne se borna pas à ce travail de traduction, car le nombre de ses propres ouvrages, dont plusieurs furent imprimés, n'est pas moins considérable. Il continua l'*Epitome*, ou abrégé de l'*Almageste*, que Peurbach n'avait pas eu le temps de terminer, où il mit l'accent sur des parties mathématiques qui étaient souvent omises dans les commentaires relatifs à l'astronomie descriptive élémentaire. Il illustra par ses écrits presque toutes les parties des mathématiques. En particulier, il commenta les livres d'Archimède auxquels Eutoche n'avait pas touché – Eutoche a écrit des commentaires sur les œuvres d'Archimède *Sur la Sphère et le cylindre, Mesure du cercle*, les *Livres des équilibres* – et il réfuta la prétendue quadrature du cardinal de Cuse en se montrant très sévère à son endroit.

Sur le plan mathématique, Regiomontanus est demeuré célèbre en partie à cause de son ouvrage *De triangulis omnimodis*, un relevé systématique des méthodes pour résoudre les triangles, qui marque la renaissance de la trigonométrie. Les ouvrages d'astronomie de cette période étaient constamment accompagnés de tables des fonctions trigonométriques; en particulier, les travaux de Peurbach comportaient une nouvelle table des sinus. Cependant, dans tous les cas, la trigonométrie était la servante de l'astronomie et ce rôle particulier fut longtemps le seul qu'on voulait bien lui attribuer. En effet, dans l'Inde médiévale où la fonction sinus – en termes de rapport – prend naissance, on est intéressé à cette fonction dans la mesure où elle joue un rôle dans les systèmes astronomiques. Le même phénomène existe chez les Arabes où la trigonométrie ne possède pas d'existence par elle-même, sauf dans le *Traité sur le quadrilatère* de Nasir al-dîn. En Europe, au XIIe siècle, la traduction des textes arabes englobait quelques parcelles de la trigonométrie islamique mais, pendant plusieurs siècles, les contributions latines au domaine des mathématiques se ramènent plutôt à des imitations des mathématiques de la civilisation de l'islam. Par ailleurs, avec la *Practica geometriœ* de Léonard de Pise et les œuvres de Brawardine, l'Europe du Moyen Age fournit déjà des éléments fondamentaux de la trigonométrie glanés aux sources arabes. Enfin, à l'époque où Regiomontanus commence son *De triangulis*, on peut raisonnablement avancer que les mathématiciens européens avaient acquis la supériorité dans ce domaine. Il semble, de plus, que le célèbre citoyen de Königsberg connaissait le traité de Nasir al-dîn, et on peut facilement supposer que ce fut ce traité qui le détermina à ériger la trigonométrie en une discipline indépendante de l'astronomie.

Le *De triangulis omnimodis* comprend cinq livres: les deux premiers portent essentiellement sur la trigonométrie plane, tandis que les trois derniers traitent essentiellement de la trigonométrie sphérique. Le livre I, composé vers 1464, commence par les notions fondamentales, dérivées largement des *Éléments* d'Euclide, les grandeurs et les rapports. Puis,

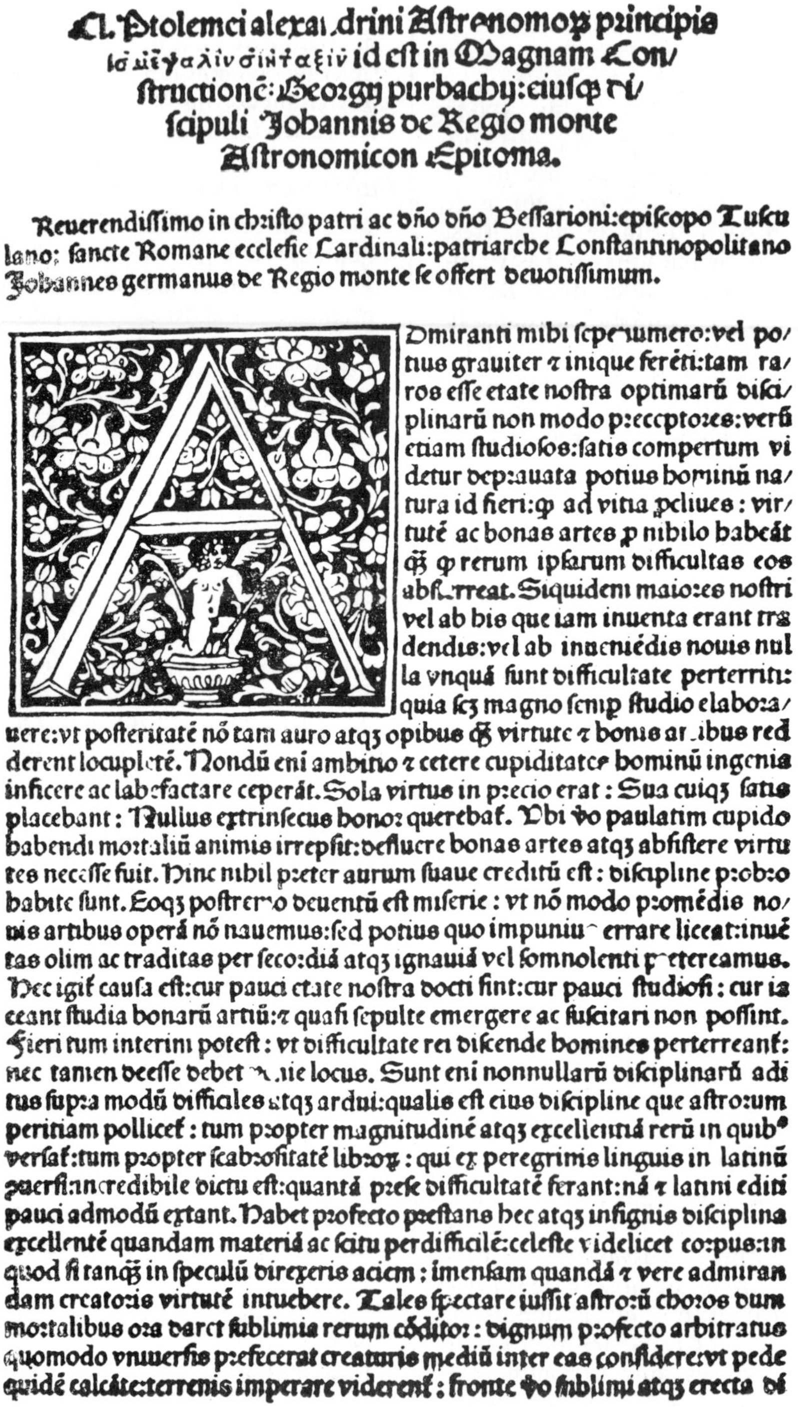

Cl. Ptolemei alexandrini Astronomorum principis ἐς μεγάλην σύνταξιν id est in Magnam Constructionē: Georgij purbachij: eiusque discipuli Johannis de Regio monte Astronomicon Epitoma.

Reuerendissimo in christo patri ac dño dño Bessarioni: episcopo Tusculano: sancte Romane ecclesie Cardinali: patriarche Constantinopolitano Johannes germanus de Regio monte se offert deuotissimum.

Admiranti mihi sepenumero: vel potius grauiter et inique ferēti: tam raros esse etate nostra optimarū disciplinarū non modo preceptores: verū etiam studiosos: satis compertum videtur depravata potius hominū natura id fieri: quod ad vitia procliues: virtutē ac bonas artes pro nihilo habeāt quam quod rerum ipsarum difficultas eos absterreat. Siquidem maiores nostri vel ab his que iam inuenta erant tradendis: vel ab inueniēdis nouis nulla vnquā sunt difficultate perterriti: quia scilicet magno semper studio elaborauere: vt posteritatē nō tam auro atque opibus quam virtute et bonis artibus redderent locupletē. Nondū enim ambitio et cetere cupiditates hominū ingenia inficere ac labefactare ceperāt. Sola virtus in precio erat: Sua cuique satis placebant: Nullus extrinsecus honor querebatur. Ubi vero paulatim cupido habendi mortaliū animis irrepsit: defluere bonas artes atque absistere virtutes necesse fuit. Hinc nihil preter aurum suaue creditū est: discipline probro habite sunt. Eoque postremo deuentū est miserie: vt nō modo promēdis nouis artibus operā nō nauemus: sed potius quo impunius errare liceat: inuētas olim ac traditas per socordiā atque ignauiā vel somnolenti pretereamus. Hec igitur causa est: cur pauci etate nostra docti sint: cur pauci studiosi: cur iaceant studia bonarū artiū: et quasi sepulte emergere ac suscitari non possint. Fieri tum interim potest: vt difficultate rei discende homines perterreantur: nec tamen deesse debet huic locus. Sunt enim nonnullarū disciplinarū aditus supra modū difficiles atque ardui: qualis est eius discipline que astrorum peritiam pollicetur: tum propter magnitudinē atque excellentiā rerū in quibus versatur: tum propter scabrositatē librorum: qui ex peregrinis linguis in latinū versi: incredibile dictu est: quantā prese difficultatē ferant: nā et latini editi pauci admodū extant. Habet profecto prestans hec atque insignis disciplina excellentē quandam materiā ac scitu perdifficilē: celeste videlicet corpus: in quod si tanquam in speculū direxeris aciem: imensam quandā et vere admirandam creatoris virtutē intuebere. Tales spectare iussit astrorū choros dum mortalibus ora daret sublimia rerum cōditor: dignum profecto arbitratus quomodo vniuersis prefecerat creaturis mediū inter eas considere: vt pede quidē calcātes terrenis imperare viderentur: fronte vero sublimi atque erecta de

Regiomontanus: *Abrégé de l'Almageste*,
page de titre, première édition (Venise, 1496).

suivent plus de cinquante propositions concernant la solution des triangles à l'aide des propriétés des triangles rectangles. Le livre II contient un énoncé précis et une démonstration de la loi des sinus, en plus d'inclure bon nombre de problèmes sur la détermination des côtés, angles et aires de triangles plans, lorsque certaines conditions sont données. Voici quelques-uns de ces problèmes types.

Problème 1: Si la base d'un triangle et l'angle opposé sont connus, et si la hauteur sur la base ou l'aire est donnée, alors les côtés peuvent être trouvés.

Problème 2: Déterminer un triangle, étant donné un côté, la hauteur sur ce côté et le rapport des deux autres côtés.

Problème 3: Déterminer un triangle étant donné la différence de deux côtés, la hauteur sur le troisième côté et la différence des segments par laquelle la hauteur divise le troisième côté.

Parmi les nouveautés de cet ouvrage, on peut mettre en relief l'usage des «formules d'aires» écrites de façon rhétorique. Cependant, l'absence de la fonction tangente – Regiomontanus utilise le sinus et le cosinus – constitue un handicap difficile à surmonter dans son *De triangulis*, bien qu'il supplée à cette carence en l'incluant dans un autre traité de trigonométrie intitulé *Tabulæ directionum*, où il utilise le terme *numerus* pour les entrées dans la table des tangentes.

La mort subite de Regiomontanus l'a empêché de publier ses deux traités de trigonométrie et nul doute que le délai de publication de ses œuvres trigonométriques n'ait considérablement affaibli leur influence. *Tabulæ directionum* fut publié en 1490 tandis que *De triangulis* paraît en 1533 et en 1561 seulement.

L'étude générale des triangles a conduit Regiomontanus à considérer des problèmes de constructions géométriques un peu à la manière de la *Division des figures* d'Euclide. Dans les problèmes cités ci-dessus, par exemple le problème 2, on remarque une approche fort différente des coutumes antiques, lorsqu'il s'agit de résoudre ce genre de problème. Au lieu de traiter des quantités générales – comme Euclide le fait – Regiomontanus donne à des droites des valeurs numériques spécifiques, même lorsqu'il veut rendre sa méthode plus générale. Cette façon de procéder lui a permis d'utiliser les méthodes algorithmiques développées par les algébristes arabes. Ainsi, dans le problème de construction (problème 2), un des côtés inconnus peut être exprimé comme une racine d'une équation quadratique contenant des coefficients numériques, et cette racine peut être construite (segment) par des moyens connus d'Euclide ou familiers dans l'*Algèbre* d'al-Huwarizmi.

L'algèbre de Regiomontanus, comme celle des Arabes, est rhétorique, même s'il connaissait bien l'*Arithmétique* de Diophante, dans laquelle on peut observer la présence d'éléments compatibles avec une algèbre syncopée. Il espérait cependant traduire en latin l'œuvre grecque de Diophante, mais le destin en décida autrement et c'est par l'œuvre d'al-Huwarizmi que l'Europe a pris contact avec les procédés usuels de l'algèbre.

Son attrait profond pour la connaissance des grands classiques allié à un goût prononcé pour les sciences rendait Regiomontanus apte à de grandes choses. Que pouvait-on exiger de plus d'un homme de science qui possédait une bonne bibliothèque, un observatoire, une presse et un amour intense de la connaissance? Regiomontanus possédait les moyens de réformer à la fois la trigonométrie, l'astronomie et il aurait pu faire connaître l'algèbre à ses contemporains de façon plus directe, sans passer par les méandres que représentaient la tradition, les universités, les activités commerciales et le contact avec les autres savants. Sa mort prématurée coupa court à ces ambitions légitimes et l'astronomie et les mathématiques perdirent ainsi un de leurs plus illustres serviteurs. Cependant, un mathématicien français isolé va se signaler dans le domaine de l'algèbre et des nombres et son œuvre peut être comparée au *Liber abaci* de Fibonacci.

NICOLAS CHUQUET

Nicolas Chuquet semble avoir vécu dans la deuxième partie du XVe siècle et est généralement considéré comme le plus brillant mathématicien français de ce siècle. Né à Paris, docteur en médecine, il vécut et pratiqua la médecine à Lyon. En 1484, il rédigea son célèbre ouvrage intitulé *Triparty en la science des nombres* qui fut publié seulement au XIXe siècle. En voici le début:

«Ce livre à l'honneur de la glorieuse et sacrée trinité est divisé en trois parties dont la première

traite des nombres en tant que on les peut nombrer, ajouter, soustraire, multiplier et partir. Et aussi de leurs proportions, progressions et autres propriétés. La seconde partie traite des racines des nombres et la tierce c'est le livre des premiers ou de la Règle des premiers...[1]»

La première partie de son livre porte essentiellement sur les opérations arithmétiques usuelles avec les nombres rationnels, y compris une explication des chiffres indo-arabes. Chuquet raconte au sujet de ces symboles que la «dixième figure ne possède pas de valeur ou ne signifie pas une valeur, et dès lors elle est appelée zéro ou rien ou figure d'aucune valeur». Le tout est essentiellement rhétorique, les quatre opérations fondamentales étant indiquées par les termes «plus», «moins», «multiplier par» et «partyr par». Parfois, les opérations plus et moins sont abrégées, suivant la coutume, par $\bar{\text{p}}$ et $\bar{\text{m}}$, respectivement.

En seconde partie, les opérations portent sur les nombres irrationnels et, au sujet des racines des nombres, Chuquet utilise une approche vers l'algèbre syncopée lorsqu'il exprime $\sqrt{14 - \sqrt{180}}$ par la forme syncopée $R^2 \cdot 14 \cdot \bar{\text{m}}\ R^2.180$.

La troisième partie de cet ouvrage, de loin la plus importante, concerne l'algèbre ou la règle de l'inconnue. Durant les XVe et XVIe siècles, divers noms étaient employés pour désigner la quantité inconnue: *res* (latin), *chose* (français), *cosa* (italien), *coss* (allemand). Pour sa part, Chuquet désignait par le mot «premier» cette chose inconnue et le carré était exprimé par le mot «champs» alors le cube devient «cubiez» et la quatrième puissance «champs de champ». Pour les multiples de ces puissances, Chuquet inventa une notation exponentielle fort suggestive. Ainsi, $7x$, $13x^2$ et $15x^3$ apparaissent dans le *Triparty* comme 7^1, 13^2 et 15^3. De plus, les exposants négatifs et le zéro suivent le même canevas, $8x^0$ devient 8^0 et $11x^{-1}$ correspond à 11^{1m}, alors que $13x^{-2}$ est écrit sous la forme 13^{2m}. Chuquet était familier avec les lois des exposants, car il écrit que 72^1 divisé par 9^3 est 8^{2m} c'est-à-dire $72x \div 9x^3 = 8x^{-2}$ en notation moderne. Pour les racines, il emploie le symbole R. Par exemple, l'équation $\sqrt{4x^2 + 4x + 2x + 1} = 100$ est écrite sous la forme $R^2\ 4^2\ \bar{\text{p}}\ 4^1\ \bar{\text{p}}\ 2^1\ \bar{\text{p}}\ 1$ égaux à 100.

1. Cité par Pierre Dedron et Jean Itard, *Mathématiques et mathématiciens*, Paris, Magnard, 1959, p. 155.

La seconde moitié de la troisième partie du *Triparty* est consacrée à la résolution des équations. Plusieurs problèmes, traités par Chuquet, existent dans les travaux antérieurs, mais il introduit un élément nouveau lorsqu'il écrit:

«4^1 egaulx a $\bar{\text{m}}\ 2^0$», c'est-à-dire $4x = -2$, car il fut, semble-t-il, le premier à exprimer isolément un nombre négatif dans une équation algébrique. Généralement, il refuse le nombre zéro comme racine d'une équation, sauf en une occasion où il fait la remarque que le nombre cherché est zéro. Dans l'étude des équations de la forme

$$ax^n + bx^{n+m} = cx^{n+2m}$$

où les coefficients et les puissances sont des entiers positifs spécifiques, il trouva, dans certains cas, des solutions imaginaires; il ajoutait alors la phrase suivante: «Tel nombre est ineperible.»

L'ouvrage de Chuquet, malgré l'impossibilité de déterminer l'influence extérieure qu'il a effectivement exercé, demeure d'avant-garde et se situe au niveau du *Liber abaci* de Fibonacci. Par ailleurs, on ne peut guère connaître les textes antérieurs qui ont probablement influencé l'auteur du *Triparty* et déterminer la contribution originale de Chuquet. Enfin, bien que peu connu à son époque (il fut imprimé seulement en 1880), il n'en demeure pas moins vrai que le *Triparty* était connu de quelques mathématiciens de l'époque et que, au moins un auteur, **Étienne de la Roche,** publia à Lyon en 1520 et en 1538 un ouvrage dont le contenu est en grande partie une copie du *Triparty*.

Il semble bien que le premier texte d'algèbre de la Renaissance soit celui de Chuquet, mais l'ouvrage d'algèbre le plus connu à cette période fut publié en Italie, par Pacioli, dix ans après la rédaction du *Triparty*.

LUCA PACIOLI

Luca Pacioli (1445-1514) est né dans une famille pauvre à Borgo San Sepolcro, dans la province d'Ombrie. Très jeune, Pacioli, appelé aussi Luca de Burgo, fut instituteur à Venise. Puis il entra dans l'ordre religieux de Saint-François et, en 1475, il devint professeur public de mathématiques à Pérouse. Il se déplace ensuite fréquemment de ville en ville, séjournant tour à tour à Florence, à Pise et à Bologne. Il s'éteint vers 1514 dans la Ville éternelle.

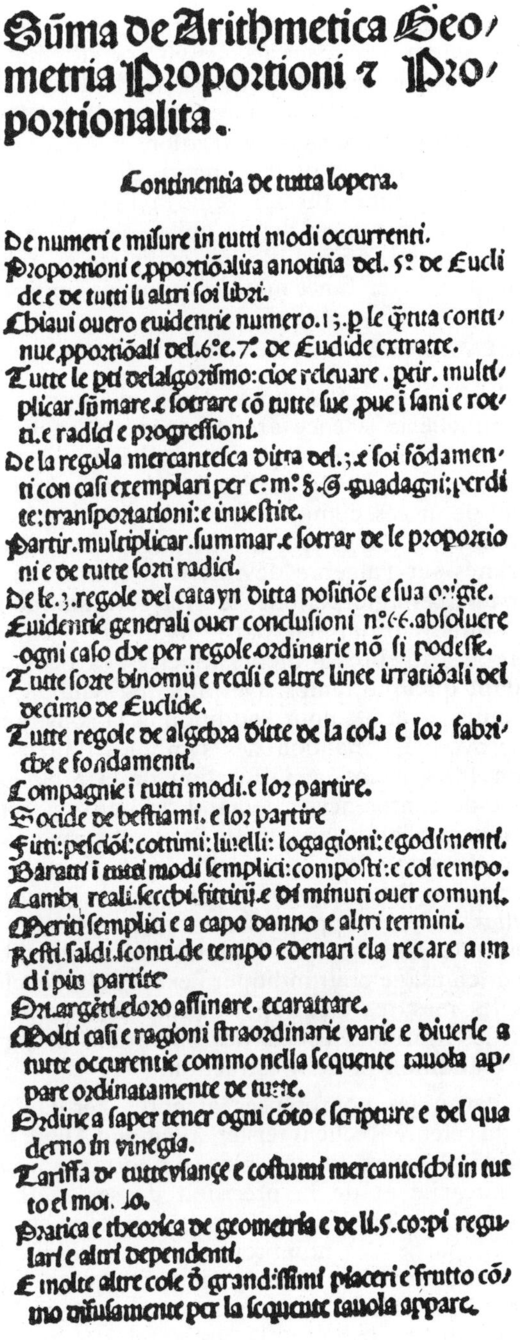

Sũma de Arithmetica Geo/metria Proportioni e Pro/portionalita.

Continentia de tutta lopera.

De numeri e misure in tutti modi occurrenti.
Proportioni e proportionalita anotitia del. 5° de Euclide e de tutti li altri soi libri.
Chiaui ouero euidentie numero. 13. p le quantita conti/nue pportionali del. 6° e. 7° de Euclide extratte.
Tutte le parti del algorismo: cioe releuare. partir. multi/plicar. sũmare. e sotrare cõ tutte sue pue i sani e rot/ti. e radici e progressioni.
De la regola mercantesca ditta del. 3. e soi fõdamen/ti con casi exemplari per c° m° g. e guadagni: perdi/te: transportationi: e inuestite.
Partir. multiplicar. summar. e sotrar de le proportio/ni e de tutte sorti radici.
De le. 3. regole del catayn ditta positiõe e sua origie.
Euidentie generali ouer conclusioni n° 66. absoluere ogni caso che per regole ordinarie nõ si podesse.
Tutte sorte binomii e recisi e altre linee irrationali del decimo de Euclide.
Tutte regole de algebra ditte de la cosa e lor fabri/che e fondamenti.
Compagnie i tutti modi. e lor partire.
Socide de bestiami. e lor partire
Fitti: pesciõi: cottimi: liuelli: logagioni: egodimenti.
Baratti i tutti modi semplici: composti: e col tempo.
Cambi reali. secchi. fittitii. e di minuti ouer comuni.
Meriti semplici e a capo danno e altri termini.
Resti. saldi. sconti. de tempo e denari e la recare a un di piu partite
Oro. argẽti. e loro affinare. e caratare.
Molti casi e ragioni straordinarie varie e diuerse a tutte occurentie commo nella sequente tauola ap/pare ordinatamente de tutte.
Ordine a saper tener ogni cõto e scripture e del qua/derno in vinegia.
Tariffa de tutte vsanze e costumi mercanteschi in tut/to el mondo.
Pratica e theorica de geometria e de li. 5. corpi regu/lari e altri dependenti.
E molte altre cose de grandissimi piaceri e frutto cõ/mo difusamente per la sequente tauola appare.

Luca Pacioli: *Summa de arithmetica,* première édition (Venise, 1494).

En 1494, Pacioli publie *Summa de arithmetica, geometria, proportioni et proportionalita,* une compilation impressionnante des travaux antérieurs ainsi que des connaissances arithmétiques, algébriques, géométriques (élémentaires) et commerciales du temps. Achevée vers 1487, cette somme mathématique, écrite dans la langue du peuple, exerça, malgré un originalité presque inexistante, une influence considérable: traditionnellement, dans le relevé historique de l'algèbre, on citait le *Liber abaci,* de 1202, puis on passait directement à la *Summa,* de 1494, sans mentionner les travaux intermédiaires. De fait, c'est essentiellement une adaptation des œuvres de Léonard de Pise, assez comparable au travail de Chuquet.

La publication de la *Summa* de Pacioli fut rendue possible par une génération d'algébristes qui débute avec la traduction latine de l'*Algèbre* d'al-Huwarizmi dès 1464, sinon plus tôt, car l'auteur affirme que son manuscrit fut écrit à partir des travaux de nombreux prédécesseurs qui ont vécu à partir du début du XIVe siècle. De plus, en mathématiques, la Renaissance fut surtout caractérisée par la naissance de l'algèbre européenne et correspond de fait au prolongement de la tradition médiévale.

La partie arithmétique de la *Summa* concerne essentiellement des règles de multiplication et d'extraction des racines carrées. L'arithmétique commerciale reçoit un traitement très élaboré, car elle est importante à l'époque en Italie – dès 1478, la première *Arithmétique* imprimée d'auteur inconnu fait son apparition à Trévise, suivie de nombreuses autres dans les années suivantes – et de nombreuses illustrations viennent concrétiser l'application des opérations arithmétiques fondamentales au commerce en général.

La partie algébrique comprend la solution générale des équations linéaires et quadratiques, sans notation exponentielle analogue à celle de Chuquet. Par contre, on y trouve de nombreuses abréviations qui augmentent la portée de cette algèbre vers une symbolisation très proche de l'algèbre syncopée. En particulier, Pacioli note par *p* et *m* les opérations addition et soustraction – leur usage est largement employé en Italie à cette date – et utilisait *co, ce* et *æ* pour *cosa* (l'inconnu), *censo* (le carré de l'inconnu), et *æqualis* (égal), respectivement. La puissance quatrième de l'inconnue était représentée naturellement par *cece* (carré-carré) dans son ouvrage.

La partie géométrique qui apparaît dans la *Summa* est peu importante et quelques-uns de ses problèmes nous rappellent ceux de Regiomontanus où des valeurs numériques spécifiques sont utilisées.

L'aspect commercial de cet ouvrage fut très apprécié et son succès a valu a Pacioli le titre de père de la comptabilité.

Selon Boyer[1], Pacioli serait le premier mathématicien duquel nous avons un portrait authentique. En 1509, il tenta de nouveau d'exposer des travaux de géométrie, en publiant une pauvre édition d'Euclide et un ouvrage intitulé *De divina proportione.* Léonard de Vinci, avec qui Pacioli était lié d'amitié, dessina pour cet ouvrage de magnifiques figures de polygones réguliers, de solides et du rapport connu plus tard sous le nom de «section d'or».

LÉONARD DE VINCI

Léonard de Vinci (1452-1519), peintre, sculpteur, ingénieur, architecte et homme de science italien, était le fils de Ser Piero, notaire de la seigneurie de Florence. Parallèlement à tous ses travaux qui touchent à des domaines aussi variés que le génie, l'architecture, la peinture et la sculpture, Léonard poursuivait un travail de recherche et d'information pour donner à sa doctrine des bases théoriques. Il prévoyait des publications successives de traités consacrés à la perspective, à l'anatomie, à la mécanique, qui malheureusement ne virent pas le jour. Son œuvre resta ignorée jusqu'à la publication des manuscrits qui renferment de nombreux dessins présentant tour à tour une précision scientifique et une puissance visionnaire inégalées.

Dans ses notes manuscrites, on trouve des quadratures de lunules qui lui demandèrent beaucoup de temps et de travail, des inscriptions de polygones réguliers, des transformations de solides — parallélépipèdes rectangles à bases carrées — en solides de volume égal, des tentatives qui se sont révélées insatisfaisantes pour élucider le problème des miroirs sphériques, une étude des centres de gravité qui se répercuta dans ses travaux de peinture et des courbes à courbure double.

1. Carl B. Boyer, *A History of Mathematics,* New York, Wiley, 1968, p. 307.

Malheureusement, son esprit agité ne s'est pas suffisamment arrêté sur les activités mathématiques propres à son époque pour produire des résultats appréciables. Toutefois, il est demeuré célèbre en mathématiques pour ses applications des mathématiques aux sciences et pour la théorie des perspectives. Léonard de Vinci fut un génie à l'esprit hardi et original, un homme d'action qui adorait la contemplation, mais il ne semble pas avoir été en relation étroite avec la tendance mathématique de son époque.

L'ALLEMAGNE DURANT LA RENAISSANCE

L'Italie fut sans contredit une des avenues principales par laquelle la science arabe a pénétré en Europe. Par ailleurs, les autres parties de l'Europe, malgré la position privilégiée de l'Italie, progressaient avec autant de succès, comme nous l'avons vu avec Regiomontanus et Chuquet. En Allemagne, les ouvrages imprimés sur l'algèbre devinrent si nombreux que, pour une certaine période, le mot germanique *Coss* (l'inconnue) triompha dans d'autres parties de l'Europe; l'algèbre fut même appelée l'«art cossique» pendant quelque temps. De plus, les symboles germaniques + et −, pour l'addition et la soustraction, ont provoqué l'abandon des symboles italiens *p* et *m.* En 1489, avant la publication de la *Summa,* un maître de conférences allemand de Leipzig, **Johann Widman** publia une arithmétique commerciale intitulée *Rechenung auff allen Kauffmanschafft,* qui est le plus ancien livre imprimé connu où nos symboles familiers + et − apparaissent pour la première fois. Dans cette arithmétique commerciale, ces symboles étaient en usage pour indiquer l'excès et la déficience dans les mesures d'entrepôts; plus tard, ils deviendront les symboles usuels des opérations arithmétiques d'addition et de soustraction.

Parmi les nombreuses algèbres germaniques, celle du célèbre Rechenmeister[1] allemand **Adam Riese** (1492-1559) occupait une place importante à cause de l'efficacité et de la précision de ses méthodes. Intitulée *Die Coss* (l'inconnue), et composée en 1524, elle fait partie des nombreux livres d'arithmétique qui ont rendu Riese célèbre au point qu'on utilise, encore aujourd'hui, l'expression «nach (selon) Adam Riese» comme tribut à la précision des procédés arithmétiques. En Allemagne, la première moitié du

1. *Rechenmeister:* Mot allemand, formé des mots *Rechen,* qui signifie calcul, et *Meister,* maître.

XVIe siècle a connu une floraison d'ouvrages d'algèbre, dont les plus importants furent *Die Coss* (1525) de **Christoph Rudolff** (vers 1500-vers 1545), *Rechnung* (1527) de **Peter Apian** (1495-1552), et *Arithmetica integra* (1544) du célèbre mathématicien **Michael Stifel** (vers 1487-1567). Dans *Die Coss*, nous trouvons, pour une des premières fois, l'usage des fractions décimales dans des livres imprimés, ainsi que le symbole moderne pour les racines. Dans le livre de Peter Apian, ouvrage d'arithmétique commerciale, le triangle de Pascal fut imprimé sur la page de titre près d'un siècle avant la naissance de Blaise Pascal.

Le troisième livre, l'*Arithmetica integra* de Stifel, fut le plus important des livres allemands d'algèbre imprimés durant le XVIe siècle. En plus de contenir le triangle de Pascal, il traite de façon significative des nombres négatifs, des radicaux et des puissances. Par l'usage de coefficients négatifs dans les équations, Stifel pouvait réduire bon nombre d'équations quadratiques à une forme unique, mais il se devait d'expliquer, suivant une règle spéciale, à quel moment employer le + ou le −. Même s'il n'admettait pas les nombres négatifs comme racine à une équation, il vulgarise l'emploi des signes − et + au détriment de la notation italienne. Il connaissait à fond les propriétés des nombres négatifs, bien qu'il les appelât *numeri absurdi.* En outre, il attira l'attention sur les relations entre les progresssions arithmétiques et géométriques, comme Chuquet l'avait fait pour les puissances de deux de zéro à vingt. Stifel ajouta à la table de Chuquet les relations $2^{-1} = \frac{1}{2}$, $2^{-2} = \frac{1}{4}$ et $2^{-3} = \frac{1}{8}$ (sans notation exponentielle toutefois). Pour les puissances de l'inconnue, Stifel utilisait dans son algèbre des abréviations pour les mots allemands *coss, zensus, cubus* et *zenzizensus* mais, dans un traité ultérieur il a proposé d'utiliser une lettre simple pour l'inconnue et de répéter cette lettre pour les puissances de l'inconnue, ce qui sera utilisé par l'Anglais Harriot, au XVIIe siècle.

L'*Arithmetica integra* fut un exposé complet de l'algèbre jusqu'à l'année 1544 mais, dès l'année suivante, cette algèbre devenait en quelque sorte périmée à la suite de la publication d'un ouvrage qui contenait la résolution d'équations cubiques et biquadratiques. En effet, la solution de la cubique et de la biquadratique fut probablement le plus spectaculaire résultat mathématique obtenu par les mathématiciens italiens du XVIe siècle.

CARDAN

Girolamo Cardano (1501-1576) est né à Pavie en 1501. Son père, Facio Cardano, était jusrisconsulte. Il fit ses études d'abord dans sa ville natale, puis à Padoue, où il devint docteur en médecine en 1524. Il commença une vie professionnelle turbulente en pratiquant la médecine et en exerçant aussi ses dons comme professeur de mathématiques et comme astrologue. Il séjourna en Écosse près d'un an, à titre de médecin de l'archevêque de Saint-André et, dans son voyage de retour, il fit à Londres l'horoscope du roi Édouard VI. Il prédit que le jeune roi, affaibli par une rougeole suivie de petite vérole, devait certainement dépasser la moyenne des âges, mais Édouard VI mourut dans le courant de l'année, infirmant ainsi la prédiction. De retour à Pavie, Cardan obtient une chaire à l'Université de Bologne mais, accusé de magie, il est emprisonné au mois d'octobre de l'an 1570 et n'est libéré que sous la promesse de ne plus enseigner dans les États de l'Église. Il s'établit à Rome en 1571 et obtient du pape, par ses talents de médecin, une

Jérôme Cardan (1501-1576).

pension dont il jouit jusqu'à sa mort survenue en 1576.

L'historien français Jacques de Thou en fait l'éloge suivant[1]:

«*Jérôme Cardan, Milanois, fut un mathématicien et un médecin d'une grande réputation. On remarqua une étrange inégalité dans ses mœurs, et sa vie a été diversifiée par plusieurs aventures, qu'il a écrites lui-même avec une simplicité ou une liberté qui n'est guère en usage parmi les gens de Lettres, et dont les Curieux me dispenseront de leur faire le récit en cet endroit. Peu de temps avant sa mort, je le vis à Rome habillé d'une manière toute différente du reste du monde, je m'entretins souvent avec lui, et je fus frappé d'un extrême étonnement, lorsque faisant réflexion sur la renommée de cet homme si célèbre par ses Écrits, je ne trouvai rien en sa personne qui répondît à l'estime qu'il s'était acquise dans le Monde. C'est ce qui fut cause que j'admirai davantage l'incomparable jugement de Jules-César Scaliger, lequel ayant exercé son divin esprit à examiner l'Ouvrage* De Subtilitate *composé par Cardan, y remarqua tant d'inégalité qu'il montre que cet Écrivain, qui en certains endroits semble s'élever au-dessus de la portée de la nature humaine, en d'autres raisonne plus mal qu'un enfant. Il s'attacha fort à l'étude de l'Arithmétique, et y fit même beaucoup de découvertes. Il a convaincu plusieurs de la certitude de l'Astrologie judiciaire, prédisant quelquefois des choses avec plus d'assurance et de vérité, qu'on n'en doit espérer des connaissances de cet Art. Mais il tomba dans une grande folie et dans une horrible impiété, lorsqu'il s'avisa de vouloir soumettre aux lois chimériques des astres le véritable Seigneur des astres, en dressant l'horoscope de nôtre Sauveur Jésus-Christ. Enfin, il mourut à Rome le 21 septembre âgé de soixante et quinze ans moins trois jours, ainsi qu'il l'avait prédit, et l'on crût qu'il s'était abstenu de prendre des aliments, afin d'empêcher que la prédiction qu'il avait faite de sa mort ne se trouvât fausse.*»

Cardan dit de lui-même: «J'ai plus écrit que lu, j'ai plus enseigné aux autres qu'on ne m'a appris à moi-même.» Son œuvre écrite est en effet considérable, et l'édition de Lyon parue en 1663, comprend dix volumes in-folio. Dans cette masse, qui touche à toutes les branches du savoir, on peut distinguer, pour les mathématiques, la *Practica arithmeticæ* (1539) et l'*Ars magna* (1545), et un ouvrage scientifique *De subtilitate.* Dans ce dernier livre, Cardan traite longuement de la physique d'Aristote, transmise par la philosophie scolastique, et brosse un tableau de douze personnages qui ont marqué le domaine scientifique, parmi lesquels Archimède, Ptolémée, Aristote, Euclide, Calculator, Apollonius, al-Huwarizmi. Dans la *Practica arithmeticæ,* on trouve, entre autres choses, la rationalisation des dénominateurs contenant des racines cubiques.

Au moment où il publie l'*Ars magna sive de regulis algebraicis,* en 1545, Cardan est probablement le meilleur algébriste de toute l'Europe. Néanmoins, la lecture de son grand traité d'algèbre est ennuyeuse pour celui qui l'aborde aujourd'hui. L'équation cubique est étudiée, cas après cas, en détail, suivant que les termes de degrés divers apparaissent sur le même côté ou sur les côtés opposés de l'égalité, car les coefficients des puissances sont nécessairement positifs. Bien qu'il traite les équations par des nombres, il pense géométriquement — en cela il suit al-Huwarizmi — et se réfère à une sorte de complétion du cube. Cardan utilisait très peu d'algèbre syncopée et, comme les Arabes, ses équations avec des coefficients numériques représentent des catégories générales. Ainsi, lorsqu'il écrit: «Soit le cube et six fois le côté égal à 20» (ou $x^3 + 6x = 20$), il pensait cette équation comme une équation particulière de toutes celles ayant un cube et une chose égale à un nombre, c'est-à-dire de la forme $x^3 + px = q$. Comment arrive-t-il à résoudre cette forme cubique? En notation moderne, sa méthode correspond à la suivante:

Substituons $u - v$ à x et posons u et v de telle manière que le produit uv soit égal au tiers du coefficient de x dans l'équation $x^3 + 6x = 20$, ou $uv = 2$.

En substituant dans $x^3 + 6x = 20$, on a ce qui suit:

Puisque

$$(u - v)^3 + 3uv(u - v) = u^3 - v^3,$$

et que

$$3uv = 6,$$

alors, à partir de $x^3 + 6x = 20$, on obtient

$$(u - v)^3 + 3uv(u - v) = 20.$$

1. Traduction française par Antoine Teissier, édition de 1715.

D'où

$$u^3 - v^3 = 20.$$

Par élimination de v, on a

$$u^6 = 20u^3 + 8 \text{ (quadratique en } u^3\text{)}$$

et

$$u^3 = \sqrt{108} + 10;$$

d'où, de $x = u - v$ et de $u^3 - v^3 = 20$, on obtient

$$x = \sqrt[3]{\sqrt{108} + 10} - \sqrt[3]{\sqrt{108} - 10}.$$

Cardan ajoute une formulation verbale de la règle équivalente à notre solution moderne de l'équation $x^3 - px = q$ qui est:

$$x = \sqrt[3]{\sqrt{(p/3)^3 + (q/2)^2} + q/2} - \sqrt[3]{\sqrt{(p/3)^3 + (q/2)^2} - q/2}$$

Puis il poursuit pour plusieurs types différents tels que «cube égal à la chose et à un nombre», etc. Dans cet exemple, qui correspond à la forme $x^3 = px + q$, il fait la substitution $x = u + v$ et procède ensuite de façon analogue à l'exemple solutionné ci-dessus. Cependant, la forme $x^3 = px + q$ représente une difficulté lorsqu'elle devient, à titre de cas particulier, l'équation $x^3 = 15x + 4$, car le résultat

$$x = \sqrt[3]{2 + \sqrt{-121}} - \sqrt[3]{2 - \sqrt{-121}}$$

présente le radical d'un nombre négatif.

Par contre Cardan avait déjà rencontré une difficulté analogue lorsqu'il s'était posé le problème de diviser 10 en deux parties telles que le produit des parties soit 40. Les règles usuelles de l'époque conduisaient aux résultats $5 + \sqrt{-15}$ et $5 - \sqrt{-15}$[1]. Il traitait de «sophistiquées» ces racines de nombres négatifs et considérait que son résultat $5 \pm \sqrt{-15}$ était «aussi subtil qu'inutile», mais c'est tout à l'honneur de ce savant italien controversé, joueur invétéré par surcroît, d'avoir porté une attention toute spéciale à ce résultat pour le moins inattendu dans l'esprit du temps.

A propos des équations biquadratiques, Cardan mentionne, dans son *Ars magna*, que la solution de ces équations «est due à Ludovico Ferrari qui l'inventa à ma requête». Encore une fois, cas par cas, vingt équations en tout sont traitées séparément.

Considérons, à titre d'exemple, l'équation suivante. Soit le carré-carré et le carré et le nombre égal au côté, alors les étapes dans la résolution de $x^4 + 6x^2 + 36 = 60x$ sont franchies par Cardan essentiellement comme suit:

1. Ajouter suffisamment de carré et de nombre de chaque côté pour rendre le côté gauche de l'égalité en un carré parfait, d'où

$$x^4 + 12x^2 + 36 \text{ ou } (x^2 + 6)^2.$$

2. Ajouter, dans chaque membre de l'égalité, des termes concernant une nouvelle inconnue de telle sorte que le membre de gauche demeure un carré parfait, d'où

$$(x^2 + 6 + y)^2 = 6x^2 + 60x + y^2 + 12y + 2yx^2$$
$$= (6 + 2y)x^2 + 60x + y^2 + 12y \text{ (trinôme en } x\text{).}$$

3. Puis, choisir y de telle manière que le trinôme en x du membre de droite de l'égalité sera un carré parfait; d'où, il suffit de poser le discriminant égal à zéro, une ancienne règle bien connue et équivalente, pour ce cas, à

$$60^2 - 4(6 + 2y)(y^2 + 12y) = 0 \quad (1)$$

4. Mais (1) est une équation cubique de la forme

$$y^3 + 15y^2 + 36y = 450$$

dont la résolution est évidemment connue par Cardan, d'où:

$$y = \sqrt[3]{287\tfrac{1}{2} + \sqrt{80449\tfrac{1}{4}}} + \sqrt[3]{287\tfrac{1}{2} - \sqrt{80449\tfrac{1}{4}}} - 5.$$

5. Il reste à substituer une valeur de y dans l'équation en x: $(x^2 + 6 + y)^2 = (6 + 2y)x^2 + 60x + y^2 + 12y$ et prendre la racine carrée de chaque côté de l'égalité.

6. Enfin, la dernière étape consiste à résoudre l'équation quadratique qui résulte de l'extraction de la racine carrée.

La solution des cubiques et des quartiques fut peut être la plus grande contribution à l'algèbre depuis les Babyloniens qui, près de quatre mille ans auparavant, avaient appris à compléter le carré pour la résolution des équations quadratiques. L'*Ars magna* de Girolamo Cardano fut un stimulus extraordinaire pour tout le domaine des recherches algébriques. En outre, la solution de la cubique amène les mathématiciens à porter leur attention sur de nouveaux nombres: nombres irrationnels, négatifs et imaginaires. Chaque fois que les trois racines d'une équation cubique sont réelles et non nulles, la formule de Cardan conduit inévitablement à des racines carrées de nombres négatifs. Il restait à se pencher à fond sur l'étude du nombre imaginaire.

---

1. Ces résultats apparaissent sous la forme 5p: ℞ m: 15 et 5m: ℞ m: 15 dans la notation de Cardan.

Nicolo Tartaglia (vers 1500-1557).

TARTAGLIA ET L'HISTOIRE DE LA RÉSOLUTION DE LA CUBIQUE

Nicolo Tartaglia est né à Brescia, vers l'année 1500, dans une très modeste famille. Il devint orphelin à l'âge de six ans. Il fut gravement blessé au sac de Brescia, prise par les Français en 1512, et le bégaiement qui résulta d'un coup de sabre en plein visage lui valut le surnom de Tartaglia ou bègue. Autodidacte par la force des choses, il parvint à acquérir une solide formation scientifique et il professa les mathématiques dans de nombreuses villes de l'Italie, entre autres Vérone, Venise et Brescia. Il mourut à Venise au mois de décembre de l'année 1557.

Tartaglia fut un mathématicien talentueux qui s'illustra dans plusieurs branches des mathématiques en plus d'avoir été le premier à appliquer les mathématiques au domaine de l'artillerie. Son principal ouvrage est *General trattato di numeri et misure*, paru de 1556 à 1560, dans lequel on trouve de l'arithmétique, de la géométrie pratique, de l'algèbre, une traduction italienne de *Sur la sphère et le cylindre* d'Archimède, un traité de la *Division des figures*, dans la tradition d'Héron et de Fibonacci.

On dit de lui qu'il était dénué de scrupules et qu'il s'est approprié facilement le bien scientifique d'autrui, citant à l'occasion les vrais auteurs copiés selon son bon vouloir. Par contre, cet éclectisme avoué remet en circulation les idées des mécaniciens du XIIIe siècle ainsi que celles d'Archimède; il se trouve ainsi à rendre un service considérable à la renaissance des idées scientifiques.

L'histoire de la découverte de la solution algébrique de la cubique met aux prises les deux grands rivaux italiens, Cardan et Tartaglia, dans une controverse animée et sordide qui souleva de nombreuses difficultés d'interprétation et dont le dénouement est pour le moins inattendu.

Le premier inventeur semble bien être un professeur de mathématiques de l'Université de Bologne, **Scipione del Ferro** (1465-1526) qui résolut algébriquement l'équation cubique $x^3 + px = q$. Il ne publia pas sa solution mais, avant sa mort, il aurait révélé le secret de sa découverte à son élève, **Antonio Maria Fior,** un mathématicien de peu de talent. Soit que des mathématiciens aient eu accès aux notes de Scipione del Ferro, léguées à son successeur[1], soit que Nicolo Tartaglia ait eu vent du secret révélé, ce dernier nous dit que la connaissance d'une possibilité de résoudre l'équation l'inspira à se consacrer à la recherche d'une méthode pour lui-même. Toujours est-il que, de façon indépendante ou à la lumière d'une indiscrétion, il apprit vers 1541 comment résoudre des équations cubiques.

La nouvelle se répandit rapidement et, croyant probablement à une fumisterie, Fior lança à Tartaglia un défi public prenant la forme d'un concours portant sur trente équations à résoudre. A la fin du temps écoulé, Tartaglia avait résolu toutes les équations proposées par Fior, alors que ce dernier n'avait pu en résoudre une seule de Tartaglia. L'explication est relativement simple: Fior pouvait résoudre un seul type d'équations, soit $x^3 + px = q$, alors que Tartaglia pouvait résoudre au moins deux sortes d'équations, dont l'une correspondait à la forme $x^3 + px^2 = q$, inconnue de Fior.

Le triomphe écrasant de Tartaglia fut annoncé à Cardan qui saisit promptement l'occasion d'inviter

1. Pierre Dedron et Jean Itard, *op. cit.*, p. 170.

le vainqueur dans sa demeure, promettant à Tartaglia de lui présenter un mécène qui résoudrait ses problèmes d'argent. En mars 1539, lors d'une rencontre à Milan, Tartaglia accepta de dévoiler son secret à Cardan et ce dernier saisit la première occasion de s'approprier la méthode en la publiant dans son *Ars magna.* Dès la parution de ce traité, Tartaglia protesta avec véhémence contre le plagiat de Cardan, mais **Ludovico Ferrari** (1522-1565), élève et secrétaire de Cardan, répliqua en accusant Tartaglia d'avoir plagié del Ferro, tout comme Cardan l'aurait fait. Il s'ensuivit une dispute âprement menée et on rapporte que Tartaglia eut probablement de la chance de s'en tirer indemne. Ferrari compléta les découvertes de Cardan par la résolution des équations du quatrième degré. Enfin l'œuvre des savants italiens fut couronnée par l'*Algèbre* de Bombelli.

BOMBELLI

Rafael Bombelli (vers 1526-1573) fut un ingénieur de talent sur la vie duquel on ne sait rien de bien précis. En 1572, quelques années avant la mort de Cardan, il publia une *Algèbre* qui contribua grandement à la solution de l'équation cubique. C'est dans son traité d'algèbre qu'apparaît la première étude véritable des nombres imaginaires.

Nous avons vu que la solution algébrique à l'équation cubique

$$x^3 = 15x + 4$$

est obtenue par la formule

$$x = \sqrt[3]{2 + \sqrt{-121}} + \sqrt[3]{2 - \sqrt{-121}},$$

et, par substitution directe, $x = 4$ est une solution positive réelle de l'équation. De plus Cardan avait noté la chose suivante: Lorsque tous les termes dans un membre de l'égalité étaient à une puissance supérieure aux termes de l'autre membre de l'égalité, l'équation possédait alors une et une seule racine positive, Bombelli eut la brillante idée que les radicaux pouvaient être reliés comme les quantités sous radicaux sont reliées, c'est-à-dire que les quantités sous radicaux sont de fait des nombres complexes conjugués dont la somme réelle est 4. Ainsi, la somme des parties réelles est 4, d'où la partie réelle de chacun est 2. Si un nombre de la forme $2 - a\sqrt{-1}$ est une racine cubique de $2 - \sqrt{-121}$ ou $2 - 11\sqrt{-1}$, on peut voir que a doit être égal à 1.
$((2 - 1\sqrt{-1})^3 = 2 - 11\sqrt{-1})$. Dès lors $x = 2 + 1\sqrt{-1} + 2 - 1\sqrt{-1}$, ou 4.

Bombelli a ainsi montré, par ce raisonnement ingénieux, le rôle important que les nombres imaginaires devaient remplir dans l'avenir; mais, à cette époque, cette observation ne fut d'aucune utilité car Bombelli devait, avant toute chose, connaître au moins une racine et, dans ce cas, l'équation est résolue. Toute tentative de trouver algébriquement la racine cubique des nombres imaginaires par la règle de Cardan-Tartaglia conduit à la cubique dont la solution, en termes d'une racine, est toujours présente et on revient inévitablement au point de départ. Parce que cette impasse se produit chaque fois que les trois racines sont réelles, on appelle ceci le «cas irréductible». De fait la formule fournit une expression de l'inconnue, mais la forme avec laquelle apparaît cette inconnue n'est, le plus souvent, d'aucune utilité. Bombelli a mis en évidence l'existence de ces racines imaginaires apparentes (dans le cas irréductible) et il a aussi introduit un symbolisme qui nous rappelle celui de Chuquet.

Dans l'*Algèbre* de Bombelli, composée vers 1560 et publiée en 1572, on rencontre en effet un symbolisme apparenté à celui de Nicolas Chuquet. Quand Chuquet dénote $8x^2$ par 8^2, Bombelli utilise une notation exponentielle représentée par $\overset{\textcircled{2}}{8}$. Pour exprimer le polynôme $x^2 + 6x - 4$, Bombelli aurait écrit généralement l'expression $\overset{\textcircled{2}}{1}$ p $\overset{\textcircled{1}}{6}$ m 4, tandis que Chuquet aurait noté le même polynôme par l'expression symbolique $1^2\ \bar{p}\ 6^1\ \bar{m}\ 4$. En outre l'*Algèbre* de Bombelli utilisait les symboles usuels p et m pour l'addition et la soustraction, respectivement, tandis qu'on n'y remarque aucun symbole pour noter l'égalité. On retrouve dans un ouvrage anglais, écrit par Recorde en 1557, notre signe =, qui avait fait son apparition avant même la publication de l'*Algèbre* de Bombelli.

RECORDE

Robert Recorde (vers 1510-1558) est né dans une honnête famille de Tenby (Pembrokeshire, Pays de Galles). En 1531, il reçoit son premier grade universitaire et devient docteur en médecine de l'Université de Cambridge en 1545. Quelques années plus tard, il reçut le titre de médecin du roi Édouard VI, puis de la reine Marie. On croit généralement que Recorde mourut en prison, probablement pour des raisons politiques ou religieuses.

Son premier traité de mathématiques, intitulé *Grounde of Artes,* fut publié vers 1541 et est écrit, selon son habitude, sous la forme de dialogues entre un maître et un élève. L'auteur prétend enseigner le «travail parfait» et la pratique de l'arithmétique à l'intérieur des nombres naturels et des fractions. Cette arithmétique populaire comprend l'usage des opérations fondamentales et d'algorithmes, ainsi que des applications commerciales et pratiques. Voici des exemples tirés de son traité dédié à Édouard VI et qui a connu un succès considérable.

Problème de mélange

«Il y a quatre sortes de vin à des prix différents, un de 6 pence le gallon, un autre de 8 pence, le troisième de 11 pence, et le quatrième de 15 pence le gallon. De ces vins, je désire un mélange de 50 gallons constitué de manière à ce que chaque gallon vaut 9 pence. Quelle sera la proportion de chaque vin dans ce mélange?»

Problème du cheval

«Je vous vends un cheval ayant 4 sabots, et chaque sabot comprend 6 clous, à condition que vous payez pour le premier clou un «ob» pour le second deux «ob», pour le troisième quatre «ob» et ainsi de suite en doublant pour les suivants. Maintenant je vous demande quel sera le prix du cheval?»

Problème des briques

«Un Lord fournit à un maçon un certain nombre de briques pour construire douze murs de manière à ce que le premier mur contienne les deux tiers du nombre total, le deuxième mur les deux tiers du reste, et ainsi de suite jusqu'au douzième mur. Lorsque le maçon eut terminé les douze murs, une seule brique demeura inutilisée. Maintenant je vous demande combien de briques furent utilisées dans chacun des murs et quel était le nombre de briques fourni au maçon?»

Deuxième ouvrage de mathématiques dans la série de textes écrits par Recorde pour les artisans, le *Pathewaie to Knowledge* fut publié en 1551, en même temps qu'un ouvrage d'astronomie[1] intitulé *Castle of Knowledge*. Le *Pathewaie* est, en grande partie, une traduction des définitions, postulats, axiomes et énoncés de théorèmes des quatre premiers livres des *Éléments* d'Euclide. Contrairement à l'habitude de Recorde, cet ouvrage de géométrie ne fut pas écrit sous la forme de dialogue, comme dans ses autres textes de mathématiques. A l'origine, Recorde avait pensé publier quatre parties, mais deux livres seulement furent imprimés. Le livre I comprend des définitions et des constructions. Le livre II contient les postulats et axiomes et le reste des théorèmes des trois premiers livres d'Euclide.

Une année avant sa mort, Recorde publia un ouvrage d'algèbre intitulé *The Whetstone of Witte* (1557), dans lequel apparaît pour la première fois notre symbole d'égalité. Cependant, ce symbole =, qui, dans son algèbre, apparaît plus long que le nôtre, ne sera utilisé couramment qu'à la fin du XVIIe siècle.

LE DÉVELOPPEMENT DE LA TRIGONOMÉTRIE DURANT LA RENAISSANCE

Historiquement le développement des relations entre l'algèbre, la géométrie et la trigonométrie fut rendu possible grâce à la fonction sinus et à l'étude des ombres projetées par un gnomon chez les Hindous. Puis les Arabes ont élaboré ces résultats à l'intérieur d'un système de trigonométrie comportant des tables adéquates. Toutefois, des conflits idéologiques entre les Arabes de l'Espagne et les autres musulmans de l'Arabie et de la Perse ont probablement engendré des idées mathématiques diversifiées et peu convergentes qui ont eu pour effet de retarder considérablement le développement de la trigonométrie en Europe. De plus, le traité remarquable de Nasir al-dîn sur la trigonométrie plane et sphérique n'a eu que peu d'influence sur les savants de l'Europe avant Copernic. En outre, la publication retardée des livres de trigonométrie de Regiomontanus et des textes arabes de trigonométrie qu'il projetait de publier, ont mis un frein au développement fécond qui se dessinait au milieu du XVe siècle.

Georg Peurbach (1423-1461) a entrepris une version latine de l'*Almageste* de Ptolémée qui sera achevée par son élève Regiomontanus en plus de construire une table complète des sinus pour des intervalles de 10′, avec un rayon de 600 000. Toutefois, cette table ne fut pas publiée, car Regiomontanus en publia une beaucoup plus précise pour des intervalles d'une minute, avec un rayon de 6 000 000. En outre, Regiomontanus fit progresser grandement la construction des tables en employant un rayon de 10 000 000, préparant ainsi la voie vers l'usage des

1. Cet ouvrage d'astronomie approuve le système de Copernic.

fractions décimales avec un rayon unitaire. L'élève de Peurbach fut aussi intéressé à unifier les bases de la trigonométrie afin d'en faire une théorie utile aux astronomes. C'est ainsi qu'il a vu l'utilité d'insérer dans ses *Tabulœ directionum* une table des tangentes pour chaque degré de 0° à 90° avec une rayon $r = 100\,000$. Il l'appela *tabula fecunda*, ou table très utile.

Le développement fulgurant de l'algèbre au XVIe siècle voile pour ainsi dire les progrès enregistrés dans le domaine de la trigonométrie qui, certes, ne doivent pas être sous-estimés. Parallèlement aux travaux de Peurbach et de Regiomontanus, deux savants, l'un polonais l'autre prussien, exerceront une forte influence sur les progrès subséquents de la trigonométrie.

COPERNIC

Nicolas Copernic (1473-1543), astronome polonais, révolutionnera les idées astronomiques de son époque en soutenant que la terre est en mouvement autour du soleil, ce que l'astronome grec Aristarque n'avait pas réussi à faire admettre. Il démontra l'inexactitude du système de Ptolémée, suivant lequel la terre occupait le centre du monde. Le système de Copernic est à la base de toute l'astronomie moderne.

Copernic était le fils d'un riche marchand, fonctionnaire municipal de Torun, vieille ville de la hanse sur la Vistule. Quand son père mourut, il avait dix ans et fut adopté par son oncle. Copernic étudia à l'Université de Cracovie, puis partit pour l'Italie en 1496; il étudia la médecine à Padoue et l'astronomie à l'Université de Bologne. A l'âge de vingt-sept ans, il reçut une chaire de mathématiques qu'il dut abandonner pour retourner en Pologne, en 1510, son oncle l'ayant fait nommer chanoine à Frauenburg, sur la Baltique. Il y passa près de trente années, se livrant à de multiples activités: la médecine, les finances, la politique et les affaires ecclésiastiques, mais surtout, semble-t-il, l'astronomie et les mathématiques. Diffusée peu à peu, sa théorie, qui attribue trois mouvements à la terre, provoqua l'intérêt d'un mathématicien de Prusse, Rhaeticus, qui vint travailler deux années auprès du célèbre astronome polonais. Rhaeticus publia le premier exposé imprimé des idées coperniciennes en 1540. Homme pacifique, Copernic devinait les tempêtes prochaines et retardait le plus possible l'instant de livrer son manuscrit.

Nicolas Copernic (1473-1543).

Ayant vaincu son irrésolution, il confia son traité à Rhaeticus qui s'empressa de l'envoyer à l'impression. Mais il n'eut guère le temps de voir son travail imprimé, car il mourut le 24 mai 1543, quelques jours après avoir reçu le premier exemplaire du *De revolutionibus orbium cœlestium.*

Ce célèbre ouvrage d'astronomie contient évidemment des sections qui traitent de trigonométrie, selon la méthode de Regiomontanus. En particulier, Copernic traite du théorème de Lahire[1] (1640-1718) qui s'énonce comme suit:

> «*Si un petit cercle roule sans glissement à l'intérieur d'un cercle dont le diamètre est double du premier, alors a) le lieu d'un point sur la circonférence du petit cercle est un segment de droite – un diamètre du plus grand cercle; b) le lieu d'un point qui n'est pas sur la circonférence mais qui est fixe par rapport au petit cercle est une ellipse.*»

Copernic énonce ce théorème dans le langage des épicycles, alors que Lahire le traite en termes de «roulettes». Copernic fournit une démonstration de la première partie dans son livre III, chapitre 4.

1. La première partie de ce théorème apparaît aussi dans les travaux de Cardan. Ce théorème serait une généralisation d'un théorème de Nasir al-dîn portant sur le mouvement rectiligne résultant de la composition de deux mouvements circulaires.

RHAETICUS

Georg Joachim Rhaeticus (1514-1576), mathématicien de Wittenberg, fut un disciple de Copernic et un astronome réputé du XVIe siècle. Connaissant les travaux des mathématiciens de Nuremberg, en particulier ceux de Regiomontanus, il réunit les idées de ce dernier, celles de Copernic et les siennes dans un traité intitulé *Opus palatinum de triangulis,* considéré à juste titre comme l'œuvre de trigonométrie la plus élaborée jusqu'à cette date.

Dans ce traité en deux volumes, il abandonne le traitement des fonctions trigonométriques en termes d'arcs de cercle et innove en définissant, pour la première fois, les fonctions trigonométriques en termes de rapport des côtés d'un triangle rectangle. Rhaeticus consacra près de douze années à construire des tables trigonométriques pour les six fonctions de base. Une table, entre autres, donne la valeur, dans le système décimal, des six fonctions trigonométriques pour chaque intervalle de dix secondes avec une précision de dix décimales. Une table des sinus pour chaque intervalle de 10″, avec une précision de 15 décimales, fait aussi partie de son traité. Il entreprit la construction de tables pour les tangentes et les sécantes, mais il mourut avant d'avoir pu les achever, ce qui sera fait avec des ajouts par son élève **Valentin Otho** (vers 1550-1605) en 1596.

Bartholomaeus Pitiscus (1561-1613), prêtre allemand qui aimait beaucoup les mathématiques, apportera des corrections aux travaux de Rhaeticus et d'Otho dans un ouvrage publié à Francfort, en 1613, sous le titre *Thesaurus mathematicus sive canon sinuum.* Cette œuvre de trigonométrie contient des tables de sinus et de cosinus avec une précision de 15 décimales pour chaque intervalle de 10″. Mais, avec l'invention des logarithmes l'année suivante et les publications subséquentes de tables de logarithmes, les tables trigonométriques des valeurs naturelles des six fonctions devenaient pour ainsi dire désuètes, jusqu'à l'avènement des calculatrices modernes.

LA GÉOMÉTRIE AU XVIe SIÈCLE

Lorsque Pappus tenta de faire revivre l'étude de la géométrie pure, au sens grec du terme, il ne trouva personne pour le suivre dans cette voie. Les savants de l'Inde et de la Chine se sont intéressés à la géométrie de la mesure et les Arabes, tout en appréciant le raisonnement déductif, utilisaient parfois des arguments de nature géométrique dans leur algèbre. En Europe, avant le XVIe siècle, quantité de problèmes géométriques furent résolus algébriquement et, de temps en temps, une solution algébrique à une équation est accompagnée de démonstrations géométriques. Cette position peu enviable de la géométrie pure peut s'expliquer en partie par le développement considérable de l'algèbre symbolique, qui sert d'outil aux mathématiciens pour résoudre des problèmes de géométrie. Toutefois, il était difficile d'espérer un prolongement direct de la géométrie grecque, à cause même de sa nature axiomatique, et le carcan dans lequel les géomètres grecs étaient confinés pouvait éclater, dans une certaine mesure, en sortant des sentiers battus par des approches strictement différentes et nouvelles.

Les tendances géométriques qui se dessinent à la fin du Moyen Age contiennent les germes de géométries nouvelles, axées sur la géométrie projective, la géométrie descriptive et les géométries non euclidiennes.

LES GÉOMÉTRIES NON EUCLIDIENNES

L'origine des géométries non euclidiennes doit être recherchée dans les différentes tentatives, de Ptolémée à Saccheri, pour démontrer que le postulat des parallèles d'Euclide dépend de ses autres postulats ou que le système euclidien est inconsistant. Ces divers essais dans le but de montrer que le cinquième postulat pouvait être démontré à partir des quatre autres postulats aboutissent dans les travaux du géomètre Saccheri à l'irréfutable démonstration qu'«Euclide est exempt de toute erreur». Une seule issue s'offrait alors aux géomètres, les géométries non euclidiennes qui seront l'œuvre des mathématiciens Gauss, Bolyai, Lobatchevski, Riemann et quelques autres.

LA GÉOMÉTRIE PROJECTIVE

La géométrie projective[1] fut inventée par **Gérard Désargues** (1593-1661), mais des propriétés projectives furent découvertes bien avant qu'on identifiât un

1. L'usage convenable de l'adjectif «projective» doit inclure toutes ces propriétés de figures qui demeurent invariantes par toute transformation linéaire de la droite, du plan, ou de l'espace, etc., ou par toute transformation d'un groupe plus étendu.

groupe projectif. La plus ancienne des propriétés invariantes et la plus fondamentale correspond au «produit en diagonale de quatre points colinéaires». On ne connaît pas son origine, mais on mentionne des applications de cette propriété, dans le plan, dans *Sphærica* de Menelaüs. Pappus suggère que l'invariance du produit en diagonale pouvait être connue d'Euclide; de toute évidence Pappus connaissait cette invariance.

Le premier auteur qui, après Pappus, s'intéressa à ce domaine particulier de la géométrie fut l'Allemand **Johannes Werner** (1468-1528). Ses contributions à la géométrie pure se trouvent dans un ouvrage en latin, comprenant vingt-deux livres, portant sur les *Éléments des coniques* et imprimé à Nuremberg en 1522. Intéressé avant tout par le problème de la recherche de deux moyennes proportionnelles et la duplication du cube, Werner concentra ses efforts sur l'étude de la parabole et de l'hyperbole, omettant ainsi le cas de l'ellipse.

Werner détermine ainsi la parabole comme une section d'un cône dont l'angle au sommet est droit:

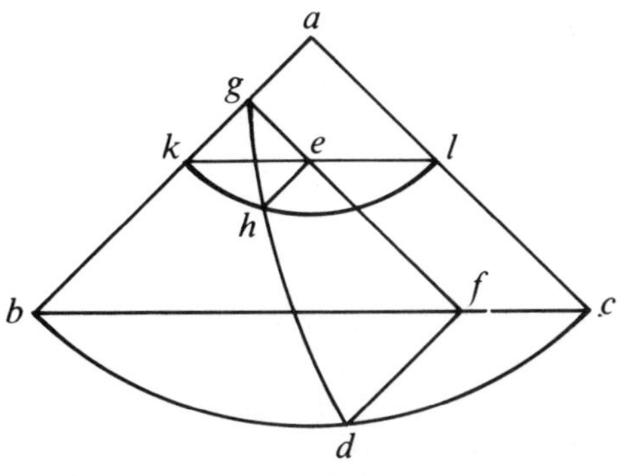

Voici *abc* une section méridienne d'un cône dont le sommet *a* fait un angle droit. Le plan de la parabole *ghd* intercepte à angle droit le plan méridien suivant *gef*, l'axe de la parabole. Il suit que l'axe de la parabole est parallèle à la génératrice *ac* du cône. Il choisit le plan *khl* de manière que *ge* = *he* d'où

$$\begin{aligned} df^2 &= bf \cdot fc \\ &= \frac{gf \cdot ke}{ge} \cdot el \\ &= \frac{gf \cdot he^2}{ge} \\ &= ge \cdot gf. \end{aligned}$$

On peut noter, dans cette démonstration, l'emploi du latus rectum *gf*. Cette démonstration peu originale est suivie, un peu plus loin dans le texte, d'une méthode ingénieuse pour tracer la parabole point par point à l'aide du compas et de la règle[1].

Cette méthode ingénieuse fait appel aux propriétés du plan tangent au cône et présuppose que les tangentes aux coniques sont des intersections de ces plans avec le plan de la conique, méthode qui, selon Coolidge, sera universellement utilisée par après. Werner démontre avec beaucoup de minutie que «le sommet d'une parabole est le point milieu entre le pied d'une ordonnée sur l'axe et l'intersection de l'axe avec la tangente au sommet de l'ordonnée».

Il procéda de façon similaire pour trouver l'hyperbole dont l'équation obtenue est de la forme archimédienne en plus de montrer que «si deux côtés d'un parallélogramme sont sur les asymptotes d'une parabole, et un sommet sur la courbe, l'aire du parallélogramme est constante». Selon l'opinion de Coolidge[2], les travaux de Werner ne marquent aucun progrès réel dans notre connaissance, mais ont suscité un nouvel intérêt pour l'étude de ces courbes.

Un premier pas en avant sera fait au XVIIe siècle, et plus précisément en 1639, par un écrivain contesté et original, **Gérard Désargues.** Son *Brouillon project d'une atteinte aux événements des rencontres du cône avec un plan* est un ouvrage sur les sections coniques et son approche est centrée sur la perspective. Il exprime le parallélisme en termes d'éléments à l'infini, dans le plan et dans l'espace. Désargues développe la théorie des rapports harmoniques et savait que l'involution est une propriété projective. La question de la polarité est abordée à partir du quadrilatère complet et Désargues développe l'essentiel de la théorie élémentaire des polaires par rapport à une conique.

Désargues est le premier géomètre qui ouvre la voie à la géométrie projective dont, un siècle et demi plus tard, J.-V. Poncelet devait donner la première systématisation.

1. Cf. Carl B. Boyer, *A History of Mathematics*, New York, Wiley, 1968, p. 323 et Julian Lowell Coolidge, *A History of the Conic Sections and Quadratic Surfaces*, New York, Dover, 1968, p. 26-28.
2. Julian Lowell Coolidge, *op. cit.*, p. 28.

LA GÉOMÉTRIE DESCRIPTIVE

L'histoire de la géométrie descriptive devrait, selon Taton[1], se diviser en trois grands chapitres: ses origines et son développement antérieur à Monge; l'apport de Monge; les développements ultérieurs qui se limitent à quelques apports techniques.

Le seul ouvrage consacré à cette science par **Gaspard Monge** (1746-1818) est le célèbre traité publié sous son nom en 1799 et intitulé *Géométrie descriptive.* Monge insiste sur l'importance de la géométrie descriptive:

> «*Cet art a deux objets principaux:*
>
> *Le premier est de représenter avec exactitude, sur des dessins qui n'ont que deux dimensions, les objets qui en ont trois, et qui sont susceptibles d'une définition rigoureuse.*
>
> *...Le second objet de la Géométrie descriptive est de déduire de la description exacte des corps tout ce qui suit nécessairement de leurs formes et de leurs positions respectives...*»

Du point de vue théorique, la géométrie descriptive repose sur l'association de deux projections orthogonales d'une même figure de l'espace. Il nous faudra donc rechercher l'origine de la projection orthogonale et celle de la double projection. Les géomètres, avant Monge, ont négligé l'étude de la théorie des projections; par contre, dans le domaine technique, entre autres le dessin architectural, le dessin technique, la construction de cadrans solaires et l'étude du problème général des ombres et des éclipses, on rencontre de nombreux devanciers.

La technique de construction des édifices comportait, dès le IIIe millénaire av. J.-C., l'usage de la projection orthogonale sur le plan horizontal, et le grand architecte romain Vitruve, au Ier siècle apr. J.-C., emploie à la fois la projection orthogonale sur le plan horizontal et sur le plan vertical (élévation), sans toutefois les associer pour une même figure. Durant le Moyen Age, on trouve des plans et des élévations de diverses parties d'édifices mais, encore une fois, ces dessins ne s'appliquent jamais au même objet.

Les peintres, les dessinateurs et les graveurs se sont davantage intéressés à la perspective qu'à la projection orthogonale. L'architecte florentin **Filippo Brunelleschi** (1377-1446) eut l'idée de se représenter des objets à trois dimensions sur un plan, mais la première étude de la perspective fut entreprise par **Leon Battista Alberti** (1404-1472), dont le premier manuscrit parut en 1446, avant l'invention de l'imprimerie. Le principal problème d'Alberti consiste à représenter dans la figure plane un ensemble de carrés dans le plan de base dont les côtés sont parallèles, ou perpendiculaires aux lignes de base.

Voici la figure d'Alberti qui correspond au problème ci-dessus.

1. René Taton, *La géométrie projective en France de Désargues à Poncelet,* D-4, Paris, Palais de la Découverte, 1951.

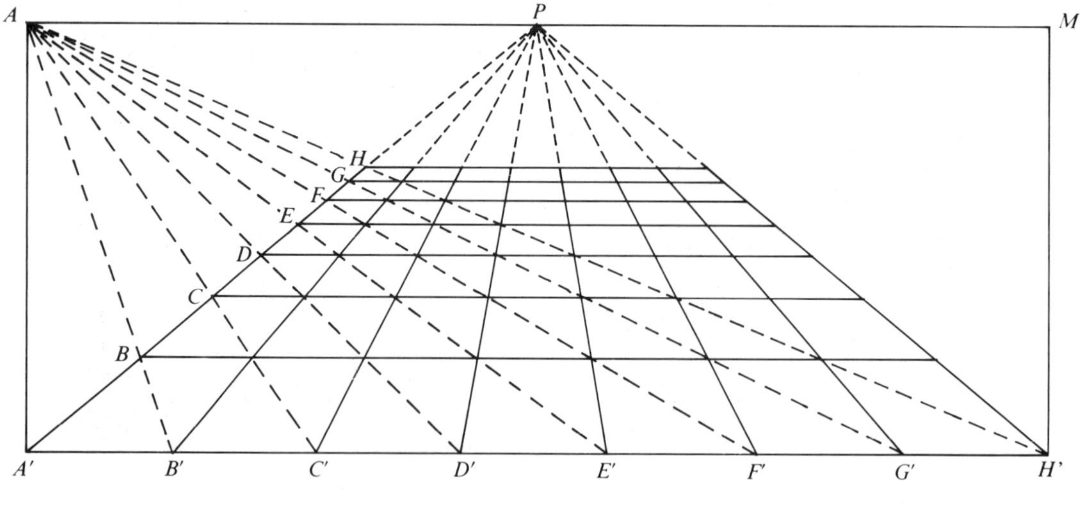

Léonard de Vinci: *L'annonciation* (Florence, Offices).

Sandro Botticelli: *L'annonciation* (Florence, Offices).

Raphaël: *L'École d'Athènes* (Rome, Vatican).

Raphaël: *L'incendie du Borgo* (Rome, Vatican).

Il procède comme suit:

Soit l'œil de l'artiste placé en un point stationnaire S à x unités au-dessus du plan de base et y unités en avant de la figure plane. L'intersection de l'image et du plan de base est appelée «ligne de base». Le pied P de la perpendiculaire du point stationnaire S sur l'image plane porte le nom de «centre de vision». Une ligne horizontale passant par P, parallèle à une ligne de base, est appelée «ligne de fuite». Les points A et M, qui sont à y unités de P chacun, sont appelés des «points de distance».

Si nous posons les points B', C', D', E', F', G', H', équidistants sur la ligne de base $A'H'$ et si nous relions ces points à P, alors la projection de ces dernières lignes, avec S comme centre, sur le plan de base constitue un ensemble de lignes parallèles et équidistantes.

Si nous relions A avec les points B', C', D', E', F', G', H', afin de former un autre ensemble de lignes d'interception avec $A'P$ en B, C, D, E, F, G, H et si, par ces derniers points, nous traçons des parallèles à $A'H'$, alors l'ensemble des trapèzes dans l'image correspondra à l'ensemble des carrés dans le plan de base.

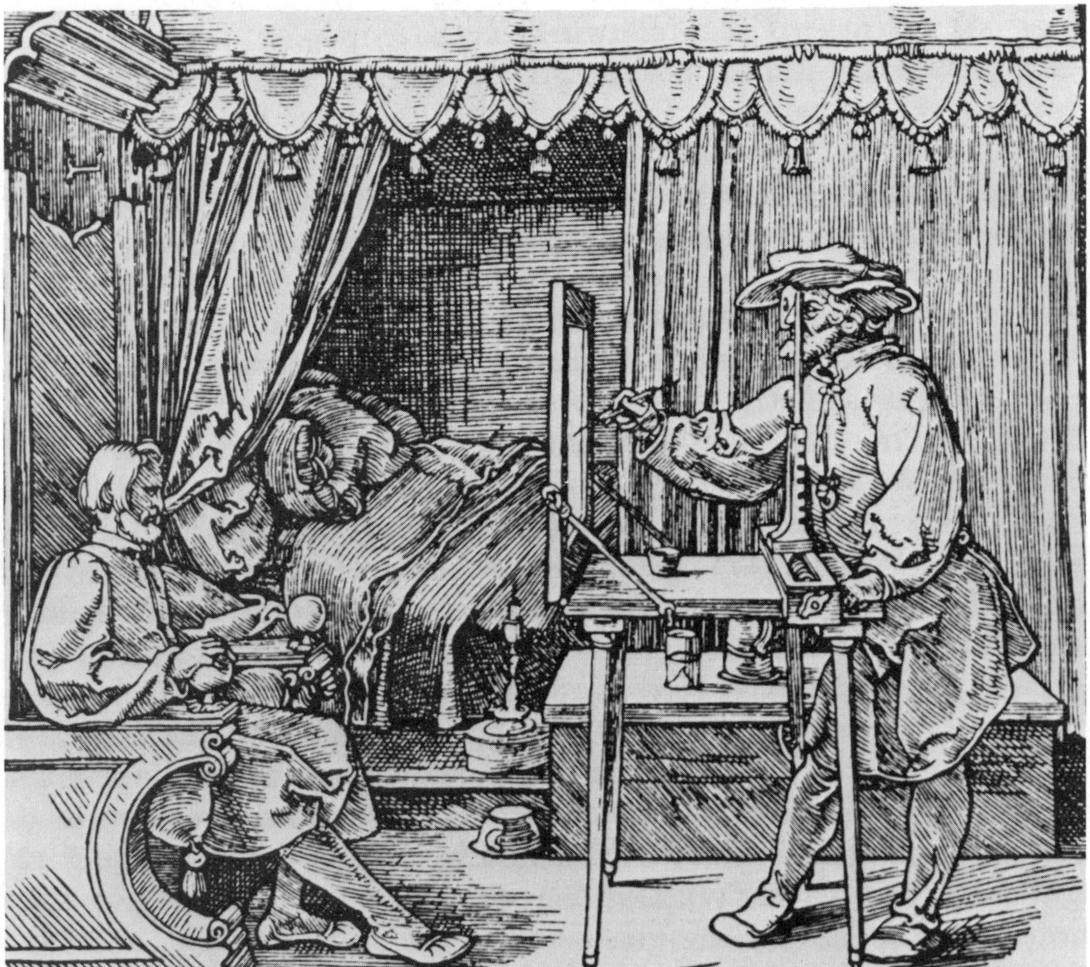

Albrecht Dürer: *Le dessinateur de l'homme assis.*

Albrecht Dürer: *Le dessinateur de la femme couchée.*

Albrecht Dürer: *Le dessinateur du luth.*

Ces représentations d'échiquier de carrés sont les seules qui apparaissent dans les travaux d'Alberti sur la perspective.

L'étude de la perspective sera poursuivie par **Piero della Francesca** (vers 1410-1492) qui exposera deux méthodes différentes pour la construction de figures en perspective, l'une analogue à celle d'Alberti, l'autre entièrement différente. Piero della Francesca a non seulement réussi à représenter des objets qui se trouvent sur le plan de base, mais il démontre aussi une méthode qui représente des points situés au-dessus du plan de base.

Un contemporain de Léonard de Vinci, le peintre **Albrecht Dürer** (1471-1528) publia, en 1525 à Nuremberg, un ouvrage de géométrie pratique qui contient, en plus de très nombreuses constructions utiles aux artistes, de nombreuses idées géométriques originales[1].

1. Le titre français de cette œuvre est: *Instructions sur la mesure au compas et à l'équerre, en lignes, en surfaces et en corps solides rédigées pour leurs amateurs.*

Dans ce traité, Dürer veut fournir un nombre suffisant de définitions et de principes pour permettre à ses lecteurs d'effectuer certaines opérations du dessin. Il était particulièrement intéressé aux courbes hélicoïdales qui, projetées sur un plan, perpendiculaires au cylindre sur lequel elles reposent, sont des spirales. Mentionnons aussi sa description des trois coniques comme sections d'un cône de révolution à axe vertical par un plan de bout, une épure d'une hélice circulaire tracée sur un cylindre à axe vertical, une ombre d'un cube reposant sur le plan horizontal, des épures de têtes humaines avec les trois projections classiques et des applications très curieuses de la géométrie descriptive aux proportions du corps humain.

Les travaux de Dürer ont très peu influencé l'histoire de la géométrie et il faudra attendre les travaux de Monge pour trouver une synthèse d'ensemble de tous les procédés graphiques[1].

1. Les travaux d'A. Frézier, au XVIIIe siècle, contiennent les éléments de base, mais leur importance est masquée par l'intervention de divers autres procédés.

EN BREF

Les activités mathématiques des savants latins de la Renaissance ont contribué largement à mettre en valeur des résultats fondamentaux dans le domaine de l'algèbre, de la trigonométrie et de la géométrie. Les rudiments de l'algèbre symbolique sont en place, le calcul avec les symboles indo-arabes est largement répandu, les fractions décimales se développent graduellement, la théorie des équations comprend maintenant la solution générale de la cubique et de la biquadratique, les nombres négatifs deviennent de plus en plus acceptés, la trigonométrie est maintenant une discipline autonome et des tables trigonométriques très précises sur les six fonctions sont disponibles.

La géométrie pure se développe suivant des orientations nouvelles avec la découverte des rudiments de la géométrie descriptive et projective et la poursuite de certaines idées antérieures. L'invention de l'imprimerie exerce déjà une influence bénéfique sur la standardisation des connaissances et la diffusion des idées mathématiques.

BIBLIOGRAPHIE

Bidwell, Jamak and B. K. Lange. «Girolamo Cardano: A Defense of His Character». *The Mathematics Teacher, 64* (1971): 25-31.

Bond, John David. «The Development of Trigonometric Methods Down to the Close of the XVth Century», *Isis, 4* (1922): 295-323.

BOYER, Carl B. *A History of Mathematics.* New York, John Wiley & Sons, 1968, p. 297-332.

BOYER, Carl B. «Note on Epicycles & The Ellipse from Copernicus to Lahire», *Isis, 38* (1947): 54.

BRUINS, Evert M. *La géométrie non euclidienne dans l'Antiquité.* D-121, Paris, Palais de la Découverte, 1967, 36 p.

CASSINA, M. Ugo. *Sur l'histoire des concepts fondamentaux de la géométrie projective.* D-50, Paris, Palais de la Découverte, 1957, 36 p.

CLARKE, F. M. «New Light on Robert Recorde». *Isis, 7* (1926): 50-70.

COOLIDGE, Julian Lowell. *A History of Geometrical Methods.* New York, Dover, 1963, p. 68-69, 88-90, 106-112.

COOLIDGE, Julian Lowell. *The Mathematics of Great Amateurs.* New York, Dover, 1949, p. 30-70

COURT, N. A. «Desargues and his Strange Theorem». *Scripta Mathematica, 20* (1954): 5-13, 155-164.

DEDRON, Pierre et Jean ITARD. *Mathématiques et mathématiciens.* Paris, Magnard, 1959, p. 155-172.

EASTON, Joy B. «A Tudor Euclid». *Scripta Mathematica, 27* (1964): 339-355.

EBERT, E.R. «A Few Observations on Robert Recorde and His Ground of Arts». *The Mathematics Teacher, 30* (1937) : p. 110-121.

EVES, Howard. *An Introduction to the History of Mathematics.* 3rd ed., New York, Holt, Rinehart and Winston, 1969, p. 211-240.

FITZPATRICK, Sister Mary of Mercy. «Saccheri, Forunner of Non-Euclidean Geometry». *The Mathematics Teacher, 57* (1964): 324-332.

GAFNEY, Leo. «Gaspard Monge and Descriptive Geometry». *The Mathematics Teacher, 58* (1965): 338-343.

IVINS, W.M.Jr. «A Note on Girard Desargues». *Scripta Mathematica, 9* (1943): 33-48.

KARPINSKI, Louis C. «The Place of Trigonometry in the Development of Mathematical Ideas». *Scripta Mathematica, 11* (1945): 268-272.

KLINE, Morris. *Mathematics: A Cultural Approach.* Reading, Mass., Addison-Wesley, 1962, p. 203-231.

KLINE, Morris. *Mathematics in Western Culture.* New York, Oxford University Press, 1953, p. 126-158.

MESCHKOWSKI, Herbert. *Ways of Thought of Great Mathematicians.* San Francisco, Holden-Day Inc., 1964, p. 25-31.

NORDGAARD, Martin A. «Sidelights on the Cardan-Tartaglia Controversy». *National Mathematics Magazine, 12,* (1937), p. 327-346.

PANOFSKI, E. «Dürer as a Mathematician» in *The World of Mathematics,* J.R. Newman, ed. Vol. I, New York, Simon and Schuster, 1956, p. 600-621.

RECORDE, Robert «The Declaration of the Profit of Arithmeticke» in *The World of Mathematics,* J.R. Newman, ed. Vol. I, New York, Simon and Schuster, 1956, p. 210-217.

REVES, George E. «Outline of the History of Trigonometry». *School Science and Mathematics, 53* (1953): 139-142.

ROLWING, R.H. and M. LEVINE. «The Parallel Postulate». *The Mathematics Teacher, 62* (1969): 665-669.

RUSSO, F. «La constitution de l'algèbre au XVIe siècle». *Revue d'histoire des sciences et leurs applications, 12* (1959): 193-208.

SARTON, George. «The Scientific Literature Transmitted Though the Incunabula», *Osiris, 5* (1938): 41-245.

STRUICK, Dirk J. *A Concise History of Mathematics.* 3rd ed., New York, Dover, 1967, p. 89-93.

TATON, René. *La géométrie projective en France de Désargues à Poncelet.* D-4, Paris, Palais de la Découverte, 1951, 21 p.

VUCINICH, A. «Nikolai Ivanovich Lobachevskii: The Man Behind the First Non Euclidean Geometry». *Isis, 53* (1962): 465-481.

EXERCICES

1. Quel a été le rôle de l'imprimerie dans la diffusion et la standardisation des connaissances mathématiques durant la Renaissance?
2. Expliquer pourquoi, lors de l'avènement de l'imprimerie, les textes manuscrits d'œuvres mathématiques grecques sont imprimés relativement tard.
3. Dans quelle(s) branche(s) des mathématiques Regiomontanus s'est-il le plus illustré et qu'a-t-il apporté à ce qui existait déjà?
4. La mort prématurée de Regiomontanus freine considérablement le développement des mathématiques de son époque. Commenter cette affirmation.
5. En quoi Nicolas Chuquet s'est-il distingué en mathématiques. Préciser avec des exemples concrets.
6. Pourquoi la *Summa de arithmetica* de Pacioli est-elle si populaire dans les milieux intellectuels du début du XVIe siècle?
7. Léonard de Vinci s'est illustré dans le domaine des mathématiques. Commenter cette affirmation.
8. Quels sont les apports de Michael Stifel à l'algèbre allemande du XVIe siècle?
9. Les mathématiciens italiens du XVIe siècle ont fait progresser la théorie des équations. Commenter cette affirmation avec des exemples à l'appui.
10. **Démontrer la formule générale de Cardan-Tartaglia.**

$$x = \sqrt[3]{n/2 + \sqrt{(n/2)^2 + (m/3)^3}} - \sqrt[3]{-n/2 + \sqrt{(n/2)^2 + (m/3)^3}}$$

pour résoudre l'équation cubique $x^3 + mx = n$.

11. Réduire l'équation biquadratique $x^4 + mx^2 + n = qx$ en une équation cubique suivant la méthode de Ferrari.

12. Vérifier l'affirmation de Bombelli que $4 + \sqrt{-1}$ est une racine cubique de $52 + \sqrt{-2209}$.

13. Traduire en notation moderne l'expression symbolique $5^2\ \bar{p}\ 12^1\ \bar{m}\ 4$ de Chuquet, puis exprimer cette dernière suivant la notation de Bombelli.

14. Quelles furent les contributions marquantes de Rhaeticus au domaine de la trigonométrie?

15. Quelles ont été les contributions marquantes des savants de la Renaissance aux domaines
a) de l'algèbre symbolique?
b) de la théorie des équations?
c) de la trigonométrie?
d) de la géométrie?

CHAPITRE

l'aube des mathématiques modernes

INTRODUCTION

Durant la Renaissance européenne, les mathématiciens appliquent leurs connaissances à des domaines aussi divers que la comptabilité, l'art, la cartographie, l'optique et développent des concepts de base qui serviront à l'édification des mathématiques modernes. En outre, l'intérêt philologique suscité par les ouvrages grecs nouvellement restitués au début du XVIe siècle s'estompe rapidement pour faire place à une conscience de plus en plus critique vis-à-vis de ces «modèles» qu'il est souhaitable de remplacer par quelque chose de meilleur. Toutefois, il fallait révéler aux hommes de science les textes grecs d'un niveau mathématique plus avancé et il appartenait à Maurolico et Commandino d'assurer la traduction de ces œuvres pratiquement inconnues à l'époque.

Francisco Maurolico (1494-1575) est né à Messine, en Sicile. Il passa toute sa vie dans l'île et mourut dans sa ville natale en 1575. Géomètre de grand talent, il a su réveiller l'intérêt pour les travaux d'Euclide, d'Archimède, d'Apollonius et de nombreux autres par ses traductions latines. En particulier, il traduisit les quatre livres des *Sections coniques* d'Apollonius et tenta de reconstituer, par lui-même, le livre V en se servant, semble-t-il, des commentaires de Pappus sur les travaux du célèbre géomètre grec. Dans son traité d'arithmétique, *Arithmeticorum libri duo*, écrit en 1557 et imprimé à Venise en 1575, il énonce et applique le principe d'induction mathématique.

Maurolico signale dans son avant-propos que, à sa connaissance, Euclide et les autres auteurs grecs ou latins ne se sont pas préoccupés d'étudier sérieusement les nombres polygonaux et polyédriques. Il se permet aussi de critiquer Jordanus Nemorarius sur le même sujet, en disant que ce dernier s'est contenté de répéter ce qu'Euclide avait écrit au sujet de ces nombres. De façon générale le principe[1] est utilisé dans la démonstration de propositions simples au début, puis de propositions de plus en plus complexes dans la suite de son traité. Il applique souvent son raisonnement aux cinq premiers nombres, puis il conclut que le principe s'applique à tous les autres. Par exemple, la proposition 15: «La somme des n premiers entiers impairs est égal au n^e nombre carré» est démontrée comme suit:

Prop. 15: $1 + 3 + 5 + 7 + \ldots + (2a + 1) = (a + 1)^2$.

Démonstration: Par prop. 13 — tout nombre carré plus le nombre impair qui le suit donne pour résultat le nombre carré suivant — le premier nombre carré (1) additionné au nombre impair suivant (3) donne le nombre carré 4; et ce deuxième carré (4) additionné au nombre impair (5) fournit le troisième nombre carré 9; et ainsi de suite pour les cinq premières sommes.

1. Le principe d'induction mathématique a été étudié, entre autres, par Levi Ben Gerson (XIVe siècle), Pascal, Fermat et Jacques Bernoulli (XVIIe siècle), et le terme induction mathématique nous vient de A. De Morgan (XIXe siècle).

Puis il conclut que la proposition 15 est vraie pour tout nombre de termes par application répétée de la proposition 13.

Federigo Commandino (1509-1575) est un savant italien qui déploya une grande énergie à faire connaître les grands classiques grecs par des traductions latines des *Sections coniques* d'Apollonius, de la *Collection mathématique* de Pappus, des *Éléments* d'Euclide. Cette dernière traduction a servi de base pour de nombreuses traductions subséquentes. En 1575, au moment où Maurolico et Commandino meurent, l'Europe occidentale possédait la majeure partie des travaux mathématiques de l'Antiquité. La transition continue des mathématiques de l'Antiquité, du Moyen Age et des mathématiques de la Renaissance aux mathématiques modernes des siècles suivants sera, pour ainsi dire, achevée avec le concours de nombreux mathématiciens. Ces figures dominantes de la fin du XVIe siècle ont joué un rôle capital dans la fondation des mathématiques du monde moderne.

De tout temps, l'édification de la science mathématique a reposé sur le désir des hommes de satisfaire leur curiosité intellectuelle. Des hommes libres, de toutes nationalités, d'origines sociales diverses, ont suivi leurs penchants naturels, leurs aptitudes, leurs désirs de connaître, pour mettre en place les constituants nécessaires de la mathématique. Cette période de transition, qui va mettre sur pied les éléments de base des mathématiques modernes, reflète bien le caractère universel et dynamique des contributions de ces mathématiciens de transition. Nous allons tenter d'exposer les contributions des figures dominantes de cette époque, tout en sachant fort bien que notre choix est relativement arbitraire et injuste pour bon nombre de mathématiciens qui ont vécu à l'aube des mathématiques modernes.

VIÈTE

François Viète (1540-1603), considéré comme la figure dominante et centrale de toute cette période de transition, est né à Fontenay-le-Comte (France). Fils d'un procureur, il fit ses études au collège de Fontenay, puis après avoir étudié le droit à Poitiers, il s'inscrit en 1560 au barreau de sa ville natale. Il quitte la profession d'avocat en 1564 pour entrer au service de la maison de Soubise. Il s'occupe principalement, dans son nouvel emploi, de rédiger un compte rendu

François Viète (1540-1603)

des événements survenus pendant que M. de Soubise commandait à Lyon, ainsi que des *Mémoires de la vie de Jean de Parthenay, seigneur de Soubise* et une *Généalogie de la maison de Parthenay-Lusignan.* Viète dirigea l'éducation de la fille de Jean et rédigea à cet effet des cahiers de leçons qui subsistent sous la forme de *Principes de cosmographie*, imprimés en 1637 et réédités trois fois.

En 1571, nous le trouvons avocat au Parlement de Paris et il devient conseiller au Parlement de Rennes en 1573. Appelé au service d'Henri III en 1576, il est chargé par le roi de missions spéciales et de travaux auprès de lui. Maître des requêtes de l'Hôtel du roi à partir de 1580, il est suspendu de ses fonctions de la fin de 1584 au printemps de 1589. Marié à Juliette Leclère, dont il eut une fille unique sans descendance, il mourut durant l'hiver de 1603, à Paris.

Durant ses moments libres — il eut deux périodes de loisirs relatifs, entre 1564 et 1568, puis pendant sa suspension de 1584 à 1589 — il put réfléchir à ses grandes découvertes. Ses contributions mathématiques touchent les domaines de l'arithmétique, de l'algèbre, de la trigonométrie et de l'astronomie, tout en ne négligeant pas la géométrie.

Il débuta par des travaux d'astronomie et de trigonométrie et conçut son *Harmonicon cœleste* pen-

François Viète: *Algèbre nouvelle*, fac-similés des trois premières pages.

Cl. B. N.

L'INTRODVCTION EN L'ART ANALYTIQVE. OV ALGEBRE NOVVELLE.

CHAPITRE PREMIER.

De la definition, & diuiſion de l'Analyſe, & des choſes qui ſeruent à la Zeteticque.

IL ſe rencontre dans les Mathematiques vne certaine maniere & façon de rechercher la verité, laquelle on dit auoir eſté premierement inuentée par Platon, que Theon a appellée Analyſe, & par luy definie la ſuppoſition de ce que l'on cherche,

A

2 ALGEBRE NOVVELLE.

comme s'il eſtoit concedé pour paruenir à vne verité cherchée, & ce par le moyen des conſequences; comme au contraire la Syntheſe eſt la ſuppoſition d'vne choſe concedée pour paruenir à la cognoiſſance de ce que l'on cherche par le moyen des conſequences. Et combien que les anciens ayent propoſé deux ſortes d'Analyſe, à ſçauoir la Zeteticque & la Poriſticque, auſquelles la definition de Theon conuient principalement; toutesfois il eſt à propos d'en eſtablir encores vne troiſiéme eſpece, qui ſoit appellée Rheticque, ou Exegeticque: doncques la Zeteticque eſt celle par laquelle ſe trouue l'égalité, par le moyen de la proportion qui eſt entre la grandeur que lon cherche, & celle qui eſt donnée. La Poriſticque eſt celle par laquelle on examine la verité d'vn Theoreme déja ordonné, par le moyen de l'égalité ou proportion. L'Exegeticque eſt celle par laquelle on trouue la quantité ou grandeur cherchée, par le moyen de l'égalité ou proportion déja ordonnée. Par ainſi l'art Analyticque entiere exerçant ces trois offices, peut eſtre definie la doctrine de bien inuenter és Mathematiques. Et quant à la Zeteticque, elle ſe pratique auec l'vſage de la Logique, par ſyllogiſmes & enthyme-

ALGEBRE NOVVELLE. 3

mes, qui ſont fondez & appuyez ſur les meſmes ſimboles deſquels on tire la cóclusion des égalitez & proportions, leſquels doiuent eſtre pris & empruntez tãt des notions cómunes, que des Theoremes qui ont deſia eſté ordonnez par le moyen de l'Analyſe meſme. Or eſt il que la forme de pratiquer la Zeteticque eſt par vn particulier art, qui n'exerce plus ſa ratiocination par les nombres; ce qui ſe faiſoit auparauant par la nonchalance des anciens Analyſtes, mais par la Logiſtique ſpecieuſe nouuellement miſe en vſage à cét effect, beaucoup meilleure pour comparer les grandeurs entr'elles, que n'eſt celle des nombres, en propoſant premierement la loy des Homogenes, & eſtabliſſant & dériuant d'icelle l'ordre ou échelle ſolemnelle, ou les degrez des grandeurs, qui montent ou décendent de genre en genre, d'elles-meſmes proportionnellement, leſquels degrez ſeruent pour deſigner & diſtinguer les grandeurs lors qu'elles ſont comparées entr'elles.

dant la première période de loisirs, mais cet ouvrage ne fut jamais imprimé. Cependant, durant cette même période, il commence à composer son *Canon mathematicus seu ad triangula,* dont l'impression ne dura pas moins de huit années et qui sortit des presses finalement en 1579. Dans cet ouvrage apparaît un emploi systématique des nombres décimaux utilisant quelquefois la virgule et un trait vertical pour séparer la partie entière de la partie décimale. Il désire ardemment promouvoir l'usage des nombres décimaux lorsqu'il écrit que les fractions sexagésimales et les multiples de soixante devraient être utilisés de façon sporadique ou simplement éliminés des mathématiques, alors qu'on devrait fréquemment, sinon exclusivement, employer les multiples de dix ainsi que les sous-multiples de dix. Ainsi, il écrit l'apothème d'un polygone régulier de 96 côtés inscrit dans un cercle de diamètre 200 000 comme **99 946** | 458.75, où 99 946 est en caractères gras pour indiquer la partie entière. A l'occasion, il pouvait écrire le même nombre par l'expression symbolique 99 946 $\frac{458\,75}{1\,000\,000}$. Malgré ces quelques suggestions, l'usage des fractions décimales sera davantage facilité et répandu par un ouvrage de Stevin publié en 1585 seulement.

Le *Canon mathematicus* contient aussi des contributions notables à la trigonométrie. Il généralise une approche analytique à la trigonométrie qu'on désigne parfois par le vocable de «goniométrie». Ainsi, en appliquant systématiquement l'algèbre à la trigonométrie, Viète redécouvre la plupart des identités élémentaires et obtient des formules générales équivalentes aux expressions pour sin nx et cos nx en termes de sin x et cos x. En particulier, dans le *Canon,* nous trouvons les identités suivantes:

$$\sin \theta = \sin (60° + \theta) - \sin (60° - \theta)$$
$$3 \sin \theta - 4 \sin^3 \theta = \sin 3 \theta$$
$$\csc \theta + \operatorname{cotg} \theta = \operatorname{cotg} \tfrac{\theta}{2}$$
$$\csc \theta - \operatorname{cotg} \theta = \operatorname{tg} \tfrac{\theta}{2}$$

La formule pour le sinus ou le cosinus de 2θ était connue de Ptolémée et on peut facilement obtenir sin 3θ ou cos 3θ à partir des formules de Ptolémée pour le sinus ou le cosinus de la somme de deux angles. Toutefois, pour obtenir une formule de sin nx ou cos nx en termes de sin x et cos x à partir des formules de Ptolémée, il faut déployer beaucoup d'énergie et la manipulation est longue et tortueuse. Viète parvient, par une manipulation ingénieuse des triangles rectangles et de l'identité $(a^2 + b^2)(c^2 + d^2) = (ad + bc)^2 + (bd - ac)^2 = (ad - bc)^2 + (bd + ac)^2$, à obtenir des formules pour sin nx et cos nx équivalentes à:

$$\sin nx = n\cos^{n+1} x \sin x - \frac{n(n-1)(n-2)}{3!} \cos^{n-3} x \sin^3 x + \ldots$$

et

$$\cos nx = \cos^n x - \frac{n(n-1)}{2} \cos^{n-2} x \sin^2 x + \frac{n(n-1)(n-2)(n-3)}{3!} \cos^{n-4} x \sin^4 x - \ldots$$

On trouve aussi, parmi les formules qui convertissent un produit de fonctions en une somme ou une différence, la formule suivante obtenue entre autres par Viète:

$$\sin x + \sin y = 2\sin \frac{x+y}{2} \cos \frac{x-y}{2}$$

à partir de laquelle on peut facilement déduire

$$\sin (A + B) + \sin (A - B) = 2 \sin A \cos B$$
$$\sin (A + B) - \sin (A - B) = 2 \cos A \sin B$$

et des formules analogues pour le cosinus. Viète fournit aussi la loi des cosinus essentiellement sous la forme

$$\frac{2ab}{a^2 + b^2 - c^2} = \frac{1}{\sin (90° + C)}$$

où a, b, c, sont les côtés et C un angle. Dans son ouvrage intitulé: *Variorum de rebus mathematicis,* publié en 1593, on rencontre un énoncé équivalent à notre loi des tangentes:

$$\frac{\operatorname{tg} \frac{A+B}{2}}{\operatorname{tg} \frac{A-B}{2}} = \frac{\frac{a+b}{2}}{\frac{a-b}{2}}$$

où A et B sont des angles et a et b des côtés d'un triangle.

Comme son prédécesseur Regiomontanus, Viète considère la trigonométrie comme une branche indépendante des mathématiques et il expose ses vues de la trigonométrie de façon analogue à Rhaeticus, tout en perfectionnant les tables trigonométriques de ce dernier. En effet, il augmente les tables de Rhaeticus pour les six fonctions trigonométriques en fournissant des valeurs pour chaque intervalle d'une seconde avec une précision de sept décimales.

L'ouvrage qui rendit célèbre Viète fut sans nul doute son fameux traité d'algèbre intitulé *In artem analyticam isagoge,* publié à Tours en 1591, puis à Paris en 1624. Il nous livre, dans cet ouvrage, une contribution originale à l'algèbre symbolique qui est sensiblement analogue à notre conception moderne. Ses devanciers ont certes mis de l'avant des rudiments de symbolisme qui manifestaient déjà des préoccupations bien légitimes. Qu'il suffise de rappeler, à titre d'exemple, l'expression $\overset{(6)}{1}$ p $\overset{(3)}{8}$ égale à 20 pour $x^6 + 8x^3 = 20$ de Bombelli, les signes + et − dus à Johann Widmann, le signe = introduit par Recorde, le signe $\sqrt{}$ imprimé pour la première fois par Rudolff. En outre, Jordanus Nemorarius avait introduit l'usage des lettres pour symboliser les grandeurs connues ou inconnues. Toutefois, avant Viète on ne décèle, semble-t-il, aucun moyen de distinguer la quantité inconnue parmi des quantités.

La convention choisie par Viète est à la fois simple et efficace: les voyelles représentent les quantités inconnues tandis que les consonnes sont employées pour représenter les quantités connues. On peut noter que notre convention moderne, due à René Descartes (1596-1650), vient à l'encontre de la sienne.

L'adoption par Viète d'un symbolisme propre à identifier la quantité inconnue et l'usage des symboles germaniques pour l'addition et la soustraction ne suffisent pas cependant à symboliser entièrement l'équation quadratique. En effet, son algèbre est moderne sur certains points et ancienne pour ce qui a trait à l'emploi de mots ou d'abréviations. Ainsi, au lieu d'écrire l'équation $3ax^2 + 5bx - x^3 = C$ sous la forme

$$3BA^2 + 5FA - A^3 = D$$

où A est l'inconnue et B, F, D des paramètres, il écrit plutôt

B 3 in *A* quadratus + *F* 5 in *A*
− *A* cubus æquatur *D* solido

ou

B 3 in *A* q + *F* 5 in *A* − *AC* æquatur *D* solido

où *in* signifie multiplier, *q* est l'abréviation de quadratus, *C* signifie cubus. Bien que son algèbre soit fondamentalement syncopée plutôt que symbolique, elle représente une nette amélioration sur les précédentes. En outre, le symbolisme de Viète subira une amélioration importante avec l'introduction de la notation *AAA* pour A^3, apportée par Thomas Harriot (1560-1621), notation suggérée par Stifel dans son *Arithmetica integra.*

L'algèbre de Viète est remarquable non seulement par son degré de généralité, mais aussi à cause de nombreux aspects nouveaux et originaux. Il suggéra, par exemple, une nouvelle approche à la solution de la cubique de la façon suivante: Il réduit toute cubique à la forme $x^3 + 3ax = 2c$ (1), puis il pose $xy = a - y^2$; par substitution dans (1) on obtient $y^6 + 2cy^3 = a^3$, équation biquadratique en y^3; il suit évidemment que y^3 puis y peuvent être facilement déterminées. Dans son *De æquationum recognitione et emendatione,* publié à Paris en 1615, il fournit des transformations pour augmenter ou multiplier les racines d'une équation par une constante et des indications concernant les relations entre les racines et les coefficients d'une équation polynomiale.

Par exemple, il se rendit compte que, si

$$x^3 + ax + 3b = 0$$

possède deux racines positives, x_1 et x_2, alors $a = x_1^2 + x_1x_2 + x_2^2$ et $b = x_1x_2^2 + x_2x_1^2$ où $a > 0$ et $b > 0$. Ainsi, on trouve dans le chapitre XIV du même ouvrage quatre théorèmes qui stipulent la relation générale entre les racines d'une équation et les coefficients, lorsque toutes les racines sont positives. Il semble bien que Viète ait acquis une connaissance partielle de la relation entre les cœfficients et les racines d'une équation. Toutefois, le rejet systématique des racines négatives et imaginaires l'a empêché d'étudier plus à fond les fonctions symétriques[1] des racines d'équations.

Albert Girard (1595-1632) dans son *Invention nouvelle en algèbre* (1629) fut le premier à étudier sérieusement les fonctions symétriques des racines d'équations en acceptant d'emblée l'existence des racines négatives et imaginaires. («Le négatif en géométrie indique une régression, dit-il, alors que le positif correspond à un avancement.»)

La géométrie de Viète se situe à un niveau équivalent aux travaux d'Apollonius et de Pappus. Par son étude des trois problèmes classiques de l'Antiquité, il montra que la trisection d'un angle et la duplication du cube pouvaient être résolues au

1. Une fonction symétrique de deux ou plusieurs variables est une fonction qui demeure inchangée lorsqu'on permute toute paire de ses variables. Par exemple, l'équation cubique
$$x^3 + a_1x^2 + a_2x + a_3 = 0$$
est associée aux égalités
$$r_1 + r_2 + r_3 = -a_1,\ r_1r_2 + r_1r_3 + r_2r_3 = a_2, r_1r_2r_3 = -a_3$$
de manière telle que ces égalités expriment les coefficients de l'équation cubique comme des fonctions symétriques des racines r_1, r_2, r_3.

moyen d'une équation cubique. En outre, son interprétation des opérations algébriques fondamentales en termes de géométrie lui permettait de se rendre compte que la règle et le compas suffisent pour résoudre des équations du premier et second degré seulement. Enfin, l'utilisation de deux moyennes géométriques entre deux quantités et la trisection d'un angle servent, entre autres, à résoudre des équations cubiques et quartiques. En particulier, l'insertion de deux moyennes géométriques entre deux grandeurs numériques a permis à Viète de construire l'heptagone régulier dont la construction produit une équation cubique de la forme $x^3 = ax + a$.

Dans un de ses derniers ouvrages, intitulé *De numerosa potestatum ad exegesin resolutione*, publié à Paris en 1600, il fournit une méthode d'approximations successives d'une racine d'une équation sensiblement équivalente à celle de Horner. Par exemple, Viète résout l'équation $x^2 + 7x = 60\,750$ comme suit:

Une première estimation de x le conduit à poser $x_1 = 200$, puis substituant $x = 200 + x_2$ dans l'équation originale, il trouve $x_2^2 + 407x_2 = 19\,350$. Il pose maintenant $x_2 = 40$ et substitue

$$x_2 = 40 + x_3$$

dans la seconde équation; d'où

$$x_3 + 487x_3 = 1\,470 \text{ et } x_3 = 3;$$

par conséquent,

$$x_2 = 43 \text{ et } x = 243.$$

De façon générale, sa méthode appliquée à l'équation quadratique $x^2 + px = q$ se ramène à

a) si x_1 est une première approximation, $x = x_1 + x_2$ est la racine cherchée de l'équation quadratique;

b) la substitution de x par $x_1 + x_2$ dans $x^2 + px = q$ donne $x_1^2 + 2x_1x_2 + x_2^2 + px_1 + px_2 = q$;

c) si l'on admet que x_2 est très petit, on peut négliger x_2^2 par rapport à la racine x cherchée, d'où

$$x_2 = \frac{q(-x_1)^2 - px_1}{2x_1 + p}$$

d) la première racine estimée x_1 conduit à une seconde racine estimée et $x = x_1 + x_2 + x_3$ sera une meilleure approximation, et ainsi de suite.

L'avantage de cette méthode consiste dans le fait qu'elle est applicable à toute équation polynomiale. Viète utilisa sa méthode pour estimer une racine réelle de l'équation

$$x^6 + 6\,000x = 191\,246\,976$$

pourvu que les coefficients soient réels.

Viète fut un des premiers, sinon le premier, à mettre en évidence les relations étroites entre des formules trigonométriques et la solution d'équations. Ainsi, en partant de l'équation irréductible

$$x^3 + 3px + q = 0$$

si l'on substitue $y = mx$, on obtient une nouvelle équation, $y^3 + 3pm^2y + m^3q = 0$, qui présente des analogies avec la formule

$$\cos^3\theta - \tfrac{3}{4}\cos\theta - \tfrac{1}{4}\cos 3\theta = 0.$$

En effet, si $y = \cos\theta$, $3pm^2 = -\frac{3}{4}$ et $m^3q = \cos 3\theta$, on peut facilement déterminer 3θ, puis θ en termes de p, m et q. Dès lors, $\cos\theta$ est connu et on peut déterminer ainsi y puis x. Cette solution trigonométrique, suggérée par Viète, sera étudiée avec soin par Girard dans son *Invention nouvelles en algèbre.* En outre, si l'on examine tous les angles qui satisfont aux conditions, il est possible d'obtenir les trois racines réelles de l'équation cubique irréductible initiale.

Le célèbre mathématicien français du XVIe siècle profita d'un défi lancé à tous les mathématiciens de l'Europe par un Belge nommé **Adriaan Van Roomen** (1561-1615), pour mettre en relation, encore une fois, la trigonométrie et l'algèbre. Le défi du mathématicien belge portait sur la résolution d'une équation du quarante-cinquième degré de la forme

$$x^{45} - 45x^{43} + 945x^{41} - \ldots - 3\,795x^3 + 45x = K.$$

Appelé à défendre l'honneur de sa patrie, dit-on, Viète remarqua que l'équation proposée était obtenue lorsqu'on exprime $K = \sin 450\,\theta$ en termes de $x = \sin\theta$. En peu de temps, il trouva toutes les solutions positives — 23 solutions positives — mais négligea évidemment les solutions négatives. On raconte que Roomen fut si surpris du savoir de Viète qu'il se mit en chemin pour venir en France, afin de le connaître particulièrement.

Viète ne fut pas un mathématicien par vocation, mais ses nombreuses contributions originales au domaine de l'algèbre, de la trigonométrie, de la théorie des équations et de la géométrie ont fait de lui là figure centrale et dominante de toute cette période de transition.

STEVIN

Simon Stevin (1548-1620) est né à Bruges et pratiqua très tôt le métier de caissier et de comptable. Plus tard on le retrouve au Service des finances de sa ville natale. Puis il entreprit des voyages qui le conduisirent en Prusse, en Pologne, en Suède. On le retrouve à Leyde en 1581. Son premier livre paraît à Anvers en 1582 et porte sur des tables d'intérêts, accompagnées de leurs constructions. Écrit en Hollande, ce livre contient un exposé des différentes sortes d'intérêts et explique la composition des tables en plus de fournir des applications pratiques.

Étudiant à l'Université de Leyde en 1583, il enseignera les mathématiques dans son Alma mater quelque temps après, et le prince Maurice de Nassau sera un de ses élèves. En janvier 1593, avec l'appui de Maurice de Nassau, il devient intendant général des armées hollandaises, poste qu'il occupera jusqu'à la fin de sa vie. En 1600, il mit sur pied l'enseignement des mathématiques à l'école de génie rattachée à l'Université de Leyde par le prince. Un fait à noter, l'enseignement, dans cette école, se donnait dans la langue du pays, alors que le latin était la langue courante à l'Université.

Le prince Maurice de Nassau manifestait beaucoup d'intérêt pour les mathématiques et ses relations d'amitié avec son professeur ont certainement contribué à motiver Stevin dans l'élaboration de quelques-uns de ces ouvrages. A 64 ans, Stevin prit pour épouse une jeune femme du nom de Catharina Craey, dont il eut quatre enfants, deux garçons et deux filles. Il mourut probablement dans sa maison de La Haye, achetée en 1612, au moment de son mariage. La mort de cet éminent homme de science, un familier du prince, passa presque inaperçue. C'est seulement en juillet 1846, qu'on érigea à sa mémoire un monument dans sa ville natale de Bruges.

Stevin connaissait bien les travaux mathématiques d'Euclide, d'Apollonius, d'al-Huwarizmi — dans la traduction de Robert Chester — et s'était familiarisé avec les ouvrages de Cardan, de Tartaglia et de Bombelli. En outre les sources mécaniques de Stevin comprenaient des travaux d'Archimède, de Pappus, de Jordanus Nemorarius, de Léonard de Vinci et de Tartaglia. Ses préoccupations de nature mathématique et mécanique ont fait de lui un des plus grands mathématiciens du XVIe siècle et le plus grand savant en mécanique de toute la période qui s'étend d'Archimède à Galilée.

En 1585, les presses de Christofell Plantijn d'Anvers imprimaient un fameux petit livre de 36 pages intitulé *De Thiende* (titre hollandais qui signifie «la dixième») de Simon Stevin. Il prépara une version française parue la même année sous le titre *La Disme,* mais incorporée dans la *Pratique d'arithmétique.* Dans sa préface, il explique les mérites de son invention en insistant beaucoup sur son aspect pratique. *La Disme* comprend deux parties, l'une portant sur les quatres définitions, l'autre traite des quatres opérations fondamentales.

La définition I énonce que la «disme» est une espèce d'arithmétique par laquelle on peut effectuer tous les comptes et les mesures au moyen d'entiers seulement.

La définition II pose que «tout nombre proposé se dit *commencement,* son signe est tel (0)». Le terme commencement se réfère à la partie entière qui marque le début de la progression décimale ou le rapport entre chaque terme est $\frac{1}{10}$.

Les deux autres définitions classifient les positions décimales de la progression de manière que $\frac{1}{10}$ soit appelé «prime» et désigné par (1), $\frac{1}{100}$ porte le nom de «seconde» et désigné par (2), et que les nombres symbolisés par (0), (1), (2) soient appelés «nombres décimaux». Les trois premières définitions sont suivies respectivement par des explications fournissant des exemples pratiques à l'appui.

Par exemple, le nombre 0,375 est écrit par Stevin sous la forme 3①7②5③ qui se lit «3 primes 7 secondes 5 tierces», tandis que le nombre 8⓪9①3②7③(8 937) est lu par Stevin «8 commencements 9 primes 3 secondes 7 tierces» et semblablement les «dits nombres valent 8 $\frac{9}{10}$ $\frac{3}{100}$ $\frac{7}{1000}$ ensemble 8 $\frac{937}{1000}$». Dans l'explication qui suit la définition III, il dit : «... Il faut aussi sçaouir que nous n'vsons en le Disme d'aucuns nombres rompuz [fractions], aussi que le nombre de multitude des signes, excepté (0), n'excède iamais le 9. Par exemple, nous n'escripnons pas 7① 12 ② mais en leur lieu 8 ① 2 ② car ils vallent autant.»

On peut être étonné de voir comment un homme qui parvient à élucider clairement la notion de nombre décimal fait usage, en même temps, d'une notation tortueuse et peu efficace. Toutefois, ce genre d'anomalie est beaucoup plus fréquent qu'on ne l'imagine et un autre exemple frappant nous est donné par **Isaac Newton** (1642-1727) et sa notation maladroite des infinitésimales.

La mauvaise notation décimale de Stevin vient compliquer les choses lorsqu'il s'agit de l'utiliser dans la notation algébrique. En effet, il exprime les différentes puissances de la quantité inconnue par sa notation de nombres décimaux. Ainsi le polynôme $2x^2 - 5x + 3$ est noté par lui $2\textcircled{2} - 5\textcircled{1} + 3\textcircled{0}$. En outre $\sqrt{x}$ devient $1\textcircled{\frac{1}{2}}$ et $\sqrt[3]{x^2}$ est exprimée par $1\textcircled{\frac{2}{3}}$

Dans la seconde partie, il expose comment les quatres opérations fondamentales peuvent être naturellement appliquées à ce nouvel ensemble de nombres, démontrant de façon rigoureuse les diverses règles arithmétiques. Enfin, dans un appendice, il se propose de montrer par six articles comment les calculs et les mesures peuvent être considérablement simplifiés en introduisant des nombres décimaux. Le premier article porte sur l'arpentage, et l'unité «verge» sera nommée *commencement,* la dixième partie *prime,* et ainsi de suite. Le second traite des mesures de tapisserie, tandis que le troisième est intitulé «Des comptes servans à la gaviorie et aux mesures de tous tonneaux». Les trois derniers portent respectivement sur la stéréométrie, les calculs astronomiques et les échanges monétaires. La standardisation des poids et mesures proposée par Stevin ne connut pas le succès escompté.

La Disme fut le premier traité consacré intentionnellement à l'étude des nombres décimaux et les idées de Stevin constituent le premier exposé systématique du concept de nombre décimal qui eut suffisamment d'influence pour en répandre considérablement l'usage. Il réalisa ainsi ce que Viète avait déjà souhaité ardemment quelques années auparavant. Sa notation maladroite sera heureusement remplacée par notre notation moderne dès 1620, grâce aux travaux du co-inventeur des logarithmes, John Napier.

En 1608, paraissait à Leyde le *Livre de compte de prince à la manière d'Italie... le prince d'Orange* de Stevin qui composa ce traité de comptabilité à la demande expresse du prince Maurice. Cet ouvrage s'insère dans la ligne de nombreux textes écrits en différentes langues sur la méthode italienne de comptabilité et dont le premier traité fut le *De computis et scripturis,* inclus dans la *Summa* de Luca Pacioli. Bien que Stevin ne fût pas le premier en ce domaine, son traité fut adopté par le prince pour les affaires de l'État, ainsi que par Sully, ministre d'Henri IV.

En algèbre, Stevin fournit des règles relatives aux équations: interprétation de racines négatives d'équations comme des racines positives d'une équation obtenue par la substitution de x par $(-x)$; addition de $(-b)$ à a, plutôt que la soustraction b de a et généralisation de cette idée à la solution des équations; existence d'au moins une racine entre a et b lorsque $p(x) = 0$ avec $p(a) > 0$ et $p(b) < 0$.

Stevin s'illustra aussi en géométrie, en trigonométrie, par la réduction des formules trigonométriques relatives aux triangles sphériques droits à six formules de base et la division décimale des degrés, et en analyse, par le passage direct à la limite dans la méthode d'exhaustion appliquée à la détermination des centres de gravité.

Dans le domaine des sciences expérimentales, il fournit des contributions originales à la statique, l'hydrostatique, la navigation, la théorie des marées, la géologie et il s'illustra aussi dans la technologie.

NAPIER

John Napier (1550-1617) est né à Merchiston Castle, aux environs d'Édimbourg et on ne sait pratiquement rien sur les premières années de sa vie, si ce n'est qu'il semble avoir fait ses premières études à la maison. A l'âge de treize ans il perdit sa mère et fut envoyé à l'Université de Saint-Andrews (Écosse). Après avoir quitté Saint-Andrews, sans grade universitaire semble-t-il, il fit probablement des séjours à l'étranger et on le retrouve à Gartness, paroisse de Drymen dans le Stirlingshire, où son père possédait des terres. Il se maria avec Élisabeth Stirling en 1572 et fit construire à Gartness une spacieuse maison à l'intérieur d'un riche domaine. Dans son entourage Napier avait dit-on une réputation d'homme aux pouvoirs surnaturels. Il mourut le 4 avril 1617, probablement de la goutte.

Durant le XVIe siècle, la guerre civile sévissait en Écosse entre catholiques favorables à la France et protestants favorables à l'Angleterre. Napier était un protestant convaincu et il publia en 1593 un ouvrage de théologie intitulé *A Plaine Discouery of the whole Reuelation of Saint John,* qui porte sur l'Apocalypse de saint Jean. Cet ouvrage eut un succès considérable. Napier défendait, entre autres choses dans ce livre, que le pape de Rome était l'Antéchrist. Toutefois, si, dans ce premier livre, Napier révélait ses préoccupations de nature théologique, il s'intéressait aussi à certains aspects des mathématiques.

Vers la fin du XVIe siècle, Napier, préoccupé par le fait que le progrès scientifique était en quelque sorte freiné par les calculs numériques longs et pénibles, concentra toutes ses forces au développement des méthodes susceptibles de réduire ce calcul fastidieux. A cet effet, il écrit sa *Rabdologie*, où il est question de réglettes ou bâtonnets qui permettent de réduire l'effort du calculateur pour effectuer des sommes de produits partiels. Les bâtonnets de Napier sont des sortes de tables de multiplication montées sur des réglettes de section carrée. A titre d'exemple, effectuons la multiplication 2 085 × 543 au moyen de ces réglettes.

Choisissons quatre réglettes dont la première ligne comprend respectivement les nombres 2, 0, 8, 5 et une cinquième réglette qui marque les unités de 1 à 9.

1re	2^{e}	3^{e}	4^{e}	5^{e}
2	0	8	5	1
/4	0/0	1/6	1/0	2
/6	0/0	2/4	1/5	3
/8	0/0	3/2	2/0	4
1/0	0/0	4/0	2/5	5
1/2	0/0	4/8	3/0	6
1/4	0/0	5/6	3/5	7
1/6	0/0	6/4	4/0	8
1/8	0/0	7/2	4/5	9

La multiplication procède comme suit: additionner tous les termes sur la 3e rangée, en effectuant les sommes suivant les diagonales. D'où le résultat 6 + 0, 0 + 2, 4 + 1, 5 donc:

3 × 2 085 = 6 255.

John Napier (1550-1617)

De façon similaire, les rangées 4 et 5 donnent 8 340 et 10 425 et on a:

4 × 2 085 = 8 340
5 × 2 085 = 10 425.

Il suffit maintenant d'effectuer l'addition des trois produits partiels en tenant compte de la position des produits. Ainsi le résultat final sera:

```
    6 255
   83 40
 1 042 5
1 132 155
```

Ces réglettes furent en usage pendant plus d'un siècle en Écosse dans les calculs comportant des multiplications. L'appendice de la *Rabdologie* décrit un perfectionnement des bâtonnets, remplacés par les lamelles perforées permettant des multiplications rapides de très grands nombres.

Toujours dans le but de poursuivre ses études sur des méthodes abrégées de calcul, Napier nous dit qu'il a travaillé pendant vingt ans avant de publier son système de logarithmes. Convaincu que son «habileté» et sa «force de caractère» peuvent lui permettre d'aplanir les difficultés engendrées par des calculs longs et pénibles, il livre enfin, en 1614, son célèbre traité intitulé *Mirifici logarithmorum canonis descriptio* qui décrit son système de logarithmes et l'usage qu'il veut en faire. Un second ouvrage, intitulé *Mirifici logarithmorum canonis constructio*, publié en 1619, contient le premier traité ainsi que les procédés de construction des tables de logarithmes.

Selon Napier, les deux considérations qui l'ont conduit à l'invention des logarithmes sont: 1) le concept géométrico-mécanique des points mouvants; 2) les relations qui existent entre les progressions arithmétiques et géométriques. Ces relations, en particulier celles qui existent entre les termes d'une série géométrique et ceux d'une série arithmétique qui englobent le concept de logarithme, avaient été reconnues avant lui. Toutefois, ces auteurs n'ont pas entrevu la possibilité de calculer une paire de séries correspondantes suffisamment denses pour un usage pratique.

Les principes de son traité sont exposés en termes géométriques:

Voici un segment AB et une demi-droite HF. Supposons que les points c et i partent simultanément de A et H avec la même vitesse initiale en direction de B et F respectivement.

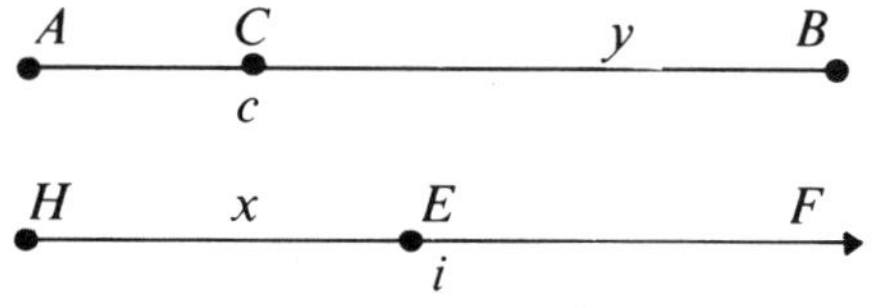

Si le point c (en mouvement) a une vitesse numérique égale à la distance y, c'est-à-dire que la vitesse de c en A est à la vitesse de c en C comme la distance AB est à la distance y; si, de plus, le point mobile i se déplace avec une vitesse uniforme numériquement égale à sa vitesse initiale, alors, selon Napier, la longueur x est le logarithme de y:

$$x = \text{Nép}^1 \log y.$$

Afin d'éliminer la difficulté rencontrée dans l'usage des fractions, Napier choisit de prendre pour la longueur AB la valeur 10^7. Ainsi, lorsque la vitesse initiale de c est aussi 10^7, par le recours au calcul différentiel et intégral, on a:

$$\text{vitesse de } c = -\frac{dy}{dt} = y \text{ et } \frac{dy}{y} = -dt,$$

1. Napier a vu son nom francisé en Néper, d'où la formule Nép log: logarithme népérien.

d'où, par intégration,

$$\ln y = -t + c;$$

lorsque $t = 0$, $c = \ln 10^7$ (car $AB = 10^7$), donc

$$\ln y = -t + \ln 10^7. \quad (1)$$

Maintenant, la vitesse $i = \frac{dx}{dt} = 10^7$ (vitesse uniforme) d'où $x = 10^7\, t$.

De plus:

$$\begin{aligned} \text{Nép} \log x = x &= 10^7\, t \\ &= 10^7 (\ln 10^7 - \ln y) \text{ (de la relation (1))} \\ &= 10^7 \ln (10^7/y) \end{aligned}$$

$$\boxed{\text{Nép} \log x = 10^7 \log_{1/e} (y/10^7)}$$

Ce qui veut dire que si les distances y et x, dans la présentation géométrique de Napier, sont divisées par 10^7, la définition de Napier conduit précisément à un système de logarithmes de base $1/e$, et non «e» comme on serait porté à le croire.

Napier ne pensait pas son système de logarithmes en termes de «base» et ses tables sont néanmoins construites à partir de multiplications répétées équivalentes à des puissances de 0, 999 9999. Ainsi, le système de Napier vérifie la relation $\log m < \log n$ pour $m > n$, car, comme nous l'avons vu ci-dessus, il utilisait implicitement un système de base $1/e$. En outre, son système diffère sensiblement de nos systèmes actuels au niveau des propriétés fondamentales des logarithmes. Par exemple, si l'on pose

$$n = 10^7 \log_{1/e} (y_1/10^7)$$

$$\text{et } m = 10^7 \log_{1/e} (y_2/10^7),$$

alors $y_1 = 10^7 (1 - 10^{-7})^n$ et $y_2 = 10^7 (1 - 10^{-7})^m$

$$\text{car } n\, 10^{-7} = \log_{1/e} y_1;$$

mais $1/e = (1 - 1/10^7)^{10^7}$ et, en passant à la forme exponentielle, on obtient:

$$\left[\left[1 - \tfrac{1}{10^7}\right]^{10^7}\right]^{n\, 10^{-7}} = \frac{y_1}{10^7} \quad (a^x = y \text{ si et seulement si } \log_a y = x)$$

d'où

$$y_1 = 10^7 \left[1 - \tfrac{1}{10^7}\right]^n.$$

De même on obtient y_2. Mais on remarque que $\frac{y_1 y_2}{10^7} = 10^7(1 - 10^{-7})^{n+m}$, d'où, la somme de deux logarithmes de Napier ne correspond pas au logarithme du produit $y_1 y_2$ mais plutôt au produit $\frac{y_1 y_2}{10^7}$. Il en serait de même pour les logarithmes d'un quotient, d'une puissance et d'une racine.

Dans tout son ouvrage, Napier cherche à simplifier les calculs trigonométriques et sa table contient les logarithmes du sinus de 0° à 90° avec un rayon de 10^7. Après avoir défini des progressions arithmétiques et géométriques, il procède au calcul de progressions géométriques diverses (3 tables successives) nécessaires pour le calcul des logarithmes du sinus. L'idée principale consiste à maintenir les termes d'une progression géométrique de puissances entières d'un sinus donné très rapprochés, et on doit pour cela utiliser un nombre très près de un. Napier a choisi d'utiliser $1 - 10^{-7}$ ou 0,999 999 pour ce nombre et, pour éviter les fractions, il multiplie chaque puissance par 10^7. Ainsi, si $y = 10^7 (1 - 1/10^7)^n$, alors le logarithme de y est n et celui de 10^7 est 0, tandis que le logarithme de $10^7 (1 - 1/10^7) = 999\,999$ est 1 et ainsi de suite. Partant du sinus entier, il obtient les autres valeurs du sinus comme suit:

sinus entier,	$r =$	10 000 000,000 0000
$\frac{1}{r}$ de r	$=$	1,000 0000
$r(1 - 1/r)$	$=$	9 999 999,000 0000
$\frac{1}{r}$ de $r(1 - 1/r)$	$=$	0,999 9999
$r(1 - 1/r)^2$	$=$	9 999 998,000 0001

où $1/r$ est la raison de sa progression géométrique. Chaque valeur du sinus est obtenue en soustrayant de la valeur précédente du sinus $1/10n$ de cette même valeur. Il construisit deux autres tables comme la précédente.

La parution du traité de 1614 eut un impact considérable et, parmi les admirateurs les plus enthousiastes de ce nouveau système, il faut compter **Henry Briggs** (1561-1630), le premier professeur Savilien[1] de géométrie d'Oxford. Briggs visita Napier à Édimbourg et, après discussion, les deux savants arrivèrent à la conclusion que le logarithme de 1 devrait être égal à zéro tandis que le logarithme de dix devrait être égal à 1. Ainsi naissaient les logarithmes à «base vulgaire» ou logarithmes de Briggs. La tâche de construire la première table de logarithmes en base 10 fut assumée par Briggs, car Napier ne possédait plus la force nécessaire pour entreprendre un tel travail. Ainsi, Briggs débuta avec $\log 10 = 1$ au lieu de considérer des puissances du nombre 0,999 9999 comme l'avait fait Napier, et se mit à chercher les autres logarithmes en prenant des racines successives. En 1617, année de la mort de Napier, Briggs publia *Logarithmorum chilias prima*, qui comprend les logarithmes des nombres de 1 à 1 000 exprimés avec une précision de quatorze décimales. En 1624, les mots «mantisse» et «caractéristique» apparaissent pour la première fois dans l'*Arithmetica logarithmica* de Briggs et cette fois les tables contiennent les logarithmes décimaux des nombres 1 à 20 000 puis de 90 000 à 100 000, toujours avec quatorze décimales.

On a rarement vu une découverte se répandre si rapidement et, de 1614 à 1631, on trouve plus de vingt ouvrages publiés sur ce sujet.

BÜRGI

On sait aujourd'hui que **Jobst Bürgi** (1552-1632) a développé des idées similaires aux logarithmes de Napier, en Suisse, à la même époque. On prétend même que Bürgi aurait conçu l'idée de logarithme dès 1588, mais il perdit tous ses droits de priorité en publiant ses résultats quelques années après la *Mirifici* de Napier. Les travaux de logarithmes de Bürgi furent effectivement publiés à Prague en 1620 sous le titre *Arithmetische und geometrische Progress-Tabulen.*

Bürgi et Napier procèdent essentiellement de la même manière en utilisant tous les deux les propriétés des progressions arithmétiques et géométriques. Dans les tables de Bürgi, les nombres en progression arithmétique sont écrits en rouge, tandis que les nombres en progression géométrique sont en noir. La notion d'une «base» n'existe pas dans le système de Bürgi et $\log 1 = 0$ est inacceptable dans le système des co-inventeurs des logarithmes. Les logarithmes contenus dans leurs tables sont des nombres entiers.

Les différences entre les deux systèmes se situent dans leur terminologie et les valeurs numériques utilisées. Nous avons vu que Napier a choisi à l'origine $\log 10^7 = 0$, tandis que Bürgi pose au départ $\log 10^8 = 0$. De plus la relation $\log m < \log n$ lorsque $m > n$ est vérifiée dans le système de Napier alors que la relation $\log m > \log n$ pour $m > n$ est vraie dans le système de Bürgi, ce qui permet de dire que le système de l'horloger Bürgi serait plus près du nôtre que celui de Napier.

John Speidell, dans un ouvrage intitulé *New Logarithmes,* publié à Londres en 1619, réajuste les

1. Le premier titulaire d'une chaire fondée par sir Henry Savile.

logarithmes de Napier en introduisant les logarithmes naturels (en base e) à partir des fonctions trigonométriques. **Edward Wright** (1559-1615) publia en 1616 une traduction anglaise du traité de Napier, paru en 1614, dans laquelle on trouve quelques logarithmes naturels. Le premier traité sur les logarithmes, écrit en français, parut en 1625. L'inventeur de la «règle à calcul», **William Oughtred** (1574-1660) énonça d'une façon explicite vers 1650 les propriétés suivantes:

a) $\log mn = \log m + \log n$,
b) $\log \frac{m}{n} = \log m - \log n$,
c) $\log x^n = n \log x$.

L'invention des logarithmes eut un impact considérable sur la structure des mathématiques et décupla les méthodes de calcul des astronomes. En outre, les considérations infinitésimales de Stevin sur la détermination des centres de gravité servaient admirablement bien l'auteur des célèbres lois du mouvement planétaire, Kepler.

Johann Kepler (1571-1630)

KEPLER

Johann Kepler (1571-1630), astronome allemand, est né à Weil (Wurtemberg). Il fréquenta l'école de grammaire de Weil, puis déménagea dans la petite localité de Leonberg où il obtint un diplôme de l'école latine à l'âge de treize ans. Après une enfance très dure, en raison de son origine modeste, il fut admis gratuitement au séminaire d'Adelbert en 1584 où la discipline rigoureuse et sa faiblesse maladive le laissèrent dans un état déplorable. Par contre, son séjour de trois ans au séminaire supérieur de Maullbronn lui fit recouvrer la santé. Ayant acquis une bonne connaissance du latin, on l'accepta à l'Université de Tübingen en 1589.

La théologie occupait la première place des sciences que le jeune Kepler se devait d'assimiler, mais le futur astronome accepta d'emblée les idées coperniciennes enseignées par son professeur d'astronomie Maestlin. A l'âge de vingt-trois ans on le recommanda comme professeur de morale et de mathématiques à l'école secondaire protestante de Graz. Chassé de l'école vers 1600 par les persécutions religieuses, il se réfugia alors à Prague, où il devint le disciple et l'assistant du célèbre astronome Tycho Brahé. En octobre 1601, Tycho Brahé meurt et l'empereur Rodolphe II nomme Kepler «Mathématicien de sa Majesté très Chrétienne». En 1612, il perd un de ses fils et sa femme meurt. Ne se plaisant plus à Prague, il accepta un poste de professeur dans un petit collège de Linz ou il demeura pendant plus de quatorze ans. Pendant les quatres dernières années de sa vie, il séjourna à différents endroits, subissant revers sur revers, comme toute sa vie durant. Finalement, il mourut le 15 novembre 1630 à Ratisbonne. Un de ses amis a écrit de lui: «Le Soleil de tous les astronomes s'est couché.»

Kepler apporta des contributions originales à plusieurs sujets mathématiques en plus d'énoncer ses trois célèbres lois du mouvement planétaire.

Dans le domaine des sections coniques, il résolut le problème de la détermination du genre de conique spécifié par un sommet donné, l'axe passant par le sommet et une tangente quelconque avec son point de contact. On lui doit aussi le mot «foyer» utilisé dans la géométrie des coniques, ainsi que le «principe de continuité». A partir d'une section conique obtenue par deux droites concourantes, dans laquelle les deux foyers coïncident au point d'intersection, on passe graduellement par une infinité d'hyperboles lorsqu'un foyer s'éloigne de plus en plus de l'autre. La parabole est obtenue alors au moment où l'un des foyers est situé pour ainsi dire à l'infini par rapport à l'autre foyer. Lorsque le foyer mobile passe au-delà de l'infini et se rapproche de l'autre côté, on passe graduellement par une infinité d'ellipses, pour atteindre le cercle lorsque les deux foyers coïncident de nouveau. Cette notion de «point à l'infini» sera reprise et enrichie en 1822 par le célèbre géomètre français Poncelet.

Dans son *Astronomia nova*, parue en 1609, Kepler énonce ses deux premières lois du mouvement planétaire:

1) Chaque planète décrit une ellipse dont un des foyers est occupé par le soleil.
2) La droite joignant la planète balaie des aires égales en des temps égaux.

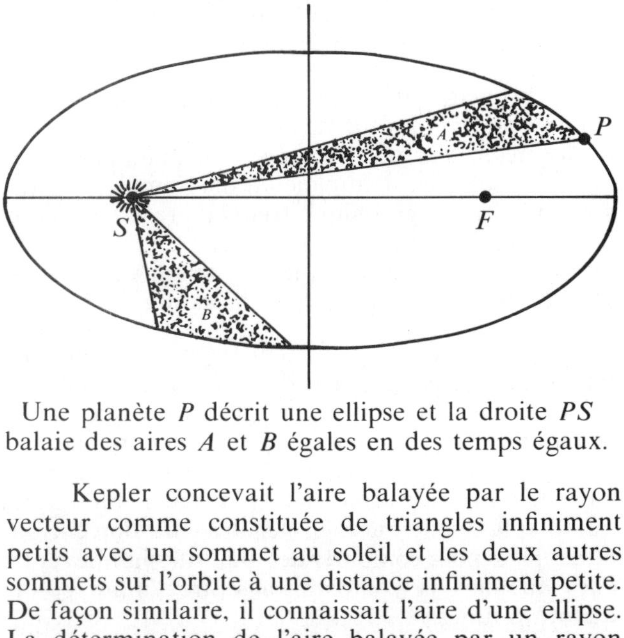

Une planète P décrit une ellipse et la droite PS balaie des aires A et B égales en des temps égaux.

Kepler concevait l'aire balayée par le rayon vecteur comme constituée de triangles infiniment petits avec un sommet au soleil et les deux autres sommets sur l'orbite à une distance infiniment petite. De façon similaire, il connaissait l'aire d'une ellipse. La détermination de l'aire balayée par un rayon vecteur et de l'ellipse ne furent pas les seules contributions de Kepler au domaine du calcul différentiel et intégral. En effet, il publia en 1615 un livre, intitulé *Nova stereometria doliorum*, qui traite de la détermination du volume de certains solides générés par la révolution de courbes autour d'une corde, d'une tangente ou même d'une droite extérieure. Il ajouta ainsi quatre-vingt-dix nouveaux solides à ceux qui avaient déjà été proposés par Archimède. Dans le deuxième chapitre de ce livre, il traite du problème de la détermination du volume de tonneaux de vin et montre que, près du maximum de volume, celui-ci change très lentement. Il semble bien que Kepler fut amené à étudier les méthodes volumétriques en observant l'étrangeté des résultats obtenus par la méthode utilisée à l'époque pour mesurer le volume du vin contenu dans les tonneaux.

Galileo Galilei (1564-1642)

Pendant que Kepler étudiait le volume des tonneaux de vin, vers 1612, un savant italien, Galilée, scrutait le ciel avec son télescope et étudiait le plan incliné.

GALILÉE

Galileo Galilei (1564-1642) est né à Pise d'un gentilhomme florentin peu fortuné mais instruit, qui avait écrit un ouvrage sur l'histoire de la musique. Il fit des études de médecine à Pise, mais ne tarda pas à s'intéresser particulièrement aux sciences, plus précisément à la mécanique et à ses applications. Encore étudiant en médecine, il aurait fait une découverte dont l'exactitude historique est fort douteuse. C'est dans la cathédrale de Pise que Galilée, observant l'oscillation d'une lampe suspendue à la voûte, aurait eu l'idée que le mouvement d'un pendule est isochrone, il montrera un peu plus tard que la période d'un pendule est aussi indépendante du poids de ce pendule.

Galilée, qui avait étudié avec attention les œuvres des grands savants de l'Antiquité, entre autres, Euclide et Archimède, avait acquis très tôt une certaine notoriété comme mathématicien, si bien que, en 1589, à l'âge de 25 ans seulement, il devenait professeur de mathématiques à l'université de Pise. En 1592, on le retrouve à Padoue, car il avait quitté sa chaire de Pise à cause de controverses locales. Occupant une chaire analogue, Galilée continue à Padoue ses travaux de mécanique. Il étudie les aimants et commence à s'intéresser aux lunettes astronomiques. A partir de 1609, il devient en quelque sorte le conseiller scientifique du duc de Toscane et fait de nombreux voyages à Rome tout en devenant membre de l'Académie des Lincei. C'est à cette époque qu'il invente la lunette qui porte son nom et qu'il met au point ses observations astronomiques. Celles-ci l'ont probablement amené à adhérer graduellement et ouvertement aux idées de Copernic. Toutefois, il dut se montrer prudent car, en 1615, l'Inquisition romaine condamna les idées coperniciennes et déclara hérétiques ceux qui les propageaient.

Il se retire à cette époque dans une petite villa, à Arcetri aux environs de Florence. Il va consacrer une quinzaine d'années de sa vie à poursuivre, dans le silence et la méditation, ses recherches sur la mécanique et sur l'astronomie. En 1632, Galilée publie son fameux *Dialogue sur les deux systèmes du monde*, où les thèses coperniciennes étaient réaffirmées avec vigueur. Le tribunal des inquisiteurs fit, en 1633, comparaître Galilée et l'obligea à renier publiquement ses doctrines sur le mouvement de la terre. Les dernières années de sa vie furent consacrées à un travail acharné pour faire progresser ses conceptions scientifiques, bien qu'il soit devenu aveugle en 1637. Il mourut dans sa villa, en 1642 à l'âge de 78 ans.

Ses principales conclusions et découvertes scientifiques se trouvent dans deux ouvrages écrits en italien, l'un sur l'astronomie et l'autre sur la physique. On lui est redevable d'avoir mis sur pied la mécanique de la chute des corps et la dynamique. Il fut le premier à prendre conscience de la nature parabolique de la trajectoire d'un projectile dans le vide et il étudia les lois sur le momentum ainsi que sur la résistance des matériaux.

C'est en 1632 qu'il révéla au monde son premier grand traité, dont le titre français est *Dialogue sur les deux systèmes du monde, celui de Ptolémée et celui de Copernic*. Cet ouvrage revêt la forme d'un dialogue entre trois personnages: Salviati, qui personnifie Galilée, Sagredo, qui est un ami à l'esprit ouvert, et Simplicio, l'homme têtu et raisonneur qui symbolise la scolastique et l'aristotélisme.

En 1638, alors qu'il est soumis à une stricte surveillance, comme suite à sa condamnation, Galilée publie une nouvelle mise au point de ses idées sur la mécanique, sous le titre *Discours et démonstrations mathématiques relatives à deux nouvelles sciences*, qui revêt aussi la forme du traité précédent.

Ces deux traités de Galilée contiennent plusieurs points de physique ou d'astronomie qui font appel aux mathématiques et fréquemment aux propriétés de l'infiniment grand et de l'infiniment petit.

On peut virtuellement affirmer que Galilée connaissait bien les travaux d'Oresme sur la latitude de formes et, en plusieurs occasions dans les *Deux nouvelles sciences*, il emploie un diagramme de vitesses similaire au graphique triangulaire d'Oresme et le complète. Dans le dialogue de la première journée, Galilée élabore une longue discussion au sujet de l'infini, de l'infinitésimal et de la nature du continu.

Salviati admet clairement la possibilité de l'infini actuel, mais à cause de nombreux paradoxes soulevés par cette conception, il conclut que l'infini et l'indivisibilité sont par nature incompréhensibles à l'homme. Un peu plus loin, Galilée, sous le personnage de Salviati, affirme que les attributs «plus grand que», «plus petit que», et «égal à» ne doivent pas être utilisés pour comparer des quantités infinies entre elles ou dans la comparaison entre l'infini et des quantités finies.

Dans la même ligne de pensée, il faut souligner l'assertion de Galilée que l'ensemble de tous les entiers positifs pairs peut-être mis en correspondance un à un avec un sous-ensemble de cette classe, par exemple l'ensemble de tous les carrés parfaits. Toutefois, il ne développe pas cette idée et on devra attendre les travaux de Bolzano et de Cantor, au XIXe siècle, avant que cette idée ne soit pleinement exploitée.

Pendant que Galilée employait la notion subtile d'indivisibilité dans ses explications physiques, son ami et élève, Cavalieri, l'utilise comme la pierre angulaire d'une méthode géométrique de démonstration qui obtient un succès remarquable.

CAVALIERI

Bonaventura Cavalieri (1598-1647), né à Milan, religieux jésuate, fut un des meilleurs élèves de Galilée. Il professa les mathématiques à Bologne, de 1629 à sa mort. Il écrivit des ouvrages sur les mathématiques, l'optique, l'astronomie et fut en grande partie l'artisan de l'introduction rapide des logarithmes en Italie. Mais il doit sa célébrité à un traité, publié dans sa première version en 1635, consacré à la méthode des indivisibles.

Le *Traité des indivisibles* de Cavalieri est verbal et pas très clair. L'auteur ne dit nulle part, dans son ouvrage, ce qu'il entend précisément par le terme «indivisible», qui caractérise les éléments infinitésimaux utilisés dans sa méthode. Cavalieri concevait une surface comme constituée d'un nombre indéfini de droites parallèles équidistantes, et un solide comme composé de plans parallèles équidistants.

Dans la méthode de Cavalieri, il n'y a aucun processus d'approximations successives et, contrairement à l'assertion qui veut que Cavalieri laissait tomber les infinitésimales d'ordre supérieur, il n'omet aucun terme car il utilise la correspondance un à un afin d'associer les éléments de deux configurations qu'il désire comparer. On peut illustrer la méthode des indivisibles par la proposition suivante connue en stéréométrie sous le nom de «théorème de Cavalieri»:

Si deux solides ont même hauteur et si des sections qui sont obtenues par des plans parallèles aux bases et à égale distance de celles-ci sont toujours dans un rapport donné, alors les volumes des solides sont aussi dans le même rapport.»

Parmi les applications qu'il fit de sa méthode, on peut noter un théorème de nature géométrique équivalent à

$$\int_0^a x^n dx = \frac{a^{n+1}}{n+1}$$

La démonstration de Cavalieri comprend la comparaison de puissances de lignes parallèles à la base d'un parallélogramme avec les puissances de lignes de l'un des deux triangles formés par la diagonale du parallélogramme. Considérons le parallélogramme *ABCD* suivant divisé en deux triangles par la diagonale *AC*.

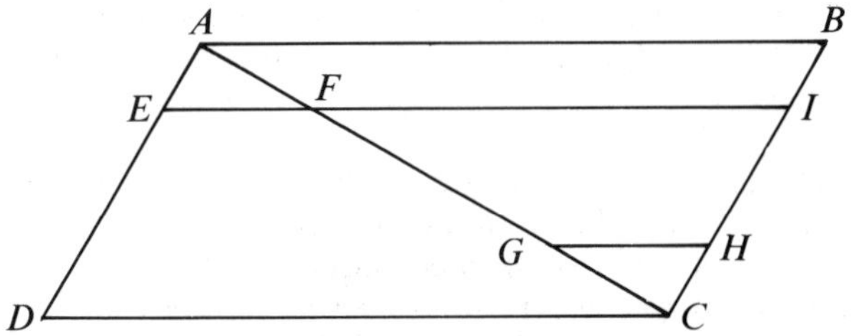

Si l'on pose $AE = CH$, on montre facilement que l'indivisible (segment) *EF* dans le triangle *ADC* est égal à *GH* dans le triangle *ABC*. En comparant un à un tous les indivisibles du triangles *DAC* avec ceux du triangle *ABC*, on constate que les deux triangles sont égaux.

Le parallélogramme est la somme des indivisibles des deux triangles; il est alors évident que la somme des premières puissances de lignes dans un des triangles est la moitié des premières puissances de lignes dans tout le parallélogramme. Ainsi

$$\int_0^a x\,dx = \frac{a^2}{2}.$$

Cavalieri poursuit son argumentation géométrique en montrant que le rapport des carrés de lignes est de 3 à 1, que les cubes de lignes sont dans le rapport de 4 à 1, et ainsi de suite. Il conclut par analogie que la somme des n^e puissances de lignes du parallélogramme aux n^e puissances de lignes d'un des triangles est de $n + 1$ à 1. Par exemple, la démonstration que le cube des lignes d'un parallélogramme est 4 fois la somme des cubes de ligne d'un des triangles procède comme suit:

Puisque $(a + b)^3 = a^3 + 3a^2b + 3ab^2 + b^3$,

il pose

$$AB = c,\quad EF = a \text{ et } FI = b,$$

d'où, dans la figure ci-dessus

$$\Sigma c^3 = \Sigma a^3 + 3\Sigma a^2b + 3\Sigma ab^2 + \Sigma b^3. \ (1)$$

Par symétrie, la relation (1) devient

$$\Sigma c^3 = 2\Sigma a^3 + 6\Sigma a^2b \ (2).$$

en outre

$$\Sigma c^3 = c\Sigma c^2 = c\Sigma(a + b)^2$$
$$= c\Sigma a^2 + 2c\,\Sigma ab + c\Sigma b^2$$

mais, en vertu du résultat que le rapport des carrés de lignes est de 3 à 1, ceci nous permet d'écrire:

$$\Sigma c^3 = \tfrac{1}{3}c\Sigma c^2 + 2c\Sigma\, ab + \tfrac{1}{3}c\ \Sigma c^2\ (\Sigma a^2 = \Sigma b^2 = \tfrac{1}{3}c\Sigma c^2)$$
$$= \tfrac{2}{3}c\Sigma c^2 + 2c\ \Sigma ab$$
$$= \tfrac{2}{3}\Sigma c^3 \times 2(a + b)\ \Sigma ab$$
$$= \tfrac{2}{3}\Sigma c^3 + 2\ \Sigma a^2 b + 2\ \Sigma ab^2$$
$$= \tfrac{2}{3}\Sigma c^3 + 4\ \Sigma a^2 b \text{ (par symétrie).}$$

D'où
$$4\Sigma a^2 b = \tfrac{1}{3}\Sigma c^3,$$
par conséquent,
$$\Sigma a^2 b = \tfrac{1}{12}\Sigma c^3,$$
en substituant dans (2)
$$\Sigma c^3 = 2\Sigma a^3 + \tfrac{1}{2}\Sigma c^3,$$
d'où
$$\Sigma c^3 = 4\Sigma a^3.$$

Cavalieri se rendit compte que cette méthode pouvait se généraliser pour toutes les valeurs de n, mais il ne fournit une démonstration complète que pour $n = 4$. Toutefois, les résultats de Cavalieri sont d'une certaine façon équivalents à l'expression
$$\int_0^a x^n\, dx = \frac{a^{n+1}}{n+1}$$

Parmi les autres contributions notables de Cavalieri, on peut signaler un ouvrage intitulé *Directorium universale uranometricum,* publié en 1632, qui donne des tables du sinus, de la tangente, de la sécante, du sinus inverse ainsi que leur logarithme avec huit décimales. En outre, il établit une relation entre la spirale $r = a\theta$ et la parabole $x^2 = ay$, de manière que l'ordonnée de la parabole, par une sorte de torsion, devienne le rayon vecteur de la spirale en posant $x = r$ et $y = r\theta$. Ainsi, tous les points de la parabole $x^2 = ay$ deviennent les points de la spirale d'Archimède $r = a\theta$. On peut illustrer cette relation par la figure ci-dessous.

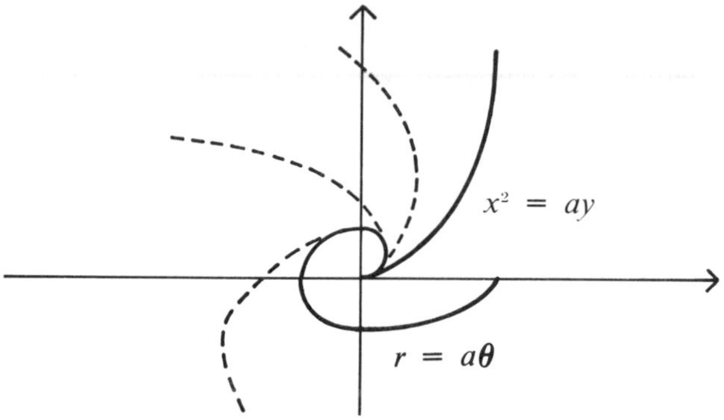

La conception de Cavalieri sur les indivisibles a provoqué de nombreuses discussions et les diverses critiques soulevées par sa méthode ont contribué largement à faire progresser les premiers germes du calcul différentiel et intégral.

EN BREF

Les traductions de Maurolico et de Commandino permettent l'accès aux œuvres anciennes d'un niveau supérieur, peu connues à l'époque.

Maurolico est un des précurseurs du principe d'induction mathématique.

La figure centrale et dominante de l'algèbre et des mathématiques en général est certes François Viète. Il fait usage d'un emploi systématique des nombres décimaux, apporte des contributions originales aux domaines de la trigonométrie, de la théorie des équations et de la géométrie. Son ouvrage d'algèbre le rendit célèbre par son degré de généralisation et ses nombreux aspects nouveaux et originaux. Il fut le premier à établir des relations entre la trigonométrie et la théorie des équations.

Stevin est célèbre par son traité, *La Disme*, qui traite de façon systématique des nombres décimaux, malgré une notation pauvre et tortueuse. Il s'illustra aussi par des apports nouveaux aux domaines de la comptabilité, de la trigonométrie sphérique, de l'analyse et de nombreux domaines des sciences et de la technologie.

Napier devient célèbre surtout par son invention des logarithmes, bien qu'il s'illustrât aussi dans le développement des méthodes abrégées de calcul, autre que les logarithmes, ainsi que dans la trigonométrie.

Bürgi a développé de façon indépendante les logarithmes, mais il perdit tous ses droits de priorité en publiant après Napier. Les différences entre le système de Bürgi et celui de Napier se situent dans la terminologie et les valeurs numériques employées.

Les astronomes Kepler, Galilée et Cavalieri ont apporté des conceptions éclairantes au domaine du calcul différentiel et intégral, plus spécifiquement en rapport avec les notions d'infini, d'infinitésimal et d'indivisible.

BIBLIOGRAPHIE

ANDREWS, France E. «The Romance of Logarithms». *School Science and Mathematics, 28* (1928): 109-130.

BAUMGART, J.K. «The History of Algebra» in *Historical Topics for the Mathematics Classroom,* The National Council of Teachers of Mathematics, ed. Washington, D.C., N.C.T.M., 1969, p. 242-245.

BECKER, O. et J.E. HOFMANN. *Histoire des mathématiques.* Trad. de R. Jouan, Paris, Lamarre, 1956, p. 186-196.

BOYER, Carl B. *A History of Mathematics.* New York, John Wiley & Sons, 1968, p. 333-366.

BOYER, Carl B. «Cavalieri, Limits and Discarded Infinitesimals». *Scripta Mathematica, 8* (1941): 79-91.

BOYER, Carl B. *The History of the Calculus and its Conceptual Development.* New York, Dover, 1959, p. 96-123.

BROGLIE, Louis de. *Galilée et l'aurore de la science moderne.* D-99, Paris, Palais de la Découverte, 1964, 22 p.

CAIRNS, W.D. «Napier's Logarithms as He Developed Them». *The American Mathematical Monthly, 35* (1928): 64-67.

CAJORI, Florian. «History of the Exponential and Logarithmic Concepts». *The American Mathematical Monthly, 20* (1913): 5-15, 35-57, 75-83, 107-117, 148-151, 173-182, 205-210.

CAJORI, Florian. «Talk on Logarithms and Slide Rules». *School Science and Mathematics, 20* (1920): 527-530.

CARSLAW, H.S. «The Discovery of Logarithms by Napier». *The Mathematical Gazette, 8,* (1934): 76-84, 115-119.

COOLIDGE, Julian Lowell. *The Mathematics of Great Amateurs.* New York, Dover, 1949, p. 71-88.

DEDRON, Pierre et Jean ITARD. *Mathématiques et mathématiciens.* Paris, Magnard, 1959, p. 173-190.

DROWN, G.K. «Napierian Logarithms». *Pentagon, 14* (1955): 67-75.

EVANS, George W. «Cavalieri's Theorem in His Own Words». *The American Mathematical Monthly, 24* (1917): 447-451.

EVES, Howard. *An Introduction to the History of Mathematics.* 3rd ed., New York, Holt, Rinehart and Winston, 1969, p. 221-224, 243-256, 323-325.

FUNKHOUSER, H.G. «A Short Account of the History of Symmetric Functions of Roots of Equations». *The American Mathematical Monthly, 37* (1930): 357-365.

HACKER, S.G. «Identification of Napier's Inequalities». *The mathematics Teacher, 63* (1970): 67-71.

HENDERSON, J. «The Methods of Construction of the Earliest Tables of Logarithms». *The Mathematical Gazette, 15* (1941): 250-256.

LODGE, Sir Olivier. «Johann Kepler» in *The World of Mathematics,* J.R. Newmann, ed. Vol. I, New York, Simon and Schuster, 1956, p. 220-234.

LUPTON, Sydney. «Notes on the Radix Method of Calculating Logarithms». *The Mathematical Gazette, 7* (1933): 147-150, 170-173.

NATIONAL COUNCIL OF TEACHERS OF MATHEMATICS (The). *Historical Topics for the Mathematics Classroom.* 31st Yearbook, Washington, D.C., N.C.T.M., 1969, p. 105-107, 137-140, 141-145, 147-148, 271-273, 276-278, 290-292, 313-314, 327-332; 405-410; 424-426.

READ,Cecil B. «John Napier and His Logarithms». *The Mathematics Teacher, 53* (1960): 381-385.

REVES, George E. «Outline of the History of Algebra». *School Science and Mathematics, 52* (1952): 65.

REVES, George E. «Outline of the History of Arithmetic». *School Science and Mathematics, 51* (1951): 615.

REVES, George E. «Outline of the History of Trigonometry». *School Science and Mathematics, 53* (1953): 142-143.

SARTON, George «Simon Stevin of Bruges». *Isis, 21* (1934): 241-303.

SARTON, George «The First Explanation of Decimal Fraction and Measures (1585), Together with a History of the Decimal Idea and a Facsimile (no. XVII) of Stevin's Disme». *Isis, 23* (1935): 153-244.

SLEIGHT, E.R. «John Napier and His Logarithms». *The Mathematics Magazine, 18* (1943): 145-152.

STRUIK, Dirk J. *A Concise History of Mathematics.* 3rd ed., New York, Dover, 1967, p. 93-102.

TUCK, B.H. «Life and Times of Johann Kepler». *The Mathematics Teacher, 60* (1967): 58-65.

TURNBULL, H.W. *The Great Mathematicians.* 4th ed., London, Methuen, (University Paperbacks), 1962, P. 61-78.

EXERCICES

1. En quoi peut-on affirmer que Viète se fait le défenseur des nombres décimaux?
2. Qu'est-ce que Viète a apporté à l'algèbre de son époque? Sa notation est-elle adéquate?

3. De nombreux aspects nouveaux sont suggérés dans l'algèbre de Viète. Quels sont-ils?

4. Vérifier la constatation de Viète que si x_1 et x_2 sont des racines positives de $x^3 + ax + b = 0$, alors $a = x_1^2 + x_1x_2 + x_2^2$ et $b = x_1x_1^2 + x_2x_1$, où $a > 0$ et $b > 0$.

5. Utiliser la règle de Viète pour résoudre les équations:
   a) $x^2 + 7x = 60\,750$ (poser $x_1 = 200$)
   b) $x^3 = 232x^2 + 465x + 702$ (la racine positive se situe en 200 et 300)

6. Dans le système de Napier quelle est la relation entre $\log y_1$, $\log y_2$ et:
   a) $\frac{y_1}{y_2} \cdot 10^7$ b) $\log (y_1)^n$? c) $\log (y_2)^{1/n}$?

7. Effectuer par les réglettes de Napier les produits
$$8\,052 \times 458 \text{ et } 5\,008 \times 2\,128$$

8. Comparer le système de logarithmes de Napier avec celui que nous utilisons actuellement. Quelles en sont les différences essentielles?

9. Appliquer la méthode de Cavalieri pour démontrer géométriquement l'équivalent de
$$\int_0^a x^5\, dx = \frac{a^{5+1}}{5+1}$$

sujets de travaux

Nous avons préparé, à l'intention de ceux qui voudraient effectuer de courtes recherches historiques, une liste de sujets portant principalement sur l'évolution historique de certains concepts mathématiques ou sur l'analyse de travaux ou de documents dont la valeur historique est certaine. Nous avons cru bon aussi d'insérer, dans la liste qui suit, quelques sujets connexes au domaine des mathématiques. Ces courts travaux peuvent être entrepris par des étudiants qui prennent contact, pour la première fois, avec l'histoire des mathématiques, mais quelques sujets de recherche demandent une formation mathématique de niveau universitaire.

1. La genèse du concept de nombre

Comment les primitifs ont-ils été amenés à compter et de quelles manières parvenaient-ils à exprimer les résultats du comptage?

SOURCES

BOYER, Carl B. *A History of Mathematics.* New York, John Wiley & Sons, 1968, p. 1-7.

BOYER, Carl B. «Fundamental Steps in the Development of Numeration» *Isis 35* (1944): 153-157.

CONANT, Levi L. «Counting» in *The World of Mathematics,* J.R. Newman, ed. Vol. I, New York, Simon and Schuster, 1956, p. 432-441.

DANTZIG, Tobias. *Number — The Language of Science,* 4th ed, New York. The MacMillan Company, 1967, p. 1-18.

EELS, W.C. «Number Systems of the North American Indians». *The American Mathematical Monthly, 20* (1913): 293-298.

NATIONAL COUNCIL OF TEACHERS OF MATHEMATICS (The). *Historical Topics for the Mathematics Classroom,* 31st Yearbook, Washington, D.C., N.C.T.M., 1969, p. 18-26.

SCRIBA, Christoph J. *The Concept of Number A Chapter in the History of Mathematics with Application of Interest to Teachers.* Mannheim/Zürich, Bibliographisches Institut, 1968, p. 1-50.

SEIDENBERG,A. «The Ritual Origin of Counting». *Archive for History of Exact Sciences, 2* (1962): 1-40.

STRUIK, Dirk J. «Stone Age Mathematics». *Scientific American, 179* (décember 1948): 44-48.

ZASLAVSKY, Claudia. «Black African Traditional Mathematics». *The Mathematics Teacher, 63* (1970): 345-352.

2. L'origine de notre système de numération

Des primitifs jusqu'à son acceptation définitive au XVIIe siècle.

SOURCES

BENNER, Carl V. «Hindu-Arabic Numeration System» in *Historical Topics for the Mathematics Classroom.* The National Council of Teachers of Mathematics, ed. 31st Yearbook, Washington, D.C., N.C.T.M., 1969, p. 46-49.

DATTA, B. and A.N. SINGH. *History of Hindu Mathematics.* Bombay, Publishing House, 1962, p. 9-121.

KARPINSKI, Louis C. *The History of Arithmetic.* New York, Russell & Russell Publishers, 1965, p. 38-60.

LATTIN, Harriet, P. «The Origin of Our Present System of Notation According to the Theories of Nicholas Buhnov». *Isis, 19* (1933): 181-194.

SARTON, George. «Decimal Systems Early and Late». *Osiris, 9* (1950): 581-601.

SARTON, George. «The First Explanation of Decimal Fractions and Measures (1585). Together with a History of the Decimal Idea and a Facsimile of Stevin's Disme». *Isis, 23* (1935): 153-244.

VAN DER WAERDEN, B.L. *Science Awakening.* New York, John Wiley & Sons, 1903, p. 51-61.

3. L'histoire du système sexagésimal

La genèse de la numération sumérienne et les diverses applications de ce système au domaine de la métrologie et de l'astronomie.

SOURCES

AABOE, Asger. *Episodes from the Early History of Mathematics.* New York, Random House, 1964, p. 6-20.

MIDONICK, Henrietta O., ed. *The Treasury of Mathematics.* New York, Philosophical Library, 1965, p. 45-55.

NEUGEBAUER, Otto. *The Exact Sciences in Antiquity.* 2nd ed., New York, Dover, 1969, p. 15-23.

THUREAU-DANGIN, F. «Sketch of A History of the Sexagesimal System». *Osiris, 7* (1939): 95-141.

VAN DER WAERDEN, B.L. *Science Awakening.* New York, John Wiley & Sons, 1963, p. 37-41.

VOGELI, Barry D. «Babylonian Numeration System» in *Historical Topics for the Mathematics Classroom,* The National Council of Teachers of Mathematics, ed. 31st Yearbook, Washington, D.C., N.C.T.M., 1969, p. 36-38.

4. Le système de numération des Mayas

L'origine et les différentes caractéristiques du système des prêtres et du système du peuple.

SOURCES

BIDWELL, James K. «Mayan Arithmetic». *The Mathematics Teacher, 60* (1967): 762-768.

BYRKIT, D.R. and G.I. SANCHEZ. «Mayan Numeration Systems» in *Historical Topics for the Mathematics Classroom,* The National Council of Teachers of Mathematics, ed. 31st Yearbook, Washington, D.C., N.C.T.M., 1969, p. 45-46.

KINSELLA, J. and A. Day BRADLEY. «The Mayan Calendar». *The Mathematics Teacher, 27* (1934): 340-343.

MIDONICK, Henrietta O. ed. *The Treasury of Mathematics.* New York, Philosophical Library, 1965, p. 465-495.

RICHESON, A.W. «The Number System of the Mayas». *The American Mathematical Monthly, 40* (1933): 542-546.

SALYERS, Gary D. «The Number System of the Mayas». *Mathematics Magazine, 28* (1953): 44-48.

5. L'habileté des oiseaux à compter

On peut leur enseigner à compter, à reconnaître des différences significatives entre des groupes de points inégaux ou des rangées de marqueurs, etc.

SOURCES

CONANT, Levi Leonard. «Counting» in *The World of Mathematics,* J.R. Newman, ed. Vol. I, New York, Simon and Schuster, 1956, p. 432-434.

DANTZIG, Tobias. *Number — The Language of Science.* 4th ed., New York, The MacMillan Company, 1967, p. 1-4.

KOEHLER, O. «The Ability of Birds to Count» in *The World of Mathematics,* J.R. Newman, ed. Vol. I, New York, Simon and Schuster, 1956, p. 488-496.

6. Le papyrus Rhind

Son contenu mathématique et ses principales caractéristiques.

SOURCES

BOYER, Carl B. *A History of Mathematics.* New York, John Wiley & Sons, 1968, p. 12-20.

GILLINGS, Richard J. *Mathematics in the Time of the Pharaohs.* Cambridge, Mass., M.I.T. Press, 1972.

GILLINGS, Richard J. «Problems 1 to 6 of the Rhind Mathematical Papyrus». *The Mathematics Teacher, 55* (1962): 61-69.

GILLINGS, Richard J. «*Think-of-a-Number.* Problems 28 and 29 of the Rhind Mathematical Papyrus». *The Mathematics Teacher, 54* (1961): 97-100.

GUGGENBUHL, Laura. «The New York Fragments of the Rhind Mathematical *The Mathematics Teacher, 57* (1964): 406-410.

MILLER, G.A. «A Few Theorems Relating to the Rhind Mathematical Papyrus». *The American Mathematical Monthly, 38* (1931): 194-197.

MILLER, G.A. «The Mathematical Handbook of Ahmes». *School Science and Mathematics, 5* (1905): 567-574.

NEUGEBAUER, Otto. *The Exact Sciences in Antiquity,* 2nd ed., New York, Dover, 1963, p. 75-93.

NEWMAN, J.R., ed. «The Rhind Papyrus» in *The World of Mathematics.* Vol. I, New York, Simon and Schuster, 1956, p. 170-178.

VAN DER WAERDEN, B.L. *Science Awakening.* New York, John Wiley & Sons, 1963, p. 16-32.

7. La fraction unitaire dans les mathématiques égyptiennes

Son origine, son rôle et ses applications.

SOURCES

BOYER, Carl B. *A History of Mathematics.* New York, John Wiley & Sons, 1968, p. 13-20.

CARNAHAN, Walter H. «The Unit Fractions of Ancient Egypt». *School Science and Mathematics, 60* (1960): 5-9.

GILLINGS, Richard J. *Mathematics in the Time of the Pharaohs.* Cambridge, Mass., M.I.T. Press, 1972.

GILLINGS, Richard J. «Problems 1 to 6 of the Rhind Mathematical Papyrus». *The Mathematics Teacher, 55* (1962): 61-69.

GILLINGS, Richard J. «The Remarkable Mental Arithmetic of the Egyptian Scribes». *The Mathematics Teacher, 59* (1966): 372-381, 476-484.

VAN DER WAERDEN, B.L. *Science Awakening.* New York, John Wiley & Sons, 1963, p. 19-31.

8. Le volume d'un tronc de pyramide

Comment les Égyptiens ont-ils été amenés à trouver sa formule exacte?

SOURCES

BOYER, Carl B. *A History of Mathematics*. New York, John Wiley & Sons, 1968, p. 20-21.

GILLINGS, Richard J. *Mathematics in the Time of the Pharaohs*. Cambridge, Mass., M.I.T. Press, 1972, p. 187-193.

GILLINGS, Richard J. «The Volume of a Truncated Pyramid in Ancient Egyptian Papyri». *The Mathematics Teacher, 57* (1964): 552-555.

VAN DER WAERDEN, B.L. *Science Awakening*. New York, John Wiley & Sons, 1963, p. 34-35.

9. La tablette babylonienne Plimpton 322

Son origine, son contenu mathématique, ainsi que les interprétations diverses sur son rôle à l'intérieur des mathématiques babyloniennes.

SOURCES

BOYER, Carl B. *A History of Mathematics*. New York, John Wiley & Sons, 1968, p. 37-40.

BRUINS, E.M. «Aperçu sur les mathématiques babyloniennes». *Revue d'histoire des sciences et leurs applications, 3* (1950): 301-314.

BRUINS, E.M. «Pythagorean Triads in Babylonian Mathematics». *The Mathematical Gazette, 41* (1967): 25-28.

EVES, Howard. *An Introduction to the History of Mathematics*. 3rd ed., New York, Holt, Rinehart and Winston, 1969, p. 33-36.

NEUGEBAUER, Otto. «Babylonian Mathematics». *Scripta Mathematica, 2* (1939): 312-315.

NEUGEBAUER, Otto. *The Exact Sciences in Antiquity*. 2nd ed., New York, Dover, 1969, p. 36-42.

SOLLA PRICE, Derek J. de. «The Babylonian *Pythagorean Triangle Tablet*». *Centaurus, 10* (1964): 1-13.

10. L'algèbre babylonienne vue à travers des problèmes

Sa nature et ses principales caractéristiques.

SOURCES

AABOE, Asger. *Episodes from the Early History of Mathematics*. New York, Random House, 1964, p. 23-28.

BERRIMAN, A.E. «The Babylonian Quadratic Equation». *The Mathematical Gazette, 40* (1966): 185-192.

GANDZ, Solomon. «Studies in Babylonian Mathematics I. Indeterminate Analysis in Babylonian Mathematics». *Osiris, 8* (1948): 13-40

GANDZ, Solomon. «The Origin and Development of the Quadratic Equations in Babylonian, Greek and Early Arabic Algebra». *Osiris, 3* (1938): 405-557.

NEUGEBAUER, Otto. *The Exact Sciences in Antiquity.* 2nd ed., New York, Dover, 1969, p. 40-45.

VAN DER WAERDEN, B.L. *Science Awakening.* New York, John Wiley & Sons, 1963, p. 63-75.

11. L'origine des nombres irrationnels

La découverte des qualités incommensurables par les Grecs, la solution originale proposée par Eudoxe pour remédier aux faiblesses de la théorie pythagoricienne des proportions.

SOURCES

FRITZ, Kurt von. «The Discovery of Incommensurability by Hippasus of Metapontum». *Annals of Mathematics, 46* (1945): 242-264.

JONES, Philip S. «Irrationals or Incommensurables I: Their Discovery, and a «*Logical*» *Scandal*» *The Mathematics Teacher, 49* (1956): 123-127.

JONES, Philip S. «Irrationals or Incommensurables II: The Irrationality of $\sqrt{2}$ and Approximations to It». *The Mathematics Teacher, 49* (1956): 187-191.

JONES, Philip S. «Irrationals or Incommensurables III: The Greek Solution». *The Mathematics Teacher, 49* (1956): 282-285.

ROSENFELD, L. «Le problème logique de la définition des nombres irrationels». *Isis, 9* (1927): 345-348.

ROSSMEISSL, J.W. and F.A. WEBBER. «Incommensurables and Irrational Numbers» in *Historical Topics for the Mathematics Classroom,* The National Council of Teachers of Mathematics, ed. 31st Yearbook, Washington, D.C., N.C.T.M., 1969, p. 70-72.

12. L'origine des nombres complexes

L'origine historique, les premières manipulations algébriques avec les nombres imaginaires, les premières représentations géométriques.

SOURCES

BACHELARD, Suzanne. *La représentation géométrique des quantités imaginaires au début du XIXe siècle.* D-113, Paris, Palais de la Découverte, 1967.

BRUN, Viggo. «Caspar Wessel et l'introduction géométrique des nombres complexes». *Revue d'histoire des sciences et leurs applications, 12* (1959): 19-24.

CAJORI, Florian. «Historical Note on the Graphic Representation of Imaginaries Before the Time of Wessel». *The American Mathematical Monthly, 19* (1912): 167-171.

DIAMOND, Louis E. «Introduction to Complex Numbers». *The Mathematics Magazine, 30* (1957): 233-249.

JONES, Philip S. «Complex numbers: An Example of Recurring Themes in the Development of Mathematics – I». *The Mathematics Teacher, 47* (1954): 106-114.

JONES, Philip S. «Complex numbers: An Example of Recurring Themes in the Development of Mathematics – II». *The Mathematics Teacher, 47* (1954): 257-263.

KEARNS, D.A. «John Wallis and Complex Numbers». *The Mathematics Teacher, 51* (1958): 373-374.

McCLENON, R.B. «A Contribution of Leibniz to the History of Complex Numbers». *The American Mathematical Monthly, 30* (1923): 369-374.

WINDRED, G. «History of the Theory of Imaginary and Complex Quantities». *The Mathematical Gazette, 14* (1940): 533-541.

13. Les nombres complexes

Les premières applications pratiques et la formulation du corps des nombres complexes en termes de couples de nombres réels.

SOURCES

DIAMOND, Louis E. «Introduction to Complex Numbers». *Mathematics Magazine, 30* (1957): 233-249.

JONES, Philip S. «Complex Numbers: An Example of Recurring Themes in the Development of Mathematics – II». *The Mathematics Teacher, 47* (1954): 257-263.

JONES, Philip S. «Complex Numbers: An Example of Recurring Themes in the Development of Mathematics – III». *The Mathematics Teacher, 47* (1954): 341-345.

MacDUFFEE, C.C. «Algebra's Debt to Hamilton». *Scripta Mathematica, 10* (1944): 25-35.

WINDRED, G. «History of the Theory of Imaginary and Complex Quantities». *The Mathematical Gazette, 14* (1940): 533-541.

14. Les coupures de Dedekind

La création des nombres irrationnels et les opérations sur les nombres réels en termes de coupures.

SOURCES

BELL, E.T. *Men of Mathematics.* New York, Simon and Schuster, 1965, p. 519-522.

DEDEKIND, Richard. *Essays on the Theory of Numbers.* New York, Dover, 1963.

DEDEKIND, Richard. «Irrational Numbers» in *The World of Mathematics,* J.R. Newman, ed. Vol. I, New York, Simon and Schuster, 1956, p. 528-536.

ROSENFELD, L. «Le problème logique de la définition des nombres irrationnels». *Isis, 9* (1927): 348-352.

WAISMAN, Friedrich. *Introduction to Mathematical Thinking.* New York, Frederick Ungar Publishing Co., 1951, p. 198-208.

15. Les quaternions d'Hamilton

L'origine, la définition, les opérations vectorielles associées.

SOURCES

HAMILTON, Sir Rowan. «On Quaternions» in *A Source Books in Mathematics,* D.E. Smith, ed. Vol. 2, New York, Dover, 1959, p. 677-683.

LAW, Bernadine. «The Invention of Quaternions». *Pentagone, 15* (1956): 25-30.

MacDUFFEE, C.C. «Algebra's Debt to Hamilton». *Scripta Mathematica, 10* (1944): 25-35.

MURNAGHAN, F.D. «An Elementary Presentation of the Theory of Quaternions». *Scripta Mathematica, 10* (1944): 37-49.

PIAGGIO, H.T.H. «The Significance and Development of Hamilton's Quaternions». *Nature, 152* (1943): 553-555.

SYNGE, V.L. «The Life and Early Works of Sir William Rowan Hamilton». *Scripta Mathematica, 10* (1944): 13-24.

16. Les nombres figurés plans

L'origine grecque, leurs propriétés fondamentales et les principales relations entre ces nombres.

SOURCES

[ANONYME]. «Figurate Numbers» in *Historical Topics for the Mathematics Classroom,* The National Council of Teachers of Mathematics, ed. 31st Yearbook, Washington, D.C., N.C.T.M., 1969, p. 53-57.

BEILER, Albert H. *Recreations in the Theory of Numbers: The Queen of Mathematics Entertains.* New York, Dover, 1964, p. 185-199.

BRADFIELD, D.L. «The Majesty of Numbers». *The Mathematics Teacher, 60* (1967): 588-592.

EVES, Howard. *An Introduction to the History of Mathematics.* 3rd ed., New York, Holt, Rinehart and Winston, 1969, p. 54-57.

HEATH, Sir Thomas L. *A Manual of Greek Mathematics.* New York, Dover, 1963, p. 43-50, 66-69, 507-509.

HEATH, Sir Thomas L., ed. *Diophantus of Alexandria.* New York, Dover, 1964, p. 124-127; 245-259.

17. Les lunules d'Hippocrate

Leur origine et l'analyse des différentes lunules étudiées par Hippocrate, y compris les démonstrations.

SOURCES

BOYER, Carl B. *A History of Mathematics.* New York, John Wiley & Sons, 1968, p. 71-75.

DEDRON, Pierre et Jean ITARD. *Mathématiques et mathématiciens.* Paris, Magnard, 1959, p. 414-416.

HEATH, Sir Thomas L. *A Manual of Greek Mathematics.* New York, Dover, 1963, p. 122-131.

REY, Abel. *L'apogée de la science technique grecque.* 5 vol., «Bibliothèque de synthèse historique», Paris, Albin Michel, (La science dans l'Antiquité), 1948, vol. 5, p. 66-85.

18. Les polyèdres réguliers

La définition de chacun, leur description et leurs propriétés, ainsi que leur construction.

SOURCES

BECK, A., M.N. BLEICHER and D.W. CROWE. *Excursions into Mathematics.* New York, Worth Publishers, 1969, p. 3-78.

BOYER, Carl B. *A History of Mathematics.* New York, John Wiley & Sons, 1968, p. 94-97, 129-131.

EVES, Howard. «A Geometry Capsule Concerning the Five Platonic Solids». *The Mathematics Teacher, 62* (1969): 42-43.

HEATH, Sir Thomas L. *A Manual of Greek Mathematics.* New York, Dover, 1963, p. 106-109, 175-178, 250-254.

KLAASEN, Daniel L. «Regular Polyhedra» in *Historical Topics for the Mathematics Classroom,* The National Council of Teachers of Mathematics, ed. 31st Yearbook, Washington, D.C., N.C.T.M., 1969, p. 220-221.

VAN DER WAERDEN, B.L. *Science Awakening.* New York, John Wiley & Sons, 1963, p. 170, 173-175.

19. La méthode d'exhaustion

Son origine historique, ce sur quoi elle repose et les diverses applications qu'on peut en faire au domaine de la géométrie des aires.

SOURCES

BOYER, Carl B. *A History of Mathematics.* New York, John Wiley & Sons, 1968, p. 100-103, 142-146.

BOYER, Carl B. *The History of the Calculus and Its Conceptual Development.* New York, Dover, 1959, p. 31-37, 51-56.

FOBES, Melcher. «Archimedes and the *Method of Exhaustion*» in *Historical Topics for the Mathematics Classroom,* The National Council of Mathematics, ed. 31st Yearbook, Washington, D.C., N.C.T.M., 1969, p. 430-432.

HEATH, Sir Thomas L., ed. *The Works of Archimedes with the Method of Archimedes.* New York, Dover, 1953, p. 233-252.

MESCHKOWSKI, Herbert. *Ways of Thought of Great Mathematicians.* San Francisco, Bennet, Holden-Day Inc., 1964, p. 13-23.

20. La duplication du cube

Son origine historique, les diverses tentatives pour la résoudre par la règle et le compas, sa résolution par divers moyens.

SOURCES

ANDERSON, Lee. «Duplication of the Cube» in *Historical Topics for the Mathematics Classroom,* The National Council of Teachers of Mathematics, ed. 31st Yearbook, Washington, D.C., N.C.T.M., 1969, p. 197-198.

DEDRON, Pierre et Jean ITARD. *Mathématiques et mathématiciens.* Paris, Magnard, 1959, p. 379-393.

EVES, Howard. *An Introduction to the History of Mathematics.* 3rd ed., New York, Holt, Rinehart and Winston, 1969, p. 82-84; 95-97.

HEATH, Sir Thomas L. *A Manual of Greek Mathematics.* New York, Dover, 1963, p. 154-170.

KLEIN, Felix. *Famous Problems of Elementary Geometry.* New York, Dover, 1956, p. 1-47.

21. La trisection d'un angle

Son origine historique, les diverses tentatives pour la résoudre par la règle et le compas, sa résolution par divers moyens.

SOURCES

DEDRON, Pierre et Jean ITARD. *Mathématiques et mathématiciens.* Paris, Magnard, 1959, p. 393-402.

EVES, Howard. *An Introduction to the History of Mathematics.* 3rd ed., New York, Holt, Rinehart and Winston, 1969, p. 84-87, 95-97.

HABEGGER, Philip. «The Trisection Problem» in *Historical Topics for the Mathematics Classroom,* The National Council of Teachers of Mathematics, ed. 31st Yearbook, Washington, D.C., N.C.T.M., 1969, p. 199-201.

HEATH, Sir Thomas L. *A Manual of Greek Mathematics.* New York, Dover, 1963, p. 147-154.

KLEIN, Felix. *Famous Problems of Elementary Geometry.* New York, Dover, 1956, p. 1-47.

22. La quadrature du cercle

Son origine historique, les diverses tentatives pour la résoudre par la règle et le compas, sa résolution par divers moyens.

SOURCES

ANDERSON, Lee. «The Quadrature or the Circle» in *Historical Topics for the Mathematics Classroom,* The National Council of Teachers of Mathematics, ed. 31st Yearbook, Washington, D.C., N.C.T.M., 1969, p. 201-204.

DEDRON, Pierre et Jean ITARD. *Mathématiques et mathématiciens.* Paris, Magnard, 1959, p. 403-423.

EVES, Howard. *An Introduction to the History of Mathematics.* 3rd ed., New York, Holt, Rinehart and Winston, 1969, p. 88-97.

HEATH, Sir Thomas L. *A Manual of Greek Mathematics.* New York, Dover, 1963, p. 139-147.

KLEIN, Felix. *Famous Problems of Elementary Geometry.* New York, Dover, 1956, p. 1-81.

23. L'«Arénaire» d'Archimède

Le but de cet ouvrage, son contenu mathématique et ses principales caractéristiques.

SOURCES

ARCHIMEDES. «The Sand Reckoner» in *The World of Mathematics,* J.R. Newman, ed. Vol. I, New York, Simon and Schuster, 1956, p. 420-429.

HEATH, Sir Thomas L., ed. *The Works of Archimedes with the Method of Archimedes.* New York, Dover, 1953, p. 221-232.

MILLER, Leland. «Large Numbers» in *Historical Topics for the Mathematics Classroom,* The National Council of Teachers of Mathematics, ed. 31st Yearbook, Washington, D.C., N.C.T.M., 1969, p. 82-83.

READ, Cecil B. «Archimedes and his Sandreckoner». *School Science and Mathematics, 61* (1961): 81-84.

24. La construction de tables de cordes d'arc dans l'«Almageste»

Comment Claude Ptolémée est-il parvenu à construire ses tables?

SOURCES

AABOE, Asger. *Episodes from the Early History of Mathematics.* New York, Random House, 1964, p. 101-127.

BOND, John David. «The Development of Trigonometric Methods Down to the Close of the XVth Century». *Isis, 4* (1922): 301-303.

BRENDAN, Frire T. «How Ptolemy Constructed Trigonometry Tables». *The Mathematics Teacher, 58* (1965): 141-149.

HEATH, Sir Thomas L. *A Manual of Greek Mathematics.* New York, Dover, 1963, p. 402-411.

MOSSBURG, Larry. «The Almagest of Ptolemy» in *Historical Topics for the Mathematics Classroom,* The National Council of Teacher of Mathematics, ed. 31st Yearbook, Washington, D.C., N.C.T.M., 1969, p. 359-361.

25. La résolution de l'équation quadratique

Des solutions babyloniennes au *Liber abaci* de Léonard de Pise.

SOURCES

CARNAHAN, Walter H. «Geometric Solutions of Quadratic Equations». *School Science and Mathematics, 47* (1947): 687-692.

DEDRON, Pierre et Jean ITARD. *Mathématiques et mathématiciens.* Paris, Magnard, 1959, p. 317-345.

EELS, Walter C. «Greek Methods of Solving Quadratic Equations». *The American Mathematical Monthly, 18* (1911): 3-14.

GANDZ, Solomon. «The Origin and Development of the Quadratic Equations in Babylonian, Greek and Early Arabic Algebra». *Osiris, 3* (1938): 405-557.

26. La découverte du théorème du binôme

Les premières traces et les différentes extensions jusqu'à l'expression générale par Newton.

SOURCES

BOYER, Carl B. «Cardan and the Pascal Triangle». *The American Monthly, 57* (1950): 387-390.

BOYER, Carl B. «Pascal's Formula for the Sums of Powers of the Integers». *Scripta Mathematica, 9* (1943): 237-244.

COOLIDGE, Julian Lowell. «The Story of the Binomial Theorem». *The American Mathematical Monthly, 56* (1949): 147-157.

NEWTON, Isaac. «On the Binomial Theorem for Fractional and Negative Exponents» in *The World of Mathematics,* J.R. Newman, ed. Vol. I, New York, Simon and Schuster, 1956, p. 521-524.

WHITESIDE, D.T. «Henry Briggs: The Binomial Theorem Anticipated». *The Mathematical Gazette, 45* (1971): 9-12.

WHITESIDE, D.T. «Newton's Discovery of the General Binomial Theorem». *The Mathematical Gazette, 45* (1971): 175-180.

27. Le postulat des parallèles

Les principales tentatives d'inférer ce postulat à partir des autres postulats d'Euclide et les études qui ont conduit à l'invention des géométries non euclidiennes.

SOURCES

BONOLA, Roberto. *Non-Euclidean Geometry.* New York, Dover, 1955.

BRUINS, Evert M. *La géométrie non euclidienne dans l'Antiquité.* D-121, Paris, Palais de la Découverte, 1968.

EVES, Howard. *An Introduction to the History of Mathematics.* 3rd ed., New York, Holt, Rinehart and Winston, 1969, p. 124-128.

FITZPATRICK, Sister Mary of Mercy. «Saccheri, Forunner of Non-Euclidean Geometry». *The Mathematics Teacher, 57* (1964): 323-332.

ROLWING, R.H. and M. LEVINE. «The Parallele Postulate». *The Mathematics Teacher, 62* (1969): 665-669.

VUCINICH, Alexander. «Nikolai Ivanovich Lobachevskii: The Man Behind The First Non-Euclidean Geometry». *Isis, 53* (1962): 465-481.

28. L'évolution du concept de fonction à travers les âges, jusqu'à l'aube du XIXe siècle

SOURCES

MILLER, G.A. «The Development of the Function Concept». *School Science and Mathematics, 28* (1928): 506-516.

MILLER, G.A. «The Development of the Graph for Expressing Functionality». *School Science and Mathematics, 28* (1928): 829-834.

RAVETZ, J.R. «Preliminary Notes on the Study of J.B. Fourier». *Archives internationales d'histoire des sciences, 13* (1960): 247-251.

WAMPLER, J.F. «The Concept of Function». *The Mathematics Teacher, 53* (1960): 581-583.

29. L'invention des logarithmes par Napier et Bürgi

SOURCES

ANDREWS, Frances E. «The Romance of Logarithms». *School Science and Mathematics, 28* (1928): 121-130.

CAIRNS, W.D. «Napier's Logarithms as He Developed Them». *The American Mathematical Monthly, 35* (1928): 64-67.

CAJORI, Florian. «History of the Exponential and Logarithmic Concepts». *The American Mathematical Monthly, 20* (1913): 5-14, 35-57, 75-84, 107-117, 148-151, 173-182, 205-210.

CARSLAW, H.S. «The Discovery of Logarithms by Napier». *The Mathematical Gazette, 8* (1934): 76-84; 115-119.

DROWN, Gary K. «Napierian Logarithms». *Pentagon, 14* (1955): 67-75.

EVES, Howard. «Napierian Logarithms and Natural Logarithms». *The Mathematics Teacher, 53* (1960): 384-385.

HENDERSON,J. «The Methods of Construction of the Earliest Tables of Logarithms». *The Mathematical Gazette, 15* (1941): 250-256.

LUPTON, Sydney. «Notes on the Radix Method of Calculating Logarithms». *The Mathematical Gazette, 7* (1933): 147-150, 170-173.

READ, Cecil B. «John Napier and His Logarithms». *The Mathematics Teacher, 53* (1960): 381-384.

SLEIGHT, E.R. «John Napier and His Logarithms». *The Mathematics Magazine, 18* (1943): 145-152.

30. L'évolution des diagrammes logiques

Les diagrammes de Leibniz, Euler et Venn.

SOURCES

BARON, Margaret, E. «A Note on the Historical Development of Logic Diagrams: Leibniz, Euler and Venn». *The Mathematical Gazette, 53* (1969): 113-125.

STEPHEN, Sister Marie. «Venn diagrams». *The Mathematics Teacher, 56* (1963): 98-100.

31. L'origine historique de l'induction mathématique

SOURCES

BUSSEY, W.H. «The Origin of Mathematical Induction». *The American Mathematical Monthly, 24* (1917): 199-207.

CAJORI, Florian. «Analysis of *Ueber das Wesen der Mathematik* by A. Voss». *Bulletin of the American Mathematical Society, 15* (1909): 405-409

CAJORI, Florian. «Fermat's Method of Infinite Descent». *The American Mathematical Monthly, 25* (1918): 333-337.

CAJORI, Florian. «Origin of the Name *Mathematical Induction*». *The American Mathematical Monthly, 25* (1918): 197-201.

HARA, Kokiti. «Pascal et l'induction mathématique». *Revue d'histoire des sciences et leurs applications, 15* (1962): 287-302.

RABINOVITCH, Nachum L. «Rabbi Levi Ben Gershon and the Origins of Mathematical Induction». *Archive for History of Exact Sciences, 6* (1970): 237-248.

SIERPINSKI, W. «L'induction incomplète dans la théorie des nombres». *Scripta Mathematica, 28* (1962): 5-13.

VACCA, «Maurolycus, the First Discoverer of the Principle of Mathematical Induction». *Bulletin of the American Mathematical Society, 16* (1910): 70-73.

32. La méthode des indivisibles de Cavalieri

SOURCES

ALEXANDER, Howard. «Bonaventura Cavalieri» in *Historical Topics for the Mathematics Classroom,* The National Council of Teachers of Mathematics, ed. 31st Yearbook, Washington, D.C., N.C.T.M., 1969, p. 409-410.

BOYER, Carl B. *A History of Mathematics.* New York, John Wiley & Sons, 1968, p. 361-364.

BOYER, Carl B. «Cavalieri, Limits and Discarded Infinitesimals». *Scripta Mathematica, 8* (1942): 79-91.

EVANS, George W. «Cavalieri's Theorem in His Own Words». *The American Mathematical Monthly, 24* (1917): 447-451.

principaux noms cités

Aboûl-Wafâ (940-998)
Abraham ibn Ezra (vers 1090-1167)
Abû Kâmil (900)
Adélard de Bath (vers 1075-1160)
Alberti, Leon Battista (1404-1472)
Al-Battâni (vers 850-929)
Al-Birûni (973-1048)
Alcuin d'York (vers 735-804)
Alexandre de Villedieu (vers 1200)
Al-Huwarizmi (vers le IXe siècle)
Al-Karhi (vers 1020)
Al-Kâsi (vers le XVe siècle)
Anaxagore de Clazomène (vers 500-428 av. J.-C.)
Anthémius de Tralles (vers le VIe siècle)
Apian, Peter (1495-1552)
Apollonius (vers 262-vers 200 av. J.-C.)
Archimède (vers 287-212 av. J.-C.)
Archytas de Tarente (vers 430 av. J.-C.)
Aristarque de Samos (vers 310-230 av. J.-C.)
Aristote (384-322 av. J.-C.)
Autolique de Pitane (vers le IVe siècle av. J.-C.)
Aryabhata (vers le VIe siècle apr. J.-C.)

Bacon, Roger (1214-1294)
Bède le Vénérable (vers 673-735)
Bhāskara (vers le XIIe siècle)
Boèce (vers 480-524)
Bombelli, Rafael (vers 1526-1573)
Brahmagupta (vers le VIIe siècle)
Brawardine, Thomas (vers 1290-1349)
Briggs, Henri (1561-1630)
Bürgi, Jobst (1522-1632)

Calculator (vers 1350)
Campanus de Novare (XIIIe siècle)
Cardan, Jérôme (1501-1576)
Cassiodore (né vers 490)
Cavalieri, Bonaventura (1598-1647)
Chou Chi-kié (vers 1280-1303)
Chuquet, Nicolas (XVe siècle)
Commandino, Federigo (1509-1575)
Copernic, Nicolas (1473-1543)
Cuse, Nicolas de (1401-1464)

Démocrite d'Abdère (vers 460-370 av. J.-C.)
Désargues, Gérard (1593-1661)
Descartes, René (1596-1650)
Dinostrate (vers 350 av. J.-C.)
Diophante d'Alexandrie (vers 250 apr. J.-C.)
Dürer, Albrecht (1471-1528)

Ératosthène (vers 276-vers 194 av. J.-C.)
Euclide (IIIe siècle av. J.-C.)
Eudème (vers le IVe siècle av. J.-C.)
Eudoxe de Cnide (vers 408-vers 355 av. J.-C.)
Eutoche (vers le VIe siècle)

Ferrari, Ludovico (1522-1565)
Ferro, Scipione del (1465-1526)
Fibonacci (Léonard de Pise) (vers 1180-1250)
Francesca, Piero della (vers 1410-1492)

Galilée (Galilei), Galileo (1564-1642)
Gérard de Crémone (1114-1187)
Gerbert (vers 940-1103)
Girard, Albert (1595-1632)
Guillaume de Moerbeke (vers 1215-1286)

liste des illustrations

index